新一代人工智能实战型人才培养系列教程

动手学 自然语言处理

HANDS-ON NATURAL LANGUAGE PROCESSING

屠可伟 王新宇 曲彦儒 俞勇 著

人民邮电出版社

北京

图书在版编目（CIP）数据

动手学自然语言处理 / 屠可伟等著. -- 北京 : 人民邮电出版社, 2024.5
新一代人工智能实战型人才培养系列教程
ISBN 978-7-115-63646-1

Ⅰ. ①动… Ⅱ. ①屠… Ⅲ. ①自然语言处理－教材 Ⅳ. ①TP391

中国国家版本馆CIP数据核字(2024)第032122号

内 容 提 要

本书介绍自然语言处理的原理和方法及其代码实现，是一本着眼于自然语言处理教学实践的图书。

本书分为 3 个部分。第一部分介绍基础技术，包括文本规范化、文本表示、文本分类、文本聚类。第二部分介绍自然语言的序列建模，包括语言模型、序列到序列模型、预训练语言模型、序列标注。第三部分介绍自然语言的结构建模，包括成分句法分析、依存句法分析、语义分析、篇章分析。本书将自然语言处理的理论与实践相结合，提供所介绍方法的代码示例，能够帮助读者掌握理论知识并进行动手实践。

本书适合作为高校自然语言处理课程的教材，也可作为相关行业的研究人员和开发人员的参考资料。

◆ 著 屠可伟 王新宇 曲彦儒 俞 勇
责任编辑 刘雅思
责任印制 王 郁 胡 南
◆ 人民邮电出版社出版发行 北京市丰台区成寿寺路 11 号
邮编 100164 电子邮件 315@ptpress.com.cn
网址 https://www.ptpress.com.cn
涿州市京南印刷厂印刷
◆ 开本：787×1092 1/16
印张：15.5 2024 年 5 月第 1 版
字数：407 千字 2024 年 5 月河北第 1 次印刷

定价：89.80 元

读者服务热线：(010)81055410 印装质量热线：(010)81055316
反盗版热线：(010)81055315
广告经营许可证：京东市监广登字 20170147 号

前 言

自然语言处理是人工智能最重要的子领域之一，在过去的十多年间经历了多次巨大的技术革新，先是2013年前后从基于符号系统加统计学习的统计自然语言处理时代迈入了基于深度学习的神经自然语言处理时代，然后是2018年预训练语言模型横空出世，很快成为当代自然语言处理不可或缺的基础技术，而2022年底ChatGPT的发布引发了前所未有的热潮，自然语言处理进入了大模型时代。

自然语言处理技术的迅猛发展也为自然语言处理教学带来了巨大挑战。一方面，已有的很多教科书和教学材料在技术层面已过时，例如没有包含Transformer模型和预训练语言模型的内容，这显然无法满足学生和从业者了解现代技术的需求。另一方面，近几年出版的部分图书在技术层面只涵盖神经自然语言处理，不涉及传统技术；在内容层面只涉及下游应用任务，不涉及诸如句法分析这样的经典任务。这些图书显然也无法胜任一门完整的自然语言处理课程的教科书，因为了解历史上的经典技术和任务不仅可以帮助我们梳理整个领域发展的脉络，也有可能为突破现有技术瓶颈、进行新的技术创新提供思路和基础。事实上，如今如日中天的神经网络技术在21世纪初也曾是"历史上的经典技术"，而正因这些技术没有被完全忽视和忘却，才有了之后的深度学习革命。

因此，我们希望撰写一本在历史和现代之间更加平衡的自然语言处理教科书。在内容层面，本书在讲解基于序列的现有主流方法之外，也会涉及更为传统的基于各种语言结构的方法；在技术层面，本书在讲解当前热门的神经网络技术的同时，也将涵盖一些经典的符号和统计技术。此外，本书注重理论与实践相结合，在讲解各类方法的同时，也会提供这些方法的代码示例。

由于作者能力、精力以及成书时间的限制，本书还存在着不少有待改进之处。在此恳请各位读者批评指正，以便我们不断修改完善。

本书使用方法

本书每一章都由一个Python Notebook组成，Notebook中包括概念定义、理论分析、方法讲解和可执行代码。读者可以根据自己的需求自行选择感兴趣的部分阅读。例如，只想学习各个方法的整体思想而不关注具体实现细节的读者，可以只阅读除代码外的文字部分；已经了解方法和原理，只想动手进行代码实践的读者，可以只关注代码的具体实现部分。

本书面向的读者主要是对自然语言处理感兴趣的本科生、研究生、教师、企业研究人员及工程师。在阅读本书之前，读者需要掌握一些基本的数学概念和机器学习的基础知识（如概率论、概率图模型、神经网络等）。

本书除第 1 章之外，其余 12 章分为基础、序列、结构 3 个部分。

- 第一部分“基础”，包含第 2 章至第 5 章。第一部分讲解最为基础的自然语言处理技术。首先是文本规范化，介绍如何将文本转化为更便于计算机处理的规范形式。然后是文本表示，主要介绍词和文档的各种向量表示方法。最后介绍文本分类和文本聚类这两类最简单和最常见的自然语言处理任务。
- 第二部分“序列”，包含第 6 章至第 9 章。自然语言可以看作离散的序列，而第一部分的很多技术并没有充分利用这一属性，因此第二部分着重于自然语言的序列建模。首先是语言模型，介绍文字序列的概率建模方法。然后是序列到序列模型，介绍输入和输出都是序列的模型和方法。接下来是预训练语言模型，介绍如何将语言模型和序列到序列模型在大量数据上进行预训练，获取通用的语言学知识。最后是序列标注，介绍如何为输入序列中的每个元素预测一个标签，这是一类非常重要的自然语言处理任务。
- 第三部分“结构”，包含第 10 章至第 13 章。在自然语言文字序列的背后，还存在更为复杂的结构，因此，第三部分着重于介绍这些结构。首先是句法结构，即一系列的词如何相互连接组合形成句子。句法结构分为成分结构和依存结构两种类型。其次是语义结构，即文本所表达含义的结构化表示。最后是篇章结构，即多个句子如何组合成段落和文章。

在这 3 个部分中，“基础”相对简单，是所有希望学习自然语言处理的读者都应当掌握的内容；“序列”涵盖了当前应用最广泛的自然语言处理技术，是希望了解当代自然语言处理的读者需要熟悉的内容；“结构”所涵盖的内容曾经是自然语言处理的主流技术，也很有可能是未来自然语言处理的重要发展方向，是希望理解自然语言处理过去与未来的读者值得了解的内容。

本书的源代码可在代码仓库 https://github.com/boyu-ai/Hands-on-NLP 中下载。我们为本书录制了视频课程，读者可扫描书中的二维码进行学习，也可在 https://hnlp.boyuai.com 网站中进行学习。

资源与支持

本书由异步社区出品，社区（https://www.epubit.com/）为您提供相关资源和后续服务。

配套资源

本书提供如下资源：

- 配套源代码；
- 教学课件；
- 理论解读视频课程。

要获得以上配套资源，您可以扫描下方二维码，根据指引领取；

您也可以在异步社区本书页面中点击 配套资源 ，跳转到下载界面，按提示进行操作即可。注意：为保证购书读者的权益，该操作会给出相关提示，要求输入提取码进行验证。

如果您是教师，希望获得教学配套资源，请在社区本书页面中直接联系本书的责任编辑。

提交勘误

作者和编辑尽最大努力来确保书中内容的准确性，但难免会存在疏漏。欢迎您将发现的问题反馈给我们，帮助我们提升图书的质量。

当您发现错误时，请登录异步社区，按书名搜索，进入本书页面，点击“发表勘误”，输入勘误信息，点击“提交勘误”按钮即可（见下图）。本书的作者和编辑会对您提交的勘误进行审核，确认并接受后，您将获赠异步社区的100积分。积分可用于在异步社区兑换优惠券、样书或奖品。

图书勘误 发表勘误

页码： 1 页内位置（行数）： 1 勘误印次： 1

图书类型： 纸书 电子书

添加勘误图片（最多可上传4张图片）

提交勘误

全部勘误 我的勘误

与我们联系

我们的联系邮箱是 contact@epubit.com.cn。

如果您对本书有任何疑问或建议，请您发邮件给我们，并请在邮件标题中注明本书书名，以便我们更高效地做出反馈。

如果您有兴趣出版图书、录制教学视频，或者参与图书技术审校等工作，可以发邮件给本书的责任编辑（liuyasi@ptpress.com.cn）。

如果您来自学校、培训机构或企业，想批量购买本书或异步社区出版的其他图书，也可以发邮件给我们。

如果您在网上发现有针对异步社区出品图书的各种形式的盗版行为，包括对图书全部或部分内容的非授权传播，请您将怀疑有侵权行为的链接通过邮件发给我们。您的这一举动是对作者权益的保护，也是我们持续为您提供有价值的内容的动力之源。

关于异步社区和异步图书

“异步社区”（www.epubit.com）是由人民邮电出版社创办的 IT 专业图书社区。异步社区于 2015 年 8 月上线运营，致力于优质学习内容的出版和分享，为读者提供优质学习内容，为作译者提供优质出版服务，实现作者与读者在线交流互动，实现传统出版与数字出版的融合发展。

“异步图书”是由异步社区编辑团队策划出版的精品 IT 专业图书的品牌，依托于人民邮电出版社 30 余年的计算机图书出版积累和专业编辑团队，相关图书在封面上印有异步图书的 LOGO。异步图书的出版领域包括软件开发、大数据、AI、测试、前端、网络技术等。

目　　录

第一部分　基础

第二部分 序列

第三部分　结构

第1章 初探自然语言处理

在当今数字化的世界中，人类与计算机之间的交流正变得愈发紧密和普遍。自然语言处理（natural language processing，NLP）作为人工智能领域的一个重要分支，致力于使计算机能够理解、处理以及生成人类日常使用的自然语言。从智能助手到在线搜索引擎，从语音识别到情感分析，NLP 技术正在深刻地改变着我们与计算机互动的方式。本书的第 1 章将引领您迈出通向 NLP 精彩世界的第一步，探索 NLP 的基础概念、挑战以及应用领域。无论您是初次接触 NLP 还是已经在这个领域有所涉足，都能从本章开始打开通向深入学习和探索的大门。

——ChatGPT

如果有人问世界上最知名和使用最广泛的人工智能系统是什么，至少截至本书完稿时，答案毫无疑问是 ChatGPT！自 2022 年 11 月 30 日发布以来，ChatGPT 以其惊人的语言理解和对话能力迅速风靡全球，短短两个月便积累了超过 1 亿用户，同时也引发了学术界和业界以大语言模型为焦点的前所未有的人工智能研发热潮。作为 ChatGPT 语言能力的示例，我们让 ChatGPT 为本章撰写第一段话。本章开头的段落便是 ChatGPT 输出的结果。

ChatGPT 正是自然语言处理的一个典型代表，它的背后是自然语言处理领域几十年来所发展出的一系列技术。然而，这一系列技术只是自然语言处理领域所积累的大量技术中的一小部分。还有很多技术和方法，包括一些曾被认为非常重要的技术，却完全没有被 ChatGPT 所涉及。那么，这些被 ChatGPT 利用和忽视的技术分别是什么？前一类技术为什么能实现像 ChatGPT 这样惊人的效果？后一类技术是否真的不再重要，抑或只是暂时的沉寂？本书将通过理论讲解和代码实践，帮助读者探索这些问题的答案。

1.1 自然语言处理是什么

自然语言处理是指通过计算机自动实现人类语言的分析、生成和获取。之所以将人类语言称作自然语言，是为了与人造语言（如程序设计语言）相区分。人类语言的分析是指将人类语言转化为计算机中的某种表示，人类语言的生成是指将这种表示转化为人类语言，人类语言的获取则是指对上述分析和生成能力的学习。

接下来我们进一步探讨上述定义中的“人类语言”和“计算机中的表示”。

首先是针对“人类语言”的探讨。大众对自然语言处理的一个常见误解是，认为每一种人类语言（例如中文、英文）都需要不同的自然语言处理技术。但实际上，自然语言处理技术大体上可以认为是语言中立的：几乎所有的人类语言都可以表示为离散符号的序列，使用大致相同的自然语言处理技术进行处理。当然，尽管处理不同语言的技术是相同的，但是这些技术所使用的具体符号、规则和参数还是需要根据具体语言而定制。此外，很多语言会有一些独特的性质，因而处理方式上也会有一些小的差异，例如东亚的语言不使用空格来分隔词，因而在进行处理时一般需要额外增加分词的步骤。值得一提的是，上面所说的自然语言处理技术所使用的具体符号、规则、参数以及额外处理步骤，都需要通过人工定义或使用机器学习来获取，而这需要大量人力物力的投入。因此，即使自然语言处理技术是语言中立的，现有自然语言处理系统对于不同人类语言的性能差异是巨大的。像英文、中文这样的大语种，因为有着大量资源投入，所以自然语言处理系统表现优异。而对于大量缺乏资源投入的小语种，自然语言处理系统往往表现很差，甚至完全不存在可用的系统。

其次是针对“计算机中的表示”的探讨。自然语言处理所涉及的计算机中的具体表示方法与场景有关。一些场景并不需要对语言的内容进行完整的表示，而只需要部分相关信息，因此可以使用相对简单的表示方法。例如针对商品评论的情感分类任务，只需要分析出自然语言评论的情感极性（好评还是差评），而不需要了解评论的详细内容，因此表示方法可以简单地使用布尔变量。而另一些场景需要语言内容的完整表示，因此需要使用复杂的语义表示形式，例如形式逻辑。

1.2 自然语言处理的应用

自然语言处理技术经过几十年的发展，已出现了很多实际落地应用，一些典型应用如下：

- 对话机器人，常见形式包括手机和智能音箱中的语音助手、电子商务网站的智能在线客服、电子游戏中的非玩家角色等；
- 中文拼音输入法，尽管一个拼音会对应多个汉字，但现代的中文输入法往往能给出最合理的汉字组合建议；
- 拼写和语法检查，常见形式包括编辑器集成和在线服务；
- 机器翻译，常见形式包括在线服务和翻译机；
- 自动摘要，例如很多购物和点评网站会从众多用户对某个商品或店家的评论中总结出若干关键字；
- 自动填表，例如一些快递服务程序可以自动识别输入文字中的姓名、电话、城市、区域、详细地址等并填写；
- 新闻生成，对于一些新闻形式较为固定的领域（如金融市场、体育比赛），很多新闻网站基于数据表单自动生成文字新闻；
- 财务报告合规检测，例如股票交易所对上市公司财务报告进行自动审查，检测出不符合法律法规的内容。

1.3 自然语言处理的难点

自然语言处理面临的主要难点来自人类语言的复杂性。这种复杂性可以从语言学对人类语言的分层研究体现出来：语音、音系、正字法、词法、句法、语义、篇章、语用等。而人类语言的理解和生成会涉及其中各个层面。下面来看一系列句子，并判断句子的情感极性（好评还是差评），以此说明语言理解所涉及的语言学层面。

这道菜很难吃。

要判断这句话是差评，仅需理解“难吃”的语义。

这道菜不怎么好吃啊。

要判断这句话，不光需要理解“好吃”的语义，还需要根据句法判断“好吃”被否定了。

我没法说这道菜不好吃。

这句话更为复杂，需要根据句法发现对“好吃”的双重否定，从而推断句子的语义。

客人：这饮料很不错！
店家：这道菜怎么样？
客人：呃……

理解这番对话所暗含的“这道菜不好吃”的评价涉及语用。

这道菜尝起来像快餐。

要理解这句话暗含的负面评价，则不仅需要语言知识，还需要了解“快餐一般评价不高”的世界知识。

因此，理解和生成人类语言的复杂性体现在其所涉及的层次繁多。更甚的是，人类语言的每个层次还存在歧义性，也就是存在多种不同的理解方式。下面同样来看一系列句子。

The lost wallet was found by a tree.

这里的英文单词“by”存在语义层面的歧义，既可以表示“被”，也可以表示“靠近”，而后者是更合理的。

The dog looks at the man with a telescope.

这句话存在句法层面的歧义：究竟是狗用望远镜看人（即“with a telescope”修饰“looks”），还是狗看携带望远镜的人（即“with a telescope”修饰“the man”）？显然后者更为合理。

Every fifteen seconds a cat in this world gives birth.（改编自美国喜剧演员格劳乔·马克思的经典语录）

这句话体现了语义层面的歧义：究竟是每 15 秒有一只猫生小猫，还是有一只猫每 15 秒就生一只小猫？显然前者更为合理。值得注意的是，这两种解释在除语义之外的其他层面是完全一样的。

The toy doesn't fit in the box. It is too small.（改编自威诺格拉德模式挑战（Winograd schema challenge))

这句话体现了篇章层面的歧义："it"指代"toy"还是"box"？根据常识，显然后者更合理。但是，如果将句中的"small"改为"big"，那么前者就更合理了。

综上所述，自然语言处理的主要难点来源于人类语言的理解和生成涉及众多层次，而每个层次都存在歧义性。除此之外，自然语言处理也面临人工智能各领域所共有的挑战，例如数据稀少、数据中的噪声、存在无法观测的隐变量、学习的过拟合和泛化能力、计算复杂度、可解释性等。

1.4 自然语言处理的方法论

自然语言处理已有几十年的历史，发展出了众多的流派。流派的定义和区分有很多不同的角度，如果区分角度是对知识的表示、推理和学习方式，那么大致可以区分出三大流派：符号主义、统计方法、联结主义。

符号主义的知识表示基于离散的符号及其结构化的组合，推理则基于符号规则的运用。符号主义流行于自然语言处理的早期，即大约20世纪90年代及之前。在自然语言处理领域，符号主义往往关注人类语言背后的结构，所采用的方法包括形式文法、自动机、形式逻辑等。符号主义方法往往源于语言学，但严格基于语言学的符号主义在很多场景下往往难以达到实用的要求，反倒是更为简单的符号主义方法（如正则表达式）在一些简单场景下有着广泛应用。

统计方法使用统计模型表示知识，推理和学习基于概率推断，自20世纪90年代兴起，直到2010年代被联结主义所超越。早期最具代表性的基于统计方法的自然语言处理技术是著名的n元语法模型。n元语法模型不关注语言背后的结构，而只是将语言看作词的序列。但之后越来越多的更复杂的模型和方法被提出，语言结构也重新成为重要的关注目标，统计方法与符号主义方法的结合成为主流。这一时期的自然语言处理技术一般被统称为统计自然语言处理。相比符号主义方法，统计自然语言处理在实用中取得了更多的成功。

联结主义也就是神经网络方法，通过连接数量众多的简单计算单元（即神经元）来表示知识，以这些计算单元从输入到输出的计算为基础进行推理，而学习则以这些计算单元的参数优化为基础。神经网络方法在20世纪80～90年代曾经风靡一时，但真正的崛起是在21世纪10年代的早期。这一时期的神经网络方法因其更多的层次结构而被称为深度学习。基于深度学习的自然语言处理技术一般被统称为神经自然语言处理。早期的神经自然语言处理方法同样不关注语言背后的结构，而只将语言看作词的序列进行建模，但随后兴起的Transformer模型可被看作隐式地建模了一定的语言结构。自2019年来，基于Transformer模型的预训练语言模型成为自然语言处理领域的基础技术。而2022年出现的ChatGPT则使得大语言模型（即更大规模的预训练语言模型）成为自然语言处理领域的关注焦点。

尽管联结主义目前如日中天，符号主义和统计方法相对沉寂，但是我们应当清醒地认识到这3类方法都有其各自的优缺点，联结主义并非在所有场景和需求下都是最优选择。联结主义最大的优点在于，当存在足够的训练数据和计算资源时，能够在各类任务上取得惊人的效果。但联结主义也有缺点。联结主义优异性能的代价是对数据和计算资源的巨大需求；与之相比，符号主义则不需要训练数据，对于计算资源的需求也很少，比联结主义更适用于任务相对简单的冷启动和低资源场景。联结主义被广为诟病的另一个缺点是可解释性较差，对模型的输出难以提供易于人类理解的解释；而符号主义和统计方法往往具有较好的可解释性，因而一方面更适用于司法、医疗等要求决策透明的领域，另一方面也更方便开发者对系统进行诊断和改进。对于涉及复杂知识和推理（如由概念、实体和关系构成的复杂知识图谱和基于其上的多步推理）的场景，符号主义显然是最适合的工具，而联结主义在这方面的能力依然较为欠缺。值得一提的是，符号主义和统计方法大多基于严格的数学原理；相比而言，联结主义则主要基于设计者的直觉和试错，理论基础相对薄弱。

从长远来看，流派之间取长补短、相互融合是必然的发展趋势。符号主义和统计方法相结合称为统计自然语言处理便是一个例子。因此，有理由相信，在自然语言处理领域以及范围更大的人工智能领域，我们会越来越多地看到联结主义、符号主义和统计方法这 3 个流派的深度融合。

1.5 小结

本章介绍了什么是自然语言处理，列举了自然语言处理的典型应用，通过一系列例句分析了自然语言处理所面临的主要难点，并讨论了自然语言处理方法的三大流派。

第一部分

基础

第2章 文本规范化

在自然语言处理的许多任务中，第一步都离不开文本规范化（text normalization）。文本规范化的作用是将使用字符串表示的文本转化为更易于计算机处理的规范形式。文本规范化一般包括3个步骤：分词、词的规范化、分句。本章将分别介绍这3个步骤。

扫码观看视频课程

2.1 分词

词是语言的基本单元，人类学习语言的过程也是从理解词开始的。显而易见，自然语言处理的第一步就是分词（tokenization）。分词是将一段以字符序列表示的文本转化成词元（token）序列的过程。将文本转化成多个词元后，就完成了对文本的初步结构化，以便计算机以词元为基本单位对文本进行处理。在自然语言处理中，词元并不一定等同于词。根据不同分词方法的定义，词元可以是字符（character）、子词（subword）、词（word）等。

2.1.1 基于空格与标点符号的分词

在以英语为代表的印欧语系中，大部分语言都使用空格字符来分词。因此一种非常简单的方式就是基于空格进行分词：

```
sentence = "I learn natural language processing with dongshouxueNLP, too."
tokens = sentence.split(' ')
print(f'输入语句：{sentence}')
print(f"分词结果：{tokens}")
```

```
输入语句：I learn natural language processing with dongshouxueNLP, too.
分词结果：['I', 'learn', 'natural', 'language', 'processing', 'with',
          'dongshouxueNLP,', 'too.']
```

从上面的代码可以看到，最简单的基于空格的分词方法无法将词与词后面的标点符号进行分割。如果标点符号对于后续任务（如文本分类）并不重要，可以去除这些标点符号后再进一步分词：

```
#引入正则表达式包
import re
```

```
sentence = "I learn natural language processing with dongshouxueNLP, too."
print(f'输入语句: {sentence}')

#去除句子中的“,”和“.”
sentence = re.sub(r'\,|\.','',sentence)
tokens = sentence.split(' ')
print(f"分词结果: {tokens}")
```

```
输入语句: I learn natural language processing with dongshouxueNLP, too.
分词结果: ['I', 'learn', 'natural', 'language', 'processing', 'with',
    'dongshouxueNLP', 'too']
```

通过上面的代码可以完成最简单的分词操作。然而，将标点符号去除往往会造成许多错误，例如：

- 简写——Ph.D.、A.M.、P.M.；
- 本身词带有标点——We're、Let's；
- 价格——￥90.99；
- 日期——2022.08.08；
- 链接——https://www.boyuai.com/；
- 标签——#新闻、#热点话题；
- 电子邮件地址——someone@somewhere.com。

如果仅仅将标点符号去除，那么上述这些例子中的词就失去了原本的含义。此外，有些时候我们也希望将多个词看作一个词元，例如 New York、Natural Language Processing、Machine Learning。解决这些问题需要用到基于正则表达式的分词方法。

2.1.2 基于正则表达式的分词

2.1.1 节提到的许多问题可以用*正则表达式*（regular expression）来解决。正则表达式使用单个字符串（通常称为“模式”，即 pattern）来描述、匹配对应文本中完全匹配某个指定规则的字符串。在文本编辑器中，正则表达式常用于检索、替换那些匹配某个模式的文本。对于 2.1.1 节提到的基于空格的分词方法，我们也可以使用正则表达式来实现：

```
import re
sentence = "Did you spend $3.4 on arxiv.org for your pre-print?"+
           " No, it's free! It's ..."
pattern = r"\w+"
print(re.findall(pattern, sentence))
```

```
['Did', 'you', 'spend', '3', '4', 'on', 'arxiv', 'org', 'for', 'your',
 'pre', 'print', 'No', 'it', 's', 'free', 'It', 's']
```

其中，\w 表示匹配 a-z、A-Z、0-9 和 _ 这 4 种类型的字符，等价于 [a-zA-Z0-9_]，+ 表示匹配前面的表达式 1 次或者多次，因此 \w+ 表示匹配上述 4 种类型的字符 1 次或多次。在 2.1.1 节最后提到的许多例子中需要保留标点符号来丰富文本所表达的含义，因此，可以在正则表达式中使用 \S 来表示除空格以外的所有字符（\s 在正则表达式中表示空格字符，\S 则相应地表示 \s 的补集），将分词正则表达式变为

```
pattern = r"\w+|\S\w*"
print(re.findall(pattern, sentence))
```

```
['Did', 'you', 'spend', '$3', '.4', 'on', 'arxiv', '.org', 'for', 'your',
 'pre', '-print', '?', 'No', ',', 'it', "'s", 'free', '!', 'It', "'s",
 '.', '.', '.']
```

其中，| 表示或运算符，* 表示匹配前面的表达式 0 次或多次，\S\w* 表示先匹配除空格以外的 1 个字符，后面可以包含 0 个或多个 \w 字符。可以看到，目前这样的分词结果仍然有不理想的地方，上述示例中的网址 arxiv.org 和含有连字符的词 pre-print 因中间的字符而被分开了。我们可以通过一些特定的模式来解决前面提到的一些基于空格分词难以解决的问题。

1. 匹配可能含有连字符的词

带有连字符的词是最常见的词中带有字符的情况，匹配它的正则表达式模式为 \w+([-']\w+)*。

- 符合的字符串示例：It's、pre-train、fine-tune、pre-print、one-by-one。
- 不符合的字符串示例（下画线表示未匹配到的符号）：
  - U.S.A.、arxiv.org、$3.4；
  - non-、-ly。

下面展示代码示例：

```
pattern = r"\w+(?:[-']\w+)*"
print(re.findall(pattern, sentence))
```

```
['Did', 'you', 'spend', '3', '4', 'on', 'arxiv', 'org', 'for', 'your',
 'pre-print', 'No', "it's", 'free', "It's"]
```

其中，- 表示匹配连字符 -，(?:[-']\w+)* 表示匹配 0 次或多次括号内的模式。(?:…) 表示匹配括号内的模式，可以和 +/* 等字符连用，其中，?: 表示不保存匹配到的括号中的内容，是 re 库中的特殊标准要求的部分。

将前面的匹配字符的模式 \S\w* 组合起来，可以得到一个既可以处理标点符号又可以处理连字符的正则表达式：

```
pattern = r"\w+(?:[-']\w+)*|\S\w*"
print(re.findall(pattern, sentence))
```

```
['Did', 'you', 'spend', '$3', '.4', 'on', 'arxiv', '.org', 'for', 'your',
 'pre-print', '?', 'No', ',', "it's", 'free', '!', "It's", '.', '.', '.']
```

后续介绍的新模式会和前面提到的模式使用或运算符 **|** 组合，不再赘述。

2. 匹配简写和网址

在英文简写和网址中，常常会使用“.”，它与英文中的句号为同一个字符，匹配这种情况的正则表达式模式为 (\w+.)+\w+(.)*。

- 符合的字符串示例：U.S.A.、arxiv.org。
- 不符合的字符串示例：$3.4。

```
#新的匹配模式
new_pattern = r"(?:\w+\.)+\w+(?:\.)*"
pattern = new_pattern +r"|"+pattern
print(re.findall(pattern, sentence))
```

```
['Did', 'you', 'spend', '$3', '.4', 'on', 'arxiv.org', 'for', 'your',
 'pre-print', '?', 'No', ',', "it's", 'free', '!', "It's", '.', '.', '.']
```

需要注意的是，字符“.”在正则表达式中表示匹配任意字符，因此在表示“.”字符本身的含义时，需要在该字符前面加入转义字符（escape character）“\”，即“\.”。同理，想要表示“+”“？”“(”“)”“$”这些特殊字符时，需要在其前面加入转义字符“\”。

3. 货币和百分比

在许多语言中，货币符号和百分比符号与数字是直接相连的，匹配这种情况的正则表达式模式为 \$?\d+(\.\d+)?%?。

- 符合的字符串示例：$3.40、3.5%。
- 不符合的字符串示例：$.4、1.4.0、1%%。

```
#新的匹配模式，匹配货币或百分比符号
new_pattern2 = r"\$?\d+(?:\.\d+)?%?"
pattern = new_pattern2 +r"|" + new_pattern +r"|"+pattern
print(re.findall(pattern, sentence))
```

```
['Did', 'you', 'spend', '$3.4', 'on', 'arxiv.org', 'for', 'your',
 'pre-print', '?', 'No', ',', "it's", 'free', '!', "It's", '.', '.', '.']
```

其中，\d 表示任意 0 ～ 9 数字字符，? 表示匹配前面的模式 0 次或者 1 次。

4. 英文省略号

省略号本身表达了一定的含义，因此要在分词中将其保留，匹配它的正则表达式模式为 \.\.\.。

- 符合的字符串示例：...。
- 不符合的字符串示例：..。

```
#新的匹配模式，匹配英文省略号
new_pattern3 = r"\.\.\."
pattern = new_pattern3 +r"|" + new_pattern2 +r"|" +
        new_pattern +r"|"+pattern
print(re.findall(pattern, sentence))
```

```
['Did', 'you', 'spend', '$3.4', 'on', 'arxiv.org', 'for', 'your',
 'pre-print', '?', 'No', ',', "it's", 'free', '!', "It's", '...']
```

表 2-1 展示了常见正则表达式符号的含义，供读者参考。

表 2-1　常见正则表达式符号的含义

<table>
<tr><th>符号</th><th>含义</th></tr>
<tr><td>\w</td><td>匹配任意单词字符（26 个英文字母的大小写、0～9 数字、下画线 _），正则表达式等价于 [a-zA-Z0-9_]</td></tr>
<tr><td>\W</td><td>匹配任意非单词字符，\w 的补集</td></tr>
<tr><td>\d</td><td>匹配任意 0～9 数字字符，正则表达式等价于 [0-9]</td></tr>
<tr><td>\D</td><td>匹配任意非数字字符，\d 的补集</td></tr>
<tr><td>\s</td><td>匹配空格字符</td></tr>
<tr><td>\S</td><td>匹配任意非空格字符，\s 的补集</td></tr>
<tr><td>.</td><td>匹配任意字符</td></tr>
<tr><td>+</td><td>匹配前面的表达式 1 次或多次</td></tr>
<tr><td>*</td><td>匹配前面的表达式 0 次或多次</td></tr>
<tr><td>?</td><td>匹配前面的表达式 0 次或 1 次</td></tr>
<tr><td>{m}</td><td>匹配前面的表达式恰好 m 次，m 可以为任意正整数</td></tr>
<tr><td>{m,n}</td><td>匹配前面的表达式 m～n 次，m 和 n 可以为任意正整数，且 $m<n$</td></tr>
<tr><td>{m,}</td><td>匹配前面的表达式 m 次及以上，m 可以为任意正整数</td></tr>
<tr><td>|</td><td>或运算符</td></tr>
<tr><td>(…)</td><td>表示 1 个组合，匹配时只返回括号内部分</td></tr>
<tr><td>\1</td><td>表示返回第 1 个组合</td></tr>
<tr><td>\2</td><td>表示返回第 2 个组合</td></tr>
<tr><td>(?:…)</td><td>表示 1 个组合，匹配时不保留括号内部分</td></tr>
<tr><td>[…]</td><td>匹配中括号内的 1 个字符</td></tr>
<tr><td>\</td><td>正则表达式中，一些字符（如：^$.?+*()[]）有特殊含义，因此在表示原字符时，需要在其前面加上转义字符 \</td></tr>
</table>

NLTK[1] 是基于 Python 的 NLP 工具包，也可以实现前面提到的基于正则表达式的分词：

```
import re
import nltk
#引入NLTK分词器
from nltk.tokenize import word_tokenize
from nltk.tokenize import regexp_tokenize

tokens = regexp_tokenize(sentence,pattern)
print(tokens)
```

```
['Did', 'you', 'spend', '$3.4', 'on', 'arxiv.org', 'for', 'your',
 'pre-print', '?', 'No', ',', "it's", 'free', '!', "It's", '...']
```

2.1.3　词间不含空格的语言的分词

2.1.1 节提到，如英文之类的语言可以通过简单的空格方式进行分词。然而，有些语言的词间是不加空格，例如中文、日文等。此外，即使是像英文这种含空格的语言，在许多情况下也会包含合成词，例如推特、微博等社交媒体的标签（如“#NaturalLanguageProcessing”之类的标签）。那么，如何对这种文本进行分词呢？以中文为例，如果对“南京市长江大桥”进行分词，那么可能的分词结果会有：

（1）南京市 / 长江 / 大桥；

（2）南京 / 市长 / 江大桥；

（3）南 / 京 / 市 / 长 / 江 / 大 / 桥。

不难看出，分词结果（1）和（2）所表示的含义有所不同，而分词结果（3）则把句子按字符进行拆分。想要实现分词结果（1）和（2），常用的方法是基于监督学习的序列标注模型，这会在第 9 章进行详细讨论。

2.1.4 基于子词的分词

在英文单词中，有很多词根和词缀本身表达了含义。例如，pre 常常有“在……之前”的含义（如 prefix 的含义是前缀），相对而言，post 有“在……之后”的含义（如 postprocessing 表示后处理）。在自然语言处理中，词元也可以是类似于词根词缀这样的子词。目前最常见的 3 种基于子词的分词方法分别是：

- 字节对编码（byte-pair encoding，BPE）[2]；
- 一元语言建模分词（unigram language modeling tokenization）[3]；
- 词片（WordPiece）[4]。

上述 3 种方法都采用两个步骤来分词：

（1）一个词元学习器在大量的训练语料上进行学习，并构建出一个词表（词表表示词元的集合）；

（2）给定一个新的句子，词元分词器会根据总结出的词表进行分词。本节以 BPE 为例来讲解基于子词的分词方法是如何进行的。

1. 基于 BPE 的词元学习器

给定一个词表，其包含所有的字符（如 {A,B,C,D,⋯,a,b,c,d,⋯}），词元学习器重复以下步骤来构建词表：

（1）找出在训练语料库中最常相连的两个符号，这里称其为“C_1”和“C_2”；

（2）将新组合的符号“C_1C_2”加入词表中；

（3）将训练语料库中所有相连的“C_1”和“C_2”转换成“C_1C_2”；

（4）重复步骤（1）～步骤（3）k 次。

假设一个训练语料库包含一些方向和中国的地名的拼音：

```
nan nan nan nan nan nanjing nanjing beijing beijing beijing beijing beijing beijing
dongbei dongbei dongbei bei bei
```

首先，我们基于空格将语料分解成词元，然后加入特殊字符“_”来作为词尾的标识符。通过这种方式可以更好地包含相似子串的词语（如 al 在 formal 和 almost 中的区别）。

第一步，根据语料构建初始的词表：

```
corpus = "nan nan nan nan nan nanjing nanjing beijing beijing "+
         "beijing beijing beijing beijing dongbei dongbei dongbei bei bei"
tokens = corpus.split(' ')

#构建基于字符的初始词表
vocabulary = set(corpus)
vocabulary.remove(' ')
vocabulary.add('_')
vocabulary = sorted(list(vocabulary))

#根据语料构建词频统计表
corpus_dict = {}
for token in tokens:
    key = token+'_'
    if key not in corpus_dict:
        corpus_dict[key] = {"split": list(key), "count": 0}
    corpus_dict[key]['count'] += 1

print(f"语料: ")
for key in corpus_dict:
    print(corpus_dict[key]['count'], corpus_dict[key]['split'])
print(f"词表: {vocabulary}")
```

```
语料:
5 ['n', 'a', 'n', '_']
2 ['n', 'a', 'n', 'j', 'i', 'n', 'g', '_']
6 ['b', 'e', 'i', 'j', 'i', 'n', 'g', '_']
3 ['d', 'o', 'n', 'g', 'b', 'e', 'i', '_']
2 ['b', 'e', 'i', '_']
词表: ['_', 'a', 'b', 'd', 'e', 'g', 'i', 'j', 'n', 'o']
```

第二步，词元学习器通过迭代的方式逐步组合新的符号并加入词表中：

```
for step in range(9):
    # 如果想要将每一步的结果都输出，请读者自行将max_print_step改成999
    max_print_step = 3
    if step < max_print_step or step == 8:
        print(f"第{step+1}次迭代")
    split_dict = {}
    for key in corpus_dict:
        splits = corpus_dict[key]['split']
        # 遍历所有符号进行统计
        for i in range(len(splits)-1):
            # 组合两个符号作为新的符号
            current_group = splits[i]+splits[i+1]
            if current_group not in split_dict:
                split_dict[current_group] = 0
            split_dict[current_group] += corpus_dict[key]['count']

    group_hist=[(k, v) for k, v in sorted(split_dict.items(),
            key=lambda item: item[1],reverse=True)]
    if step < max_print_step or step == 8:
        print(f"当前最常出现的前5个符号组合: {group_hist[:5]}")

    merge_key = group_hist[0][0]
    if step < max_print_step or step == 8:
```

```
            print(f"本次迭代组合的符号为：{merge_key}")
        for key in corpus_dict:
            if merge_key in key:
                new_splits = []
                splits = corpus_dict[key]['split']
                i = 0
                while i < len(splits):
                    if i+1>=len(splits):
                        new_splits.append(splits[i])
                        i+=1
                        continue
                    if merge_key == splits[i]+splits[i+1]:
                        new_splits.append(merge_key)
                        i+=2
                    else:
                        new_splits.append(splits[i])
                        i+=1
                corpus_dict[key]['split']=new_splits

        vocabulary.append(merge_key)
        if step < max_print_step or step == 8:
            print()
            print(f"迭代后的词频统计表为：")
            for key in corpus_dict:
                print(corpus_dict[key]['count'], corpus_dict[key]['split'])
            print(f"词表：{vocabulary}")
            print()
            print('-------------------------------------')
```

```
第1次迭代
当前最常出现的前5个符号组合：
[('ng', 11), ('be', 11), ('ei', 11), ('ji', 8), ('in', 8)]
本次迭代组合的符号为：ng

迭代后的词频统计表为：
5 ['n', 'a', 'n', '_']
2 ['n', 'a', 'n', 'j', 'i', 'ng', '_']
6 ['b', 'e', 'i', 'j', 'i', 'ng', '_']
3 ['d', 'o', 'ng', 'b', 'e', 'i', '_']
2 ['b', 'e', 'i', '_']
词表：['_', 'a', 'b', 'd', 'e', 'g', 'i', 'j', 'n', 'o', 'ng']

-------------------------------------
第2次迭代
当前最常出现的前5个符号组合：
[('be', 11), ('ei', 11), ('ji', 8), ('ing', 8), ('ng_', 8)]
本次迭代组合的字符为：be

迭代后的词频统计表为：
5 ['n', 'a', 'n', '_']
2 ['n', 'a', 'n', 'j', 'i', 'ng', '_']
6 ['be', 'i', 'j', 'i', 'ng', '_']
3 ['d', 'o', 'ng', 'be', 'i', '_']
2 ['be', 'i', '_']
词表：['_', 'a', 'b', 'd', 'e', 'g', 'i', 'j', 'n', 'o', 'ng', 'be']

-------------------------------------
```

```
第3次迭代
当前最常出现的前5个符号组合:
[('bei', 11), ('ji', 8), ('ing', 8), ('ng_', 8), ('na', 7)]
本次迭代组合的符号为: bei

迭代后的词频统计表为:
5 ['n', 'a', 'n', '_']
2 ['n', 'a', 'n', 'j', 'i', 'ng', '_']
6 ['bei', 'j', 'i', 'ng', '_']
3 ['d', 'o', 'ng', 'bei', '_']
2 ['bei', '_']
词表: ['_', 'a', 'b', 'd', 'e', 'g', 'i', 'j', 'n', 'o', 'ng', 'be', 'bei']

-----------------------------------------
第9次迭代
当前最常出现的前5个符号组合:
[('beijing_', 6), ('nan_', 5), ('bei_', 5), ('do', 3), ('ong', 3)]
本次迭代组合的符号为: beijing_

迭代后的词频统计表为:
5 ['nan', '_']
2 ['nan', 'jing_']
6 ['beijing_']
3 ['d', 'o', 'ng', 'bei', '_']
2 ['bei', '_']
词表: ['_', 'a', 'b', 'd', 'e', 'g', 'i', 'j', 'n', 'o', 'ng', 'be', 'bei',
      'ji', 'jing', 'jing_', 'na', 'nan', 'beijing_']

-----------------------------------------
```

2. 基于 BPE 的词元分词器

得到学习到的词表之后，给定一个新的句子，根据词表中每个字符学到的顺序，使用 BPE 词元分词器贪心地将字符组合起来。例如输入是“nanjing beijing”，那么根据上面例子里的词表，会先把“n”和“g”组合成“ng”，然后组合“be”“bei”……最终分词成：

```
ordered_vocabulary = {key: x for x, key in enumerate(vocabulary)}
sentence = "nanjing beijing"
print(f"输入语句: {sentence}")
tokens = sentence.split(' ')
tokenized_string = []
for token in tokens:
    key = token+'_'
    splits = list(key)
    #用于在没有更新的时候跳出
    flag = 1
    while flag:
        flag = 0
        split_dict = {}
        #遍历所有符号进行统计
        for i in range(len(splits)-1):
            #组合两个符号作为新的符号
            current_group = splits[i]+splits[i+1]
            if current_group not in ordered_vocabulary:
                continue
            if current_group not in split_dict:
```

```
                #判断当前组合是否在词表里，如果是的话加入split_dict
                split_dict[current_group] = ordered_vocabulary[current_group]
                flag = 1
        if not flag:
            continue

        #对每个组合进行优先级的排序（此处为从低到高）
        group_hist=[(k, v) for k, v in sorted(split_dict.items(),
                key=lambda item: item[1])]
        #优先级最高的组合
        merge_key = group_hist[0][0]
        new_splits = []
        i = 0
        # 根据优先级最高的组合产生新的分词
        while i < len(splits):
            if i+1>=len(splits):
                new_splits.append(splits[i])
                i+=1
                continue
            if merge_key == splits[i]+splits[i+1]:
                new_splits.append(merge_key)
                i+=2
            else:
                new_splits.append(splits[i])
                i+=1
        splits=new_splits
    tokenized_string+=splits

print(f"分词结果：{tokenized_string}")
```

```
输入语句：nanjing beijing
分词结果：['nan', 'jing_', 'beijing_']
```

2.2 词规范化

所谓词规范化（word normalization）就是指将词或词元变成标准形式的过程，例如：

- 标准化缩写——U.S.A. 和 USA；
- 大写字母转小写字母——AI 和 ai、NLP 和 nlp；
- 动词目态转化——am、is、are 和 be；
- 繁体转简体——動手學 NLP 和动手学 NLP。

词的规范化是自然语言处理中必不可少的一部分，将词统一成标准格式可以让计算机更容易理解文本。这种方式的好处是可以减小词表、去除冗余信息、让词义相近的两个词共享相同的特征表示等。

2.2.1 大小写折叠

大小写折叠（case folding）是将所有的英文大写字母转化成小写字母的过程。在搜索场景中，用户往往喜欢使用小写字母形式，而在计算机中，大写字母和小写字母并非同一字符，当遇到用户想要搜索一些人名、地名等带有大写字母的专有名词的情况下，若不将小写字母转换成大写，可能难以匹配正确的搜索结果。

```
# 大小写折叠
sentence = "Let's study Hands-on-NLP"
print(sentence.lower())
```

```
let's study hands-on-nlp
```

2.2.2 词目还原

在诸如英文这样的语言中，很多单词都会根据不同的主语、语境、时态等情形修改为相应的形态，而这些单词本身表达的含义是接近甚至相同的，例如英文中的 am、is、are 都可以还原成 be，英文名词 cat 根据不同情形有 cat、cats、cat's、cats' 等多种形态。这些形态对文本的语义影响相对较小，但是大幅提高了词表的大小，因而提高了自然语言处理模型的构建成本。因此在有些文本处理问题上，需要将所有的词进行词目还原（lemmatization），即找出词的原型。人类在学习这些语言的过程中，可以通过词典查找词的原型；类似地，计算机可以通过构建词典来进行词目还原：

```
# 构建词典
lemma_dict = {'am': 'be','is': 'be','are': 'be','cats': 'cat',
              "cats'": 'cat',"cat's": 'cat','dogs': 'dog',"dogs'": 'dog',
              "dog's": 'dog', 'chasing': "chase"}

sentence = "Two dogs are chasing three cats"
words = sentence.split(' ')
print(f'词目还原前: {words}')
lemmatized_words = []
for word in words:
    if word in lemma_dict:
        lemmatized_words.append(lemma_dict[word])
    else:
        lemmatized_words.append(word)

print(f'词目还原后: {lemmatized_words}')
```

```
词目还原前: ['Two', 'dogs', 'are', 'chasing', 'three', 'cats']
词目还原后: ['Two', 'dog', 'be', 'chase', 'three', 'cat']
```

另外，也可以利用 NLTK 自带的词典来进行词目还原：

```
import nltk
#引入nltk分词器、lemmatizer，引入wordnet还原动词
from nltk.tokenize import word_tokenize
from nltk.stem import WordNetLemmatizer
from nltk.corpus import wordnet

#下载分词包、wordnet包
nltk.download('punkt', quiet=True)
nltk.download('wordnet', quiet=True)

lemmatizer = WordNetLemmatizer()
sentence = "Two dogs are chasing three cats"
```

```
words = word_tokenize(sentence)
print(f'词目还原前: {words}')
lemmatized_words = []
for word in words:
    lemmatized_words.append(lemmatizer.lemmatize(word, wordnet.VERB))

print(f'词目还原后: {lemmatized_words}')
```

```
词目还原前: ['Two', 'dogs', 'are', 'chasing', 'three', 'cats']
词目还原后: ['Two', 'dog', 'be', 'chase', 'three', 'cat']
```

更精确的词目还原基于*语素分析*（morphological parsing）。在语言学中，*语素*（morpheme）是语言中最小的有意义或有语法功能的单位。以中文为例，“动”“手”和“学”这3个语素就组合成了“动手学”这个词。在英文中，情况会有些不一样，英文中的很多单词是由*词干*（stem）和*词缀*（affix）组成的。词干是表达主要含义的语素，而词缀一般和词干连接，表达了附加的含义。例如unbelievable这个词，由“un”（词缀，表示否定）、“believ”（表示believe，词干，表示相信）和“able”（词缀，表示可能的）组成，三者合起来的意思是“不可置信的”。想要准确地抽取出词的词根和词干，就需要使用语素分析。

2.2.3 词干还原

词干还原（stemming）是将词变成词干的过程。词干还原是一种简单快速的词目还原的方式，通过将所有的词缀直接移除来获取词干。为了保持词干的完整性，波特词干还原器[5]提出了一套基于改写规则的方法来进行词干还原。例如：

- TIONAL -> TION（如conditional -> condition）；
- IZATION -> IZE（如organization -> organize）；
- SSES -> SS（如classes -> class）。

读者如果对这部分有兴趣的话，可以查阅NLTK中对词干还原相关的描述。

2.3 分句

很多实际场景中，我们往往需要处理很长的文本，例如新闻、财报、日志等。计算机若直接同时处理整个文本会非常困难，因此需要将文本分成许多句子后再分别进行处理。对于分句问题，最常见的方法是根据标点符号来分割文本，例如“！”“？”“。”等标点符号。然而，在某些语言中，个别分句的标点符号会有歧义，例如英文中的句号“.”也同时有省略符（如“Inc.”“Ph.D.”“Mr.”等）、小数点（如“3.5”“.3%”）等含义。这些歧义会导致分句困难。为了解决这种问题，常见的方案是先进行分词，使用基于正则表达式或者基于机器学习的分词方法将文本分解成词元，然后基于标点符号判断句子边界。例如：

```
sentence_spliter = set([".","?",'!','...'])
sentence = "Did you spend $3.4 on arxiv.org for your pre-print? " +
           "No, it's free! It's ..."

tokens = regexp_tokenize(sentence,pattern)
```

```
sentences = []
boundary = [0]
for token_id, token in enumerate(tokens):
    # 判断句子边界
    if token in sentence_spliter:
        #如果是句子边界，则把分句结果加入进去
        sentences.append(tokens[boundary[-1]:token_id+1])
        #将下一句句子起始位置加入boundary
        boundary.append(token_id+1)

if boundary[-1]!=len(tokens):
    sentences.append(tokens[boundary[-1]:])

print(f"分句结果：")
for seg_sentence in sentences:
    print(seg_sentence)
```

```
分句结果：
['Did', 'you', 'spend', '$3.4', 'on', 'arxiv.org', 'for', 'your',
'pre-print', '?']
['No', ',', "it's", 'free', '!']
["It's", '...']
```

2.4　小结

本章介绍了自然语言处理中的文本规范化过程，包含分词、词的规范化以及分句这3个部分。分词中通过正则表达式的方式，可以将一些属于词元的标点符号很好地区分出来。词的规范化可以将词元转换成标准形式，从而让计算机更好地去处理这些词元。分句则可以将长文本切分成多个短文本，从而让计算机更好地去处理。本章重点介绍了基于规则方法的文本规范化方式，但也存在很多基于机器学习和神经网络技术的文本规范化方法，相关技术在后续章节中会逐步介绍。

习题

（1）以下哪个正则表达式可以匹配英文缩写“×××n't”（××× 表示任意字母组合）？表2-2给出了一些是否匹配的示例：

表2-2　正则表达式是否匹配示例

输入	是否匹配	说明
don't	是	—
n't	否	n't之前没有 ×××
can'tdo	否	n't不是结尾
c9n't	否	不能包含数字

A. \w*n't　　B. [a-z]*n't　　C. [a-z]+n't　　D. [a-z]|[a-z]*n't

（2）下列选项中哪些字符串可以被对应的正则表达式完全匹配？完全匹配是指字符串的所有字符被匹配。例如，对于正则表达式“abc”，字符串“abc123”不符合匹配要求，因为“123”没有被匹配。

A. 正则表达式“(\w+)(\d+(\.\d+)?)”，字符串“DongshouxueNLP10.0”

B. 正则表达式“abc+”，字符串“abcccc”

C. 正则表达式“(abc)+”，字符串“abcccc”

D. 正则表达式“f\d+:\d+(\.\d+)?”，字符串“f1:99.0”

（3）假设有一个基于 BPE 的词元分词器，所使用的词表是：{_, t, o, g, e, h, r, he, the, er, r_, er_, to, ge, get}，那么“together”将被分词为：

A. t o g e t h e r _　　B. to get he r_　　C. to ge the r_　　D. to ge th er_

（4）假设有一个基于 BPE 的词元分词器 A，其训练语料是由基于空格的分词器 B 在某个语料库 C 上分词所得的词元集合。请问以下哪一项陈述不正确？

A. 当 A 的词表大小不受限制时，A 在语料库 C 上产生与 B 相同的分词

B. 当 A 的词表大小不受限制时，A 在任意语料库上产生与 B 相同的分词

C. 与 B 相比，A 可以通过将稀有词元分词成常见的子词来减小词表大小

D. A 可以根据不同的词表大小和不同的训练语料库产生不同的分词结果，B 则不受不同训练语料库的影响

（5）对于输入句子“Kitty's cat was found behind the television.”，以下 3 个输出分别是采用什么方法的处理结果？

1）Kitti cat wa found behind the televis

2）Kitty's cat be find behind the television

3）kitty's cat was found behind the television

A. 词干还原

B. 词目还原

C. 大小写折叠

第3章

文本表示

本章讨论文本的表示方法。文本的基本单元是词，因此先关注词的表示，再介绍文档的表示。本章首先概述 3 种词的表示方法的特点，然后详细介绍稀疏向量表示和稠密向量表示，最后介绍文档表示方法。

扫码观看视频课程

3.1 词的表示

词的表示包括离散符号表示、稀疏向量表示、稠密向量表示 3 种方式。

传统的基于符号规则的自然语言处理方法一般使用离散符号表示词，例如将一个词表示为字符串，或表示为一个固定词表中的索引编号。这种表示方式非常自然，并且现有的大量的语言学资源（如字典和辞典）是基于这种离散符号表示方式的。然而，构建和维护基于离散符号表示的词表和语言学资源需要大量的人工成本，并且难以保证实时更新以及时收纳新出现的词。

很多机器学习方法只能接受向量作为输入，因此在自然语言处理中使用机器学习方法时，往往需要将词表示为向量。相比于符号表示，向量表示更加规范，通常具有固定的维度，并且易于进行机器学习算法中所需的各类运算（如加减乘除和归一化等）。

最简单的向量表示称作*独热编码*（one-hot encoding）。独热编码仅使用 0、1 作为向量元素，每个向量中有且仅有一个元素为 1。具体表示方法是，对于词表中的第 i 个词，使用一个长度为词表大小的向量，将向量的第 i 个元素置为 1，其余元素置为 0。这种表示方式仅编码了词在词表中的索引，因此与前述基于索引编号的离散符号表示并无本质区别。由于每个词只通过向量中的一个维度来表示，其余维度都相同（均为 0），因此这种表示方法又称为*本地化表示*（localist representation）。独热编码非常简单直接，但是缺点也很明显：不同的独热编码相互正交，因此独热编码无法表示不同词之间的关系（如相似度、上下位关系等）。例如电影、电影票和汽车这 3 个词，使用独热编码后可能会表示为 [1,0,0,⋯]、[0,1,0,⋯]、[0,0,1,⋯]。通过计算向量内积或余弦相似度可以发现，电影与电影票的相似度为 0，电影和汽车的相似度也为 0，可见独热编码的表达能力比较有限。

与独热编码的本地化表示相对应的，是所谓*分布式表示*（distributed representation），即用向量中的多个维度甚至所有维度来表示一个词。使用分布式表示的一个优点在于可以通过向量的相似度来表示词的相似度（即含义相近的词在向量空间中的距离也相近，反之较远）。分布式表示又可分为稀疏向量表示和稠密向量表示，两者的区别在于向量表示是否稀疏（包含许多0）。稀疏向量表示中往往每个元素是一个明确的统计量（如两个词的共现频率），而稠密向量表示中每个元素没有明确的意义。

相比于稀疏向量表示，稠密向量表示可以进一步压缩向量维度，往往可以使用更少的元素来表示更丰富的含义。稠密向量表示可以看作将词嵌入一个低维的语义空间中，因此通常将稠密向量表示称为词嵌入（word embedding）。与独热编码不同，一个词的稀疏或稠密向量表示一般需要在一个训练语料库上进行学习才能得到，而学习过程会基于这个词在语料库中的上下文，这是因为一个词所在的上下文往往可以反映出这个词的用法和意思。关于具体的学习算法，本章会在接下来的两节予以详细介绍。

下面的例子将展示词向量标准工具包——Gensim 提供的词嵌入，并展示词嵌入如何表示词的相似度。

```
import numpy as np
import pprint

from gensim.models import KeyedVectors

# 从GloVe官网下载GloVe向量，此处使用的是glove.6B.zip
# 解压缩zip文件并将以下路径改为解压后对应文件的路径
model = KeyedVectors.load_word2vec_format('/your/path/here'+
        '/glove.6B.100d.txt', binary=False, no_header=True)
```

```
# 使用most_similar()找到词表中距离给定词最近（最相似）的n个词
pprint.pprint(model.most_similar('film'))
pprint.pprint(model.most_similar('car'))
```

```
[('movie', 0.9055121541023254),
 ('films', 0.8914433717727661),
 ('directed', 0.8124364018440247),
 ('documentary', 0.8075793981552124),
 ('drama', 0.7929168939590454),
 ('movies', 0.7889865040779114),
 ('comedy', 0.7842751741409302),
 ('starring', 0.7573286294937134),
 ('cinema', 0.741945564746856 7),
 ('hollywood', 0.7307389378547668)]
[('vehicle', 0.8630837798118591),
 ('truck', 0.8597878813743591),
 ('cars', 0.837166965007782),
 ('driver', 0.8185911178588867),
 ('driving', 0.7812635898590088),
 ('motorcycle', 0.7553157210350037),
 ('vehicles', 0.7462256550788879),
 ('parked', 0.74594646692276),
 ('bus', 0.7372707724571228),
 ('taxi', 0.7155268788337708)]
```

```
# 利用GloVe展示一个类比的例子
def analogy(x1, x2, y1):
    # 寻找top-N最相似的词
```

```
    result = model.most_similar(positive=[y1, x2], negative=[x1])
    return result[0][0]

print(analogy('china', 'chinese', 'japan'))
print(analogy('australia', 'koala', 'china'))
print(analogy('tall', 'tallest', 'long'))
print(analogy('good', 'fantastic', 'bad'))
print(analogy('man', 'woman', 'king'))
```

```
japanese
panda
longest
terrible
queen
```

从上面的例子中可以看到，词嵌入能够非常好地表示词之间的相似度，例如与 film 最相似的词是 movie，与 car 最相似的词是 vehicle。并且可以发现，利用向量之间的相似性来度量，可以用词嵌入完成诸如 man-woman 与 king-queen 的类比。这说明词嵌入确实将词恰当地表示在了向量空间中。

3.2 稀疏向量表示

本节主要介绍利用上下文信息的一种稀疏向量表示——词 - 词共现矩阵。

简单来说，一个词的上下文就是出现在这个词周围的文本内容，这里使用滑动窗口这一上下文定义，即对于文档中的每一个词，它的上下文定义为在它之前和之后出现的固定个数的词（如前后各 4 个词），而这个词本身被称作中心词。当从前往后遍历一篇文档中的词时，这些词的上下文就像一个固定长度的窗口一样随着中心词的移动而移动，这也是这种上下文被称为滑动窗口的原因。滑动窗口具有固定的大小，易于处理，是自然语言处理中非常常用的一种上下文定义。

基于滑动窗口这种上下文定义，可以定义词 - 词共现矩阵。由于词 - 词共现矩阵描述的是任意两个词共同出现的关系，因此矩阵的长和宽都是词表的大小。矩阵中的每个元素表示在整个训练语料库中，该元素所在的列对应的词在该元素所在的行对应的词的上下文中出现的次数。图 3-1 展示了《小王子》一书中部分词的共现矩阵（考虑前后 5 个词的上下文）。实际应用中的词-词共现矩阵会大得多，往往包含数万个词。注意到在滑动窗口的定义中中心词前后的词数是一样的，因此在任意一段文档中，词 A 出现在词 B 的上下文中当且仅当词 B 出现在词 A 的上下文中。这意味着词 - 词共现矩阵是一个对称矩阵。

词 - 词共现矩阵中的每一行和每一列都表示了一个词与词表中其他词的共现关系，可以看作这个词的一个稀疏向量表示。在图 3-1 所示的例子中，通过计算向量之间的余弦相似度可以发现“planet”和“stars”的相似度要高于“planet”和“prince”的相似度，这符合预期。

基于词 - 词共现矩阵的稀疏向量表示的一个潜在问题是，一些高频词（如英文中的“the”、中文中的“的”）会与绝大多数词共现，因此其共现统计缺乏区分度，但是这些高频词的出现频率很高又会主导很多词的向量表示（例如计算余弦相似度时，高频词对应维度的影响可能会远大于低频词）。一个常用解决方案是基于词 - 词共现矩阵计算正点间互信息（positive pointwise mutual information）矩阵，从中提取词的稀疏向量表示。具体细节不再展开。

词	prince	planet	stars	flower	sheep	fox
prince	—	26	2	29	6	12
planet	26	—	2	8	4	0
stars	2	2	—	4	1	0
flower	29	8	4	—	10	0
sheep	6	4	1	10	—	0
fox	12	0	0	0	0	—

图 3-1 词 - 词共现矩阵示例

3.3 稠密向量表示

稠密向量（词嵌入）相比稀疏向量具有更低的维度，因此更便于存储和使用。此外，稠密向量往往去除了稀疏向量中所包含的不重要信息甚至是噪声的维度，因此能够更好地泛化到训练数据以外的新数据上。有很多基于稠密向量的词表示方法，其中传统方法有基于奇异值分解（singular value decomposition，SVD）的潜在语义分析（latent semantic analysis）[6]等，近期方法有 word2vec[7] 和 GloVe[8] 等，而当前常用的方法是上下文相关词嵌入。本节将重点介绍 word2vec 方法，然后简单介绍上下文相关词嵌入（具体的内容将在第 8 章详细介绍）。

3.3.1 word2vec

word2vec 方法有两个变体，分别是 skip-gram 和 CBOW，本节重点介绍前者。skip-gram 的基本思想是，对于训练文本中的每个滑动窗口，我们希望使用中心词可以尽可能正确地预测上下文，即给定中心词，上下文中词的条件概率尽可能大，而这个条件概率通过使用中心词和上下文中词的词嵌入计算得到。通过最大化训练文本中所有滑动窗口上下文的预测条件概率，就可以学习到反映上下文关系的词嵌入。下面讲解具体做法。

给定一个词表 $\mathcal{V}$，每个词 w 都表示为两个向量，即该词作为中心词时的向量 $\boldsymbol{v}_w$ 以及作为上下文中的词时的向量 $\boldsymbol{u}_w$。给定中心词 c，预测上下文中词 o 的条件概率计算如下：

$$P(o \mid c)=\frac{\exp(\boldsymbol{u}_o^\top \boldsymbol{v}_c)}{\sum_{w\in\mathcal{V}}\exp(\boldsymbol{u}_w^\top \boldsymbol{v}_c)}$$

像这样取幂然后归一化的操作叫作 softmax 函数，可以将任意一组数转化为一个离散概率分布。于是可以计算整个训练语料库的似然，即所有这样的条件概率的乘积：

$$L(\boldsymbol{\theta})=\prod_{t=1}^{T}\prod_{-m\leqslant j\leqslant m,\, j\neq 0}P(w_{t+j}\mid w_t;\boldsymbol{\theta})$$

其中，$\boldsymbol{\theta}$ 表示模型的参数，即所有词的两种向量表示，T 代表文本的长度，m 代表滑动窗口大小（前后 m 个词）。注意，$t+j$ 的索引可能超过文本长度的边界范围，实际操作中超过范围的索引不纳入计算，简单起见，上述公式中略去了这个细节。

word2vec 的训练损失函数为平均负对数似然：

$$J(\boldsymbol{\theta})=-\frac{1}{T}\log L(\boldsymbol{\theta})=-\frac{1}{T}\sum_{t=1}^{T}\sum_{-m\leqslant j\leqslant m,j\neq 0}\log P(w_{t+j}\mid w_t;\boldsymbol{\theta})$$

一般使用随机梯度下降来最小化该损失函数，这样就能学习出最大化预测正确率的模型参数，即所有词的两种向量表示。

直接优化 $J(\theta)$ 涉及 softmax 函数的计算，其中的归一化步骤需要遍历整个词表 $\mathcal{V}$。如果词表很大，softmax 函数的计算会很耗费计算资源。解决这个问题的一个方案是，给定一个中心词 c 和一个上下文词 o，建模两者共现的概率来代替原来目标函数中的 $P(o\mid c)$：

$$P(\text{co}-\text{occur}\mid c,\ o)=\sigma(\boldsymbol{u}_o^{\top}\boldsymbol{v}_c)$$

这样就变成一个二分类问题，不需要对整个词表归一化。但是这引出了一个新问题：替换后的目标函数最大化训练语料库中所有 c/o 对的共现概率，而这存在一个平凡解，即所有向量完全相同，这显然不是我们想要的词嵌入。解决方法是负采样（negative sampling）：对每个 c，采样与正样本 o 相对应的 K 个负样本（如基于词频采样），然后最小化负样本的概率。

因此修改优化目标如下：

$$\begin{aligned}J(\boldsymbol{\theta},c,o)&=-\log P(\text{co}-\text{occur}\mid c,o)-\log\prod_{k=1}^{K}(1-P(\text{co}-\text{occur}\mid c,o_k))\\&=-\log(\sigma(\boldsymbol{u}_o^{\top}\boldsymbol{v}_c))-\sum_{k=1}^{K}\log(1-\sigma(\boldsymbol{u}_k^{\top}\boldsymbol{v}_c))\\&=-\log(\sigma(\boldsymbol{u}_o^{\top}\boldsymbol{v}_c))-\sum_{k=1}^{K}\log(\sigma(-\boldsymbol{u}_k^{\top}\boldsymbol{v}_c))\end{aligned}$$

这样的方法又称为对比学习（contrastive learning），即最大化真实上下文的概率，并最小化负样本的概率。

最终整体的目标函数是

$$J(\boldsymbol{\theta})=\sum_{t=1}^{T}\sum_{-m\leqslant j\leqslant m,j\neq 0}J(\boldsymbol{\theta},w_t,w_{t+j})$$

以上讲解了 skip-gram 模型，其核心思想是使用中心词预测上下文中的词。如果反过来，用上下文中词的集合来预测中心词，就得到了 word2vec 的另一个变体——CBOW 模型。具体细节在此不再赘述。

word2vec 方法会为每个词 w 学习到两个词嵌入，即 $\boldsymbol{v}_w$（w 作为中心词）和 $\boldsymbol{u}_w$（w 作为上下文词）。实际使用词嵌入时，一般有 3 种用法：只使用 $\boldsymbol{v}_w$、将两个词嵌入相加、将两个词嵌入拼接在一起形成一个更长的词嵌入。

下面将展示 word2vec 的代码，包括文本预处理、skip-gram 算法的实现，以及使用

PyTorch 进行优化等功能。这里使用《小王子》这本书作为训练语料库。

```
# 安装NLTK，使用如下代码下载punkt组件
#import nltk
#nltk.download('punkt')

from nltk.tokenize import sent_tokenize, word_tokenize
from collections import defaultdict

# 使用类管理数据对象，包括文本读取、文本预处理等
class TheLittlePrinceDataset:
    def __init__(self, tokenize=True):
        # 利用NLTK函数进行分句和分词
        text = open('the little prince.txt', 'r', encoding='utf-8').read()
        if tokenize:
            self.sentences = sent_tokenize(text.lower())
            self.tokens = [word_tokenize(sent) for sent in self.sentences]
        else:
            self.text = text

    def build_vocab(self, min_freq=1):
        # 统计词频
        frequency = defaultdict(int)
        for sentence in self.tokens:
            for token in sentence:
                frequency[token] += 1
        self.frequency = frequency

        # 加入<unk>处理未登录词，加入<pad>对齐变长输入进而加速
        self.token2id = {'<unk>': 1, '<pad>': 0}
        self.id2token = {1: '<unk>', 0: '<pad>'}
        for token, freq in sorted(frequency.items(), key=lambda x: -x[1]):
            # 丢弃低频词
            if freq > min_freq:
                self.token2id[token] = len(self.token2id)
                self.id2token[len(self.id2token)] = token
            else:
                break

    def get_word_distribution(self):
        distribution = np.zeros(vocab_size)
        for token, freq in self.frequency.items():
            if token in dataset.token2id:
                distribution[dataset.token2id[token]] = freq
            else:
                # 不在词表中的词按<unk>计算
                distribution[1] += freq
        distribution /= distribution.sum()
        return distribution

    # 将分词结果转化为索引表示
    def convert_tokens_to_ids(self, drop_single_word=True):
        self.token_ids = []
        for sentence in self.tokens:
            token_ids = [self.token2id.get(token, 1) for token in sentence]
            # 忽略只有一个词元的序列，无法计算损失
            if len(token_ids) == 1 and drop_single_word:
                continue
```

```
            self.token_ids.append(token_ids)

        return self.token_ids

dataset = TheLittlePrinceDataset()
dataset.build_vocab(min_freq=1)
sentences = dataset.convert_tokens_to_ids()
```

```
# 遍历所有的中心词-上下文词对
window_size = 2
data = []

for sentence in sentences:
    for i in range(len(sentence)):
        for j in range(i-window_size, i+window_size+1):
            if j == i or j < 0 or j >= len(sentence):
                continue
            center_word = sentence[i]
            context_word = sentence[j]
            data.append([center_word, context_word])

# 需要提前安装NumPy
import numpy as np
data = np.array(data)
print(data.shape, data)
```

```
(74374, 2) [[  4  17]
 [  4  20]
 [ 17   4]
 ...
 [131   2]
 [  2  86]
 [  2 131]]
```

```
# 需要提前安装PyTorch
import torch
from torch import nn
import torch.nn.functional as F

# 实现skip-gram算法，使用对比学习计算损失
class SkipGramNCE(nn.Module):
    def __init__(self, vocab_size, embed_size, distribution, neg_samples=20):
        super(SkipGramNCE, self).__init__()
        print(f'vocab_size = {vocab_size}, embed_size = {embed_size}, '+
              f'neg_samples = {neg_samples}')
        self.input_embeddings = nn.Embedding(vocab_size, embed_size)
        self.output_embeddings = nn.Embedding(vocab_size, embed_size)
        distribution = np.power(distribution, 0.75)
        distribution /= distribution.sum()
        self.distribution = torch.tensor(distribution)
        self.neg_samples = neg_samples

    def forward(self, input_ids, labels):
        i_embed = self.input_embeddings(input_ids)
        o_embed = self.output_embeddings(labels)
        batch_size = i_embed.size(0)
        n_words = torch.multinomial(self.distribution, batch_size *
                  self.neg_samples, replacement=True).view(batch_size, -1)
```

```
        n_embed = self.output_embeddings(n_words)
        pos_term = F.logsigmoid(torch.sum(i_embed * o_embed, dim=1))
        # 负采样，用于对比学习
        neg_term = F.logsigmoid(- torch.bmm(n_embed, i_embed.unsqueeze(2)).squeeze())
        neg_term = torch.sum(neg_term, dim=1)
        loss = - torch.mean(pos_term + neg_term)
        return loss
```

```
# 为对比学习负采样准备词频分布
vocab_size = len(dataset.token2id)
embed_size = 128
distribution = dataset.get_word_distribution()
print(distribution)
model = SkipGramNCE(vocab_size, embed_size, distribution)

from torch.utils.data import DataLoader
from torch.optim import SGD, Adam

# 定义静态方法collate_batch批量处理数据，转化为PyTorch需要的张量类型
class DataCollator:
    @classmethod
    def collate_batch(cls, batch):
        batch = np.array(batch)
        input_ids = torch.tensor(batch[:, 0], dtype=torch.long)
        labels = torch.tensor(batch[:, 1], dtype=torch.long)
        return {'input_ids': input_ids, 'labels': labels}

# 定义训练参数以及训练循环
epochs = 100
batch_size = 128
learning_rate = 1e-3
epoch_loss = []

data_collator = DataCollator()
dataloader = DataLoader(data, batch_size=batch_size, shuffle=True,
        collate_fn=data_collator.collate_batch)
optimizer = Adam(model.parameters(), lr=learning_rate)
model.zero_grad()
model.train()

# 需要提前安装tqdm
from tqdm import trange
import matplotlib.pyplot as plt

# 训练过程，每步读取数据，送入模型计算损失，并使用PyTorch进行优化
with trange(epochs, desc='epoch', ncols=60) as pbar:
    for epoch in pbar:
        for step, batch in enumerate(dataloader):
            loss = model(**batch)
            pbar.set_description(f'epoch-{epoch}, loss={loss.item():.4f}')
            loss.backward()
            optimizer.step()
            model.zero_grad()
        epoch_loss.append(loss.item())

epoch_loss = np.array(epoch_loss)
plt.plot(range(len(epoch_loss)), epoch_loss)
plt.xlabel('training epoch')
```

```
plt.ylabel('loss')
plt.show()
```

```
[0.00000000e+00 4.95799942e-02 5.48904123e-02 ... 9.65530559e-05
 9.65530559e-05 9.65530559e-05]
vocab_size = 1071, embed_size = 128, neg_samples = 20

epoch-99, loss=2.8468: 100%|█| 100/100 [05:03<00:00,  3.04s/
```

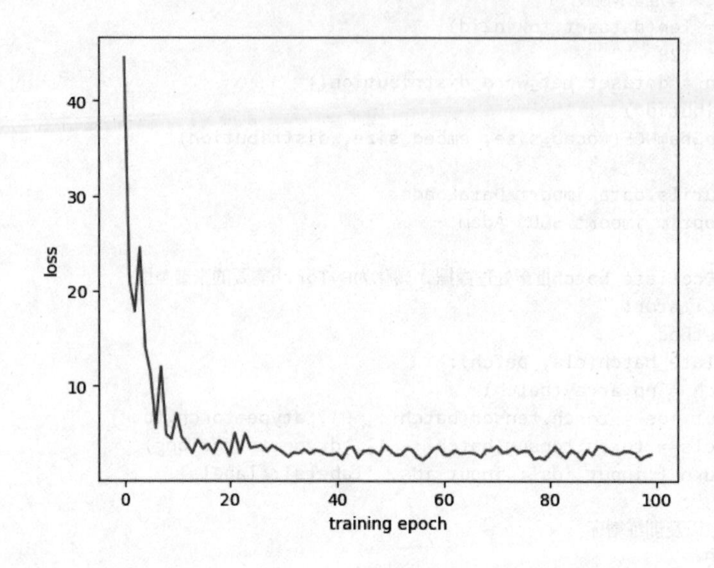

3.3.2 上下文相关词嵌入

在 word2vec 模型中，每个词的词嵌入在学习结束之后便固定了，在使用时不会随上下文（语境）的改变而改变，这种词嵌入被称作静态词嵌入。事实上这一点有违常理，因为我们知道在不同的上下文中，词的含义会发生变化，例如“bank”的上下文中如果出现了“river”，那么“bank”表达“堤坝”这一含义的可能性较大，如果上下文中出现了“money”，那么“bank”表达“银行”这一含义的可能性较大。为了反映这种性质，需要通过一类更先进的模型来得到随上下文动态改变的词嵌入，即所谓上下文相关词嵌入。与 word2vec 模型相同的是，这类模型会为每个词学习一个静态词嵌入；与 word2vec 模型不同的是，给定输入文本，其中每个词的静态词嵌入会根据上下文内容，通过神经网络变换为上下文相关词嵌入。这样的上下文相关词嵌入具备了更强的表达能力，是当代自然语言处理的基石。具体的模型和算法将在第 8 章讲解。

3.4 文档表示

类似于词的表示，文档的表示方法也包含离散符号表示、稀疏向量表示和稠密向量表示。离散符号表示将文档表示为词的序列。与词的离散表示一样，文档的离散表示不适合作为机器学习方法的输入，并且难以用于计算文档相似度。文档的稀疏向量表示一般基于文档的统计特性，接下来分别介绍基于词 - 文档共现矩阵的稀疏向量表示、基于 TF-IDF 加权的改进，以及基于词嵌入和神经网络的稠密向量表示。

词和文档之间还存在着短语、句子、段落等不同粒度的文本。这些文本粒度的向量表示可以借鉴本节所讨论的文档的向量表示方法。

3.4.1 词-文档共现矩阵

词 - 文档共现矩阵统计了词在文档中出现的频率，矩阵中的每一行对应词表中的一个词，每一列对应一篇文档，每个元素表示该元素所在的行对应的词在该元素所在的列对应的文档中出现的次数。词 - 文档共现矩阵的列向量可以看作对应文档的一个稀疏向量表示。如果两篇文档的向量相似（如基于余弦相似度衡量），则可认为这两篇文档很有可能内容相似。

图 3-2 展示了《小王子》《傲慢与偏见》《80 天环游地球》《金银岛》4 部作品的词 - 文档共现矩阵。这里只选了 5 个词作为示例，实际应用中的词数一般会高达几万。仅从该共现矩阵来看，《80 天环游地球》和《金银岛》向量相似，这两部作品确实在内容上更加相似。

词	《小王子》	《傲慢与偏见》	《80天环游地球》	《金银岛》
the	948	4843	4900	4599
prince	189	0	2	0
party	0	57	24	21
boat	0	0	29	35
treasure	3	2	1	56

图 3-2 词 - 文档共现矩阵示例

值得一提的是，词 - 文档共现矩阵的行向量表示一个词在不同文档中的出现次数，也可以作为该词的稀疏向量表示。然而这样的词向量表示一般效果并不好，一方面，对于常见词而言，它们在所有文档中都大量出现，导致对应的词向量没有区分度；另一方面，当文档数量不足时，统计信息过少，并且词向量维度太低，会导致效果欠佳。

3.4.2 TF-IDF加权

与词 - 词共现矩阵的情况类似，直接使用词 - 文档共现频率也存在一个缺点：有些虚词（如英文的“the”、中文的“的”）共现频率非常高，但没有实际含义，缺乏对文档的区分度；与之相反，有些实词共现频率非常低，但对于区分不同的文档往往有重要的价值。因此，有必要对原始的共现频率进行调整，以降低缺少含义的高频词的影响，提升重要低频词的影响。本节介绍经典的 TF-IDF 加权方法。

TF-IDF 包含的第一个评价指标是**词频**（term frequency）。注意到不同长度文档的词频会有较大差距，不利于比较和运算，因此可以对词频取对数：

$$\mathrm{tf}_{t,d} = \log(\mathrm{count}(t,d) + 1)$$

其中，count(*t*,*d*) 表示词 *t* 在文档 *d* 中出现的次数，为了避免对 0 取对数，把所有的计数加 1。那么如何区分高频词与低频词呢？TF-IDF 引入了另一个重要的评价指标——文档频率（document frequency），即一个词在语料库所包含的多少篇文档中出现。在所有文档里出现的词往往是虚词或常见实词，而只在少量文档里出现的词往往是具有明确含义的实词并且具有很强的文档区分度。用 df_t 来表示在多少篇文档中出现了词 *t*。

为了压低高频词和提升低频词的影响，TF-IDF 使用文档频率的倒数，也就是逆向文档频率（inverse document frequency）来对词频进行加权。这很好理解，一个词的文档频率越高，其倒数就越小，权重就越小。

$$\mathrm{idf}_t = \log \frac{N}{\mathrm{df}_t}$$

其中，*N* 表示文档总数。为了避免分母为 0，通常会将分母设为 df_t+1。

基于词频和逆向文档频率，得到 TF-IDF 的最终值为

$$w_{t,d} = \mathrm{tf}_{t,d} \times \mathrm{idf}_t$$

根据公式，重新计算图 3-2 中的词 - 文档共现矩阵。为了便于计算，忽略了矩阵以外的词，得到 TF-IDF 矩阵，如图 3-3 所示。

词	《小王子》	《傲慢与偏见》	《80天环游地球》	《金银岛》
the	0	0	0	0
prince	0.69	0	0.14	0
party	0	0.22	0.17	0.17
boat	0	0	0.44	0.47
treasure	0	0	0	0

图 3-3 TF-IDF 矩阵示例

很多情况下会额外对文档的 TF-IDF 向量使用 L2 归一化，使得不同文档的 TF-IDF 向量具有相同的模长，以便相互比较。下面给出了 TF-IDF 的代码实现。

```
class TFIDF:
    def __init__(self, vocab_size, norm='l2', smooth_idf=True, sublinear_tf=True):
        self.vocab_size = vocab_size
        self.norm = norm
        self.smooth_idf = smooth_idf
        self.sublinear_tf = sublinear_tf

    def fit(self, X):
        doc_freq = np.zeros(self.vocab_size, dtype=np.float64)
        for data in X:
            for token_id in set(data):
                doc_freq[token_id] += 1
        doc_freq += int(self.smooth_idf)
        n_samples = len(X) + int(self.smooth_idf)
        self.idf = np.log(n_samples / doc_freq) + 1
```

```
    def transform(self, X):
        assert hasattr(self, 'idf')
        term_freq = np.zeros((len(X), self.vocab_size), dtype=np.float64)
        for i, data in enumerate(X):
            for token in data:
                term_freq[i, token] += 1
        if self.sublinear_tf:
            term_freq = np.log(term_freq + 1)
        Y = term_freq * self.idf
        if self.norm:
            row_norm = (Y**2).sum(axis=1)
            row_norm[row_norm == 0] = 1
            Y /= np.sqrt(row_norm)[:, None]
        return Y

    def fit_transform(self, X):
        self.fit(X)
        return self.transform(X)
```

TF-IDF 方法虽然简单，但是能够有效地提取文档的语义特征，后续章节将介绍基于 TF-IDF 特征的文档分类和聚类。

3.4.3 文档的稠密向量表示

获得文档稠密向量表示的最简单的方法是，把文档中所包含的所有词的稠密向量表示（即词嵌入）进行池化（pooling），包括平均池化（将所有词嵌入在每个维度上取平均）、最大池化（将所有词嵌入在每个维度上取最大值）、注意力池化（基于注意力机制的加权平均）等方式。这种方式既适用于静态词嵌入，也适用于上下文相关词嵌入。尽管这种方法简单，但在很多场景中都有很好的表现。

另一类获得文档稠密向量表示的方法需要使用较为复杂的神经网络，例如循环神经网络（recurrent neural network，RNN）和 Transformer 模型。这些模型将在第 6 章详细介绍，这里仅做简述。循环神经网络从前到后依次处理文档中的词，最后输出的向量可以看作包含整个文档信息的稠密向量表示。Transformer 模型则一般在文档开头插入一个特殊字符，通过多层自注意力机制得到该特殊字符的上下文相关词嵌入，用以表示整个文档。

3.5 小结

本章介绍了词和文档的各种向量表示方法，重点介绍了基于词 - 词共现矩阵的词的稀疏向量表示、基于 word2vec 的词的稠密向量表示以及基于词 - 文档共现矩阵和 TF-IDF 加权的文档向量表示。这些表示方法在简单的应用场景中具有不错的效果，不过目前更为通用、效果更好的是基于上下文的表示方法，具体将在第 8 章详细介绍。

习题

（1）选择以下所有正确的叙述。

A. 独热编码的词向量无法表示词的相似度

B. 词 - 词共现矩阵能够表示词的相似度

C. 词 - 词共现矩阵的向量表示可能会缺乏区分度，这是由大量存在的高频词导致的

D. 词 - 词共现矩阵、独热编码词向量、word2vec 词嵌入都给每个词赋予一个独立于上下文的固定词嵌入

（2）选择以下所有正确的叙述。

A. word2vec 的 skip-gram 模型学习使用上下文词预测中心词

B. skip-gram 模型中通过向量点乘和 softmax 函数计算条件概率

C. skip-gram 模型可以使用负采样方法来避免计算 softmax 函数时遍历整个词表

D. skip-gram 模型中每个词需要两个向量，一个表示该词作为上下文词，另一个表示该词作为中心词

（3）假设有一个极小的语料“我爱 NLP”（仅包含 3 个词，其中 NLP 可视为一个词）。当使用 word2vec 方法的 skip-gram 模型时，以下哪个式子正确计算了该语料的似然？假设窗口大小为 1，当没有左（右）侧上下文时，只需要包含预测右（左）侧上下文的概率。

A. P(爱 | 我)×P(NLP| 我)×P(我 | 爱)×P(NLP| 爱)×P(爱 |NLP)×P(我 |NLP)

B. P(爱 | 我)×P(我 | 爱)×P(NLP| 爱)×P(爱 |NLP)

C. P(我)×P(爱 | 我)×P(NLP| 我 , 爱)

D. P(爱 | 我)×P(NLP| 我)×P(爱 |NLP)×P(我 |NLP)

E. P(我)×P(爱 | 我)×P(NLP| 爱)

（4）判断对错：TF-IDF 减少了过于高频词（如“the”“it”“they”）的影响，因为这些词所包含的信息往往并不多。

第 4 章

文本分类

文本分类（text classification）是现实生活中很常见的一类任务，例如垃圾邮件分类（电子邮件系统需要将收到的邮件分为正常邮件和垃圾邮件）、餐厅或商品评论的情感分类（电子商务网站往往需要区分一段评论内容属于好评还是差评）、文章主题分类（新闻网站需要对文章主题进行区分）等。

文本分类可以定义如下：给定一篇文档 d，输出文档对应的类别 $c \in \mathcal{C} = \{c^1, c^2, \cdots, c^K\}$，其中 $\mathcal{C}$ 是实现给定的 K 个类别的集合。文本分类方法可以分为基于规则的方法和基于机器学习的方法。基于规则的方法需要专家根据经验手工撰写分类规则。基于机器学习的方法包含生成式分类器和判别式分类器，需要在标注出文档正确类别的数据（通常需要手工标注）上训练出分类模型。本章将先介绍这两种方法，然后介绍如何评价分类结果。

4.1　基于规则的文本分类

本节介绍使用词级正则表达式对文本分类。第 2 章曾介绍过字符级正则表达式并用其进行分词。本章所使用的正则表达式与第 2 章介绍的几乎一样，区别仅在于使用词而不是字符作为基本单元。对于文本分类，我们会对每一个类别写一条或者多条正则表达式。例如，对于商品评论的分类如下。

- 好评的正则表达式可以写成：. *(非常好 | 不错 | 很 (赞 | 满意)). *。
- 差评的正则表达式可以写成：. *(太 (差 | 烂)| 糟糕 | 避雷). *。

给定一个文档，如果恰好匹配了一条正则表达式，就可以输出这条正则表达式所对应的类别。但对于一个文档匹配了多条对应不同类别的正则表达式的情况，需要事先对所有正则表达式定义优先级，并输出优先级最高的正则表达式的类别。

用正则表达式进行文本分类的优点包括：

- 易于理解；
- 分类出错时可以快速定位导致出错的规则，并快速予以修改（如修改或删除已有规则、添加新的规则）；

- 与基于机器学习的文本分类相比，不需要任何标注数据和训练过程。

然而，用正则表达式进行文本分类也存在诸多缺点，例如：

- 需要依赖既熟悉分类任务又熟悉正则表达式的专家撰写分类规则；
- 覆盖率较低，即使是专家也难以覆盖所有可能的情况；
- 当存在标注数据时，很难利用这些数据自动改进规则。

4.2 基于机器学习的文本分类

机器学习中的监督学习（supervised learning）可以用于训练文本分类器。监督学习需要一个标注了正确类别的训练数据集 $\{(d_i, c_i) \mid i=1,\cdots,N\}$ ，其中 d_i 表示第 i 篇文档，c_i 表示第 i 篇文档所标注的分类，注意 c_i 的取值来源于 $\mathcal{C}=\{c^1,c^2,\cdots,c^K\}$ 。这样的数据集一般是由领域专家手工标注的。

基于监督学习的文本分类可以依据原理进一步分为生成式分类器和判别式分类器。生成式分类器的原理是，对每个类别分别建模该类别内的文档分布；给定输入文档，将该文档输入不同类别的模型，以得到该文档属于各类别的概率，从中挑选概率最大的类别作为该文档的分类：

$$\hat{c}=\arg\max_{c\in\mathcal{C}} P(c \mid d)=\arg\max_{c\in\mathcal{C}} \frac{P(c \mid d)P(c)}{P(d)}=\arg\max_{c\in\mathcal{C}} \overbrace{P(c \mid d)}^{\text{似然}}\ \overbrace{P(c)}^{\text{先验概率}}$$

其中，$\hat{c}$ 表示分类器所预测的文档 d 的类别。公式中的第二个等号基于贝叶斯公式，第三个等号成立是由于 $P(d)$ 是一个与 c 无关的常数，因此 $\arg\max\limits_{\mathcal{C}}$ 的计算中可以省略这一项。在概率论中，$P(d \mid c)$ 称为似然（likelihood），$P(c)$ 称为先验概率（prior probability）。

而判别式分类器的原理则是直接把握可以区分不同类别的文档特征，而不必建模完整的文档分布：

$$\hat{c}=\arg\max_{c\in\mathcal{C}} \overbrace{P(c \mid d)}^{\text{后验概率}}$$

在概率论中，$P(c \mid d)$ 称为后验概率（posterior probability）。

4.2.1 朴素贝叶斯

将一篇文档表示为词的序列 $d=(x_1, x_2,\cdots, x_n)$ ，因此生成式分类器的公式可以改写为

$$\hat{c}=\arg\max_{c\in\mathcal{C}} P(d \mid c)P(c)=\arg\max_{c\in\mathcal{C}} P(x_1,x_2,\cdots,x_n \mid c)P(c)$$

其中，第一部分 $P(x_1, x_2,\cdots, x_n \mid c)$ 需要建模序列 $(x_1,x_2,\cdots,x_n)$ 的条件概率分布，这需要指数级的空间复杂度 $O(|\mathcal{V}|^n \cdot |\mathcal{C}|)$（其中 $|\mathcal{V}|$ 表示词表大小），显然是不可行的。因此，生成式分类器的主要挑战在于如何近似建模序列的条件概率分布。

最简单的生成式分类器是朴素贝叶斯（naive Bayes）模型，该模型基于以下两个假设。

- 条件独立假设：给定类别的条件下，词之间相互独立。

$$P(x_1, x_2, \cdots, x_n \mid c) = P_1(x_1 \mid c)P_2(x_2 \mid c)\cdots P_n(x_n \mid c)$$

- 词袋假设：不同位置的词共享同样的条件概率分布。

$$\forall i, j : P_i(x \mid c) = P_j(x \mid c)$$

图 4-1 展示了朴素贝叶斯的贝叶斯网络，ψ 表示用于建模不同类别文档分布所使用的参数，K 表示类别数。

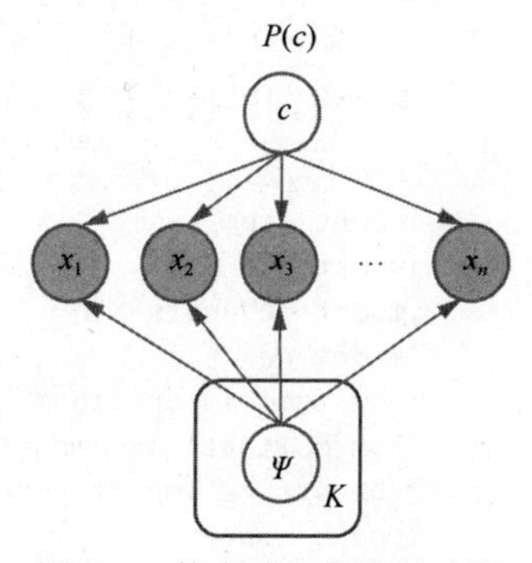

图 4-1　朴素贝叶斯的贝叶斯网络

基于这两个假设，可以得到朴素贝叶斯的分类公式：

$$\hat{c} = \arg\max_{c \in \mathcal{C}} P(c) \prod_{i \in \text{positions}} P(x_i \mid c)$$

可以通过最大似然估计（maximum likelihood estimation）来学习朴素贝叶斯模型，推导可得模型参数的闭式解。使用 N_{c_j} 表示类别为 c_j 的文档数量，N_{total} 表示全部文档的数量。

$$\hat{P}(c_j) = \frac{N_{c_j}}{N_{\text{total}}}$$

使用 count(w,c) 表示词 w 出现在类别为 c 的所有文档中的次数。

$$\hat{P}(w_i \mid c_j) = \frac{\text{count}(w_i, c_j)}{\sum_{w \in \mathcal{V}} \text{count}(w, c_j)}$$

其中，$\mathcal{V}$ 表示词表。

然而，单纯使用最大似然估计会带来一个严重的问题。假设训练数据中，所有类别为“好评”的文档都不包含“很棒”这个词，那么使用最大似然估计会得出以下条件概率：

$$\hat{P}(\text{很棒} \mid \text{好评}) = \frac{\text{count}(\text{很棒} \mid \text{好评})}{\sum_{w \in \mathcal{V}} \text{count}(w, \text{好评})} = 0$$

根据朴素贝叶斯的分类公式，这意味着只要一个文档中出现了“很棒”这个词，该文档就不可能被分类为“好评”，这显然是不合常理的。一个简单的处理方法是拉普拉斯平滑（Laplace smoothing），即在计算条件概率分布之前，先将所有的计数 count(w,c) 都加 1：

$$\hat{P}(\text{很棒} \mid \text{好评}) = \frac{\text{count}(\text{很棒} \mid \text{好评})}{\sum_{w \in \mathcal{V}} (\text{count}(w, \text{好评}) + 1)} = \frac{\text{count}(\text{很棒} \mid \text{好评}) + 1}{\sum_{w \in \mathcal{V}} (\text{count}(w, \text{好评})) + |\mathcal{V}|}$$

拉普拉斯平滑可以从狄利克雷先验（Dirichlet prior）的最大后验（maximum a posterior）推导而来，这里不再展开讨论。

下面几段代码展示朴素贝叶斯模型的训练和预测。这里使用的数据集为本书自制的 Books 数据集，包含约 1 万本图书的标题，分为 3 种主题。首先是预处理，针对文本分类的预处理主要包含以下步骤。

- 通常可以将英文文本全部转换为小写形式，或者将中文字体全部转换为简体，等等，这一般不会改变文本内容。

- 去除标点符号。英文中的标点符号和单词之间没有空格（如“Hi, there!”），如果不去除标点符号，“Hi,”和“there!”会被分别识别为不同于“Hi”和“there”的两个词，这显然是不合理的。对于中文，去除标点符号一般也不会影响文本的内容。
- 分词。中文汉字之间没有空格分隔，中文分词有时比英文分词更加困难，此处不再赘述。
- 去除停用词（如“I”“is”“的”等）。这些词往往大量出现但没有具体含义。
- 建立词表。通常会忽略语料库中出现频率非常低的词。
- 将词转换为词表中的索引（ID），便于机器学习模型使用。

```
import json
import os
import requests
import re
from tqdm import tqdm
from collections import defaultdict
from string import punctuation
import spacy
from spacy.lang.zh.stop_words import STOP_WORDS
nlp = spacy.load('zh_core_web_sm')

class BooksDataset:
    def __init__(self):
        train_file, test_file = 'train.jsonl', 'test.jsonl'

        # 下载的数据为JSON格式，转化为Python对象
        def read_file(file_name):
            with open(file_name, 'r', encoding='utf-8') as fin:
                json_list = list(fin)
            data_split = []
            for json_str in json_list:
                data_split.append(json.loads(json_str))
            return data_split

        self.train_data, self.test_data = read_file(train_file), read_file(test_file)
        print('train size =', len(self.train_data),
              ', test size =', len(self.test_data))

        # 建立文本标签和数字标签间的映射
        self.label2id, self.id2label = {}, {}
        for data_split in [self.train_data, self.test_data]:
            for data in data_split:
                txt = data['class']
                if txt not in self.label2id:
                    idx = len(self.label2id)
                    self.label2id[txt] = idx
                    self.id2label[idx] = txt
                label_id = self.label2id[txt]
                data['label'] = label_id

    def tokenize(self, attr='book'):
        # 使用以下两行命令安装spacy，用于中文分词
        # pip install -U spacy
        # python -m spacy download zh_core_web_sm
        # 去除文本中的符号和停用词
        for data_split in [self.train_data, self.test_data]:
            for data in tqdm(data_split):
```

```
                # 转为小写
                text = data[attr].lower()
                # 符号替换为空
                tokens = [t.text for t in nlp(text) if t.text not in STOP_WORDS]
                # 这一步比较耗时，因此把分词的结果存储起来
                data['tokens'] = tokens

    # 根据分词结果建立词表，忽略部分低频词
    # 可以设置词的最短长度和词表的最大容量
    def build_vocab(self, min_freq=3, min_len=2, max_size=None):
        frequency = defaultdict(int)
        for data in self.train_data:
            tokens = data['tokens']
            for token in tokens:
                frequency[token] += 1

        print(f'unique tokens = {len(frequency)}, '+
              f'total counts = {sum(frequency.values())}, '+
              f'max freq = {max(frequency.values())}, '+
              f'min freq = {min(frequency.values())}')

        self.token2id = {}
        self.id2token = {}
        total_count = 0
        for token, freq in sorted(frequency.items(), key=lambda x: -x[1]):
            if max_size and len(self.token2id) >= max_size:
                break
            if freq > min_freq:
                if (min_len is None) or (min_len and len(token) >= min_len):
                    self.token2id[token] = len(self.token2id)
                    self.id2token[len(self.id2token)] = token
                    total_count += freq
            else:
                break
        print(f'min_freq = {min_freq}, min_len = {min_len}, '+
              f'max_size = {max_size}, '
              f'remaining tokens = {len(self.token2id)}, '
              f'in-vocab rate = {total_count / sum(frequency.values())}')

    # 将分词后的结果转化为数字索引
    def convert_tokens_to_ids(self):
        for data_split in [self.train_data, self.test_data]:
            for data in data_split:
                data['token_ids'] = []
                for token in data['tokens']:
                    if token in self.token2id:
                        data['token_ids'].append(self.token2id[token])

dataset = BooksDataset()
dataset.tokenize()

print(dataset.train_data[0]['tokens'])
print(dataset.label2id)
```

```
train size = 8627 , test size = 2157
```

```
100%|██████████| 8627/8627 [00:48<00:00, 179.28it/s]
100%|██████████| 2157/2157 [00:11<00:00, 180.64it/s]
```

```
['python', '编程', '入门', '教程']
{'计算机类': 0, '艺术传媒类': 1, '经管类': 2}
```

完成分词后，对出现次数超过 3 次的词元建立词表，并将分词后的文档转化为词元 ID 的序列。

```
dataset.build_vocab(min_freq=3)
dataset.convert_tokens_to_ids()
print(dataset.train_data[0]['token_ids'])
```

```
unique tokens = 6956, total counts = 54884, max freq = 1635, min freq = 1
min_freq = 3, min_len = 2, max_size = None, remaining tokens = 1650,
        in-vocab rate = 0.7944209605713869
[18, 26, 5, 0]
```

接下来将数据和标签调整成便于训练的矩阵格式。

```
import numpy as np

train_X, train_Y = [], []
test_X, test_Y = [], []

for data in dataset.train_data:
    x = np.zeros(len(dataset.token2id), dtype=np.int32)
    for token_id in data['token_ids']:
        x[token_id] += 1
    train_X.append(x)
    train_Y.append(data['label'])
for data in dataset.test_data:
    x = np.zeros(len(dataset.token2id), dtype=np.int32)
    for token_id in data['token_ids']:
        x[token_id] += 1
    test_X.append(x)
    test_Y.append(data['label'])
train_X, train_Y = np.array(train_X), np.array(train_Y)
test_X, test_Y = np.array(test_X), np.array(test_Y)
```

下面代码展示朴素贝叶斯的训练和预测。

```
import numpy as np

class NaiveBayes:
    def __init__(self, num_classes, vocab_size):
        self.num_classes = num_classes
        self.vocab_size = vocab_size
        self.prior = np.zeros(num_classes, dtype=np.float64)
        self.likelihood = np.zeros((num_classes, vocab_size), dtype=np.float64)

    def fit(self, X, Y):
        # NaiveBayes的训练主要涉及先验概率和似然的估计
        # 这两者都可以通过计数获得
        for x, y in zip(X, Y):
            self.prior[y] += 1
            for token_id in x:
                self.likelihood[y, token_id] += 1

        self.prior /= self.prior.sum()
```

```
        # Laplace平滑
        self.likelihood += 1
        self.likelihood /= self.likelihood.sum(axis=0)
        # 为了避免精度溢出，使用对数概率
        self.prior = np.log(self.prior)
        self.likelihood = np.log(self.likelihood)

    def predict(self, X):
        # 算出各个类别的先验概率与似然的乘积，找出最大的作为分类结果
        preds = []
        for x in X:
            p = np.zeros(self.num_classes, dtype=np.float64)
            for i in range(self.num_classes):
                p[i] += self.prior[i]
                for token in x:
                    p[i] += self.likelihood[i, token]
            preds.append(np.argmax(p))
        return preds

nb = NaiveBayes(len(dataset.label2id), len(dataset.token2id))
train_X, train_Y = [], []
for data in dataset.train_data:
    train_X.append(data['token_ids'])
    train_Y.append(data['label'])
nb.fit(train_X, train_Y)

for i in range(3):
    print(f'P({dataset.id2label[i]}) = {np.exp(nb.prior[i])}')
for i in range(3):
    print(f'P({dataset.id2token[i]}|{dataset.id2label[0]}) = '+
          f'{np.exp(nb.likelihood[0, i])}')

test_X, test_Y = [], []
for data in dataset.test_data:
    test_X.append(data['token_ids'])
    test_Y.append(data['label'])

NB_preds = nb.predict(test_X)

for i, (p, y) in enumerate(zip(NB_preds, test_Y)):
    if i >= 5:
        break
    print(f'test example-{i}, prediction = {p}, label = {y}')
```

```
P(计算机类) = 0.4453460067230787
P(艺术传媒类) = 0.26660484525327466
P(经管类) = 0.2880491480236467
P(教程|计算机类) = 0.5726495726495726
P(基础|计算机类) = 0.6503006012024048
P(设计|计算机类) = 0.606694560669456
test example-0, prediction = 0, label = 0
test example-1, prediction = 0, label = 0
test example-2, prediction = 1, label = 1
test example-3, prediction = 1, label = 1
test example-4, prediction = 1, label = 1
```

4.2.2 逻辑斯谛回归

判别式分类器通常将文档表示为特征向量（参考第 3 章），用于直接估算类别的后验概率。

$$\hat{c} = \arg\max_{c \in \mathcal{C}} P(c \mid d)$$

最简单的判别式分类器是*逻辑斯谛回归*（logistic regression）。对于简单的二分类任务（假设类别标签为 0 或 1），逻辑斯谛回归对特征向量通过简单的线性变换和 sigmoid 激活函数来获得类别的后验概率：

$$P(c=1 \mid \boldsymbol{x}) = \sigma(\boldsymbol{w}^\top \boldsymbol{x} + b) = \frac{1}{1+\exp(-(\boldsymbol{w}^\top \boldsymbol{x} + b))}$$

$$P(c=0 \mid \boldsymbol{x}) = 1-\sigma(\boldsymbol{w}^\top \boldsymbol{x} + b) = \sigma(-(\boldsymbol{w}^\top \boldsymbol{x} + b)) = \frac{\exp(-(\boldsymbol{w}^\top \boldsymbol{x} + b))}{1+\exp(-(\boldsymbol{w}^\top \boldsymbol{x} + b))}$$

其中，$\boldsymbol{x}$ 表示输入文档的特征向量，$\sigma(z) = \frac{1}{1+\mathrm{e}^{-z}}$ 为 sigmoid 函数，$\boldsymbol{w}$ 与 b 是模型参数，其中 $\boldsymbol{w}$ 为与 $\boldsymbol{x}$ 长度相同的向量，b 为标量，$\boldsymbol{w}^\top\boldsymbol{x}+b$ 共同构成对特征向量 $\boldsymbol{x}$ 的线性变换。

进一步比较 $P(c=1 \mid \boldsymbol{x})$ 和 $P(c=0 \mid \boldsymbol{x})$ 的大小，以此作为分类器的判断标准：

$$c = \begin{cases} 1, 若\ P(c=1 \mid \boldsymbol{x}) > 0.5; \\ 0, 其他 \end{cases}$$

或等价为

$$c = \begin{cases} 1,\ 若\ \boldsymbol{w}^\top \boldsymbol{x} + b > 0; \\ 0, 其他 \end{cases}$$

对于多分类的情况，对不同类别使用不同参数来计算文档属于该类别的概率：

$$P(c \mid \boldsymbol{x}) = \operatorname{soft\,max}(\boldsymbol{w}_c^\top \boldsymbol{x} + b_c) = \frac{\exp(\boldsymbol{w}_c^\top \boldsymbol{x} + b_c)}{\sum_{j=1}^{K} \exp(\boldsymbol{w}_j^\top \boldsymbol{x} + b_j)}$$

其中，$\boldsymbol{w}_c$ 和 b_c 表示属于类别 c 的参数 $\boldsymbol{w}$ 和 b。

二分类和多分类的逻辑斯谛回归本质上是一样的，即通过对特征向量进行线性变换得到某一类别的打分，然后通过归一化函数（sigmoid 与 softmax）将不同类别的打分归一化为 (0,1) 的概率。

通过最大化条件对数似然来学习逻辑斯谛回归模型的参数，这等价于最小化交叉熵（cross entropy）。通常还会加入一个正则化项（如 L2 正则）来防止模型过拟合。因此逻辑斯谛回归模型的损失函数如下：

$$\mathcal{L} = \overbrace{-\frac{1}{N}\sum_{i=1}^{N} \log p_{\boldsymbol{\theta}}(c_i \mid \boldsymbol{x}_i)}^{交叉熵} + \lambda \overbrace{R(\boldsymbol{\theta})}^{正则化项}$$

其中，N 是数据集大小，λ 是一个超参数，用于控制交叉熵和正则化项之间的平衡。通常会随机初始化模型参数并使用随机梯度下降来优化该损失函数。

除了逻辑斯谛回归，还有很多更复杂和精巧的判别式分类器可用于文本分类，例如支持向量机、多层神经网络、决策树等，这里不再详细介绍。

下面使用第 3 章介绍的 TF-IDF 方法得到文档的特征向量，并使用 PyTorch 实现逻辑斯谛回归模型的训练和预测。

```
import os
import sys

sys.path.append('../code')
from utils import TFIDF

tfidf = TFIDF(len(dataset.token2id))
tfidf.fit(train_X)
train_F = tfidf.transform(train_X)
test_F = tfidf.transform(test_X)
```

逻辑斯谛回归可以看作一个一层的神经网络模型，使用 PyTorch 实现可以方便地利用自动求导功能。

```
import torch
from torch import nn

class LR(nn.Module):
    def __init__(self, input_dim, output_dim):
        super(LR, self).__init__()
        self.linear = nn.Linear(input_dim, output_dim)

    def forward(self, input_feats, labels=None):
        outputs = self.linear(input_feats)

        if labels is not None:
            loss_fc = nn.CrossEntropyLoss()
            loss = loss_fc(outputs, labels)
            return (loss, outputs)

        return outputs

model = LR(len(dataset.token2id), len(dataset.label2id))

from torch.utils.data import Dataset, DataLoader
from torch.optim import SGD, Adam

# 使用PyTorch的DataLoader来进行数据循环，因此按照PyTorch的接口
# 实现myDataset和DataCollator两个类
# myDataset是对特征向量和标签的简单封装以便对齐接口
# DataCollator用于将数据批量转化为PyTorch支持的张量类型
class myDataset(Dataset):
    def __init__(self, X, Y):
        self.X = X
        self.Y = Y

    def __len__(self):
        return len(self.X)

    def __getitem__(self, idx):
        return (self.X[idx], self.Y[idx])
```

```
class DataCollator:
    @classmethod
    def collate_batch(cls, batch):
        feats, labels = [], []
        for x, y in batch:
            feats.append(x)
            labels.append(y)
        # 直接将一个ndarray的列表转化为张量是非常慢的
        # 所以需要提前将列表转化为一整个ndarray
        feats = torch.tensor(np.array(feats), dtype=torch.float)
        labels = torch.tensor(np.array(labels), dtype=torch.long)
        return {'input_feats': feats, 'labels': labels}

# 设置训练超参数和优化器，模型初始化
epochs = 50
batch_size = 128
learning_rate = 1e-3
weight_decay = 0

train_dataset = myDataset(train_F, train_Y)
test_dataset = myDataset(test_F, test_Y)

data_collator = DataCollator()
train_dataloader = DataLoader(train_dataset, batch_size=batch_size,
        shuffle=True, collate_fn=data_collator.collate_batch)
test_dataloader = DataLoader(test_dataset, batch_size=batch_size,
        shuffle=False, collate_fn=data_collator.collate_batch)
optimizer = Adam(model.parameters(), lr=learning_rate,
        weight_decay=weight_decay)
model.zero_grad()
model.train()

from tqdm import tqdm, trange
import matplotlib.pyplot as plt

# 模型训练
with trange(epochs, desc='epoch', ncols=60) as pbar:
    epoch_loss = []
    for epoch in pbar:
        model.train()
        for step, batch in enumerate(train_dataloader):
            loss = model(**batch)[0]
            pbar.set_description(f'epoch-{epoch}, loss={loss.item():.4f}')
            loss.backward()
            optimizer.step()
            model.zero_grad()
            epoch_loss.append(loss.item())

    epoch_loss = np.array(epoch_loss)
    # 打印损失曲线
    plt.plot(range(len(epoch_loss)), epoch_loss)
    plt.xlabel('training step')
    plt.ylabel('loss')
    plt.show()

    model.eval()
    with torch.no_grad():
        loss_terms = []
```

```
    for batch in test_dataloader:
        loss = model(**batch)[0]
        loss_terms.append(loss.item())
    print(f'eval_loss = {np.mean(loss_terms):.4f}')
```

```
epoch-49, loss=0.2376: 100%|█| 50/50 [00:09<00:00,  5.36it/s
```

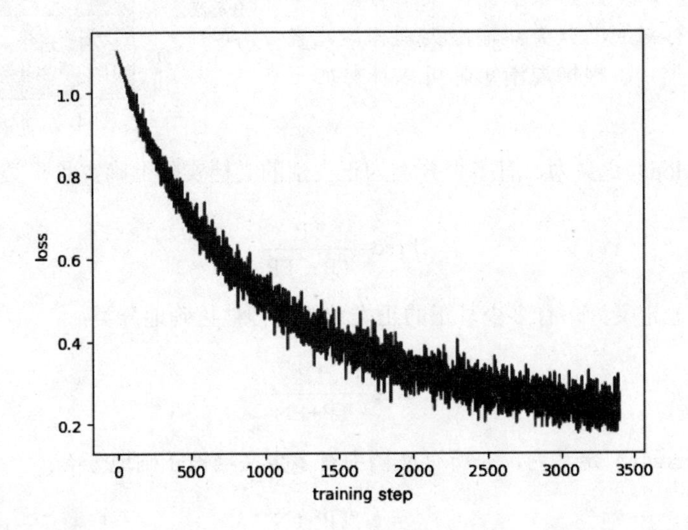


```
eval_loss = 0.2869
```

下面的代码使用训练好的模型对测试集进行预测，并报告分类结果。

```
LR_preds = []
model.eval()
for batch in test_dataloader:
    with torch.no_grad():
        _, preds = model(**batch)
        preds = np.argmax(preds, axis=1)
        LR_preds.extend(preds)

for i, (p, y) in enumerate(zip(LR_preds, test_Y)):
    if i >= 5:
        break
    print(f'test example-{i}, prediction = {p}, label = {y}')
```

```
test example-0, prediction = 0, label = 0
test example-1, prediction = 0, label = 0
test example-2, prediction = 1, label = 1
test example-3, prediction = 1, label = 1
test example-4, prediction = 1, label = 1
```

4.3 分类结果评价

为了对分类器进行评价，需要按机器学习算法评价的标准方式，将标注数据切分为训练集、验证集和测试集，在训练集上训练分类器模型，在验证集上调参数，最后评价测试集上的分类结果。

对于二分类问题，通常使用混淆矩阵来计算评价指标，如图 4-2 所示。

混淆矩阵中的每个元素表示测试集中有多少文档具有该元素的行对应的分类器输出类别和该元素的列对应的真实类别。根据混淆矩阵可以计算如下 3 个评价指标。

		真实标签	
		正	负
分类器结果	正	真阳性TP (true positive)	假阳性FP (false positive)
	负	假阴性FN (false negative)	真阴性TN (true negative)

图 4-2　混淆矩阵

精度（precision）定义为，有多少分类为正类别的文档实际上确实是正类别的：

$$\text{Prec}=\frac{\text{TP}}{\text{TP}+\text{FP}}$$

召回（recall）定义为，有多少真正的正类别的文档被正确地分类：

$$\text{Rec}=\frac{\text{TP}}{\text{TP+FN}}$$

准确度（accuracy）定义为，在所有文档中有多少文档被正确地分类：

$$\text{Acc}=\frac{\text{TP+TN}}{\text{TP+FP+TN+FN}}$$

以上 3 种评价指标从不同方面评价了模型的分类性能，其中准确度的计算基于混淆矩阵中的所有 4 个值，看似更为全面，但其实并非如此。假设有 100 万篇文档，其中 100 篇是正类别的，其余都是负类别。如果简单地将所有文档都分类为负类别，那么将得到 99.99% 的准确度！但这样的一个分类器显然没什么用处，我们并不能用它来寻找正类别的文档。而如果计算精度和召回，会发现这个分类器的召回为 0。可见准确度并不能全面反映分类器的性能，而精度和召回的组合是更全面的评价分类性能的指标。

当需要使用单个评价指标时，通常会使用结合精度和召回的 F 值：

$$F_\beta=\frac{(\beta^2+1)\times\text{Prec}\times\text{Rec}}{\beta^2\times\text{Prec}+\text{Rec}}$$

当 β=1 时，我们得到 F1 值：

$$F_1=\frac{2\times\text{Prec}\times\text{Rec}}{\text{Prec+Rec}}$$

多分类的评价更加复杂。首先构造一个 $K\times K$ 的多分类混淆矩阵（K 为类别数）。然后基于该矩阵，对于每个类别 c 计算一个 2×2 混淆矩阵，行对应输出类别是 / 不是 c，列对应真实类别是 / 不是 c。最后通过以下两种方式，结合所有类别的精度和召回来得到一个统一的评价指标。

- *宏平均*（macro-averaging）：基于每个类别的 2×2 混淆矩阵分别计算评价指标（如精度、召回、F1 值），然后对所有类别的评价指标求平均。

- 微平均（micro-averaging）：将所有类别的 2×2 混淆矩阵相加，统合成一个 2×2 混淆矩阵，用其计算评价指标（如精度、召回、F1 值）。

下面的代码展示了多分类情况下宏平均和微平均的算法。

```
test_Y = np.array(test_Y)
NB_preds = np.array(NB_preds)
LR_preds = np.array(LR_preds)

def micro_f1(preds, labels):
    TP = np.sum(preds == labels)
    FN = FP = 0
    for i in range(len(dataset.label2id)):
        FN += np.sum((preds == i) & (labels != i))
        FP += np.sum((preds != i) & (labels == i))
    precision = TP / (TP + FP)
    recall = TP / (TP + FN)
    f1 = 2 * precision * recall / (precision + recall)
    return f1

def macro_f1(preds, labels):
    f_scores = []
    for i in range(len(dataset.label2id)):
        TP = np.sum((preds == i) & (labels == i))
        FN = np.sum((preds == i) & (labels != i))
        FP = np.sum((preds != i) & (labels == i))
        precision = TP / (TP + FP)
        recall = TP / (TP + FN)
        f1 = 2 * precision * recall / (precision + recall)
        f_scores.append(f1)
    return np.mean(f_scores)

print(f'NB: micro-f1 = {micro_f1(NB_preds, test_Y)}, '+
      f'macro-f1 = {macro_f1(NB_preds, test_Y)}')
print(f'LR: micro-f1 = {micro_f1(LR_preds, test_Y)}, '+
      f'macro-f1 = {macro_f1(LR_preds, test_Y)}')
```

```
NB: micro-f1 = 0.8961520630505331, macro-f1 = 0.8948572078813896
LR: micro-f1 = 0.914696337505795, macro-f1 = 0.9139442964719672
```

4.4 小结

本章介绍了文本分类。首先介绍了基于正则表达式的方法。然后介绍了基于机器学习的方法，包括最简单的生成式分类模型——朴素贝叶斯模型，和最简单的判别式分类模型——逻辑斯谛回归。最后介绍了如何对分类结果进行评价。

习题

（1）表 4-1 给出了 5 篇文档的关键词计数（词表仅包含好、差、很棒这 3 个词，其他词均被忽略）和类别标注。请使用拉普拉斯平滑训练一个朴素贝叶斯模型。

表 4-1　文档的关键词计数和类别标注

文档编号	好	差	很棒	类别
d1.	3	0	3	正类
d2.	0	1	2	正类
d3.	1	3	0	负类
d4.	1	5	2	负类
d5.	0	2	0	负类

使用训练后的朴素贝叶斯模型对下面这个句子进行分类，“好，剧情好，人物也很棒，但演技很差”。请问朴素贝叶斯模型将该句子分为正类和负类的分数（即先验乘以似然）各为多少？

（2）逻辑斯谛回归中通常使用 0.5 作为阈值判断正负类。如果设定该阈值高于 0.5，会对精度、召回各有什么影响？

（3）考虑表 4-2 所示的混淆矩阵。请问精度、召回、准确度、F1 值各为多少？

表 4-2　混淆矩阵

分类结果	真实标签为正	真实标签为负
正类	102	9
负类	54	140

第5章

文本聚类

如第 4 章所述，文本分类是一个重要的自然语言处理任务，我们可以通过基于规则或机器学习的方法实现文本分类。然而，很多场景中并不存在十分明确的文本类别且没有充足的类别标注数据，例如新闻聚合网站往往需要对来自各个媒体的新闻文本按照所报道的事件进行分类，但由于不可能预知会出现哪些新闻事件，因此无法事先明确分类的类别集合，也不可能构建标注数据。在这种场景中，就需要用到本章介绍的文本聚类（text clustering）方法。

扫码观看视频课程

文本聚类是对一组没有类别标注的文本进行分组的任务，其目标是使同一簇（cluster）中的文本彼此之间比不同簇中的文本更相似。文本聚类的一个常见方式是先将文档转换为特征向量，然后调用标准聚类算法。文档的特征向量表示已在第 3 章介绍，本章的例子中将使用基于 TF-IDF 的向量表示。本章将分别介绍两种常用的聚类算法：*k* 均值聚类（*k*-means clustering）算法和基于高斯混合模型（Gaussian mixture model，GMM）的最大期望值（expectation-maximization，EM）算法。此外，也可以针对文本设计特殊的聚类算法，本章后半部分将介绍其中的无监督朴素贝叶斯模型和主题模型。

5.1 *k*均值聚类算法

k 均值聚类算法是最著名的聚类算法之一。*k* 均值聚类将每个数据点（即文档的特征向量表示）分配给一个离它最近的簇，同时为每个簇维护一个中心点，即分配给该簇的所有数据点的均值。将数据点分配给簇这一操作决定了每个簇被分配到的数据点集合，进而影响簇的中心点的计算；反过来，簇的中心点的计算决定了一个簇与各数据点之间的距离，进而影响数据点到簇的分配。因此，*k* 均值聚类算法在为簇分配数据点和计算簇中心点之间进行反复迭代。迭代收敛的判断标准可以是数据点的分配不再变化，或中心点的位置不再发生显著变化。

下面我们实现 *k* 均值聚类算法进行文本聚类。这里使用的数据集与第 4 章的数据集类似，包含 3 种主题约 1 万本图书的信息，但文本内容是图书摘要而非标题。首先我们复用第 4 章的代码进行预处理。

```
import os
```

```
import sys

# 导入自制的Books数据集
sys.path.append('../code')
from utils import BooksDataset

dataset = BooksDataset()
# 打印出类和标签ID
print(dataset.id2label)

dataset.tokenize(attr='abstract')
dataset.build_vocab(min_freq=3)
dataset.convert_tokens_to_ids()

train_data, test_data = dataset.train_data, dataset.test_data
```

```
train size = 8627 , test size = 2157
{0: '计算机类', 1: '艺术传媒类', 2: '经管类'}

100%|██████████| 8627/8627 [03:10<00:00, 45.23it/s]
100%|██████████| 2157/2157 [00:47<00:00, 45.56it/s]
unique tokens = 34252, total counts = 806900, max freq = 19197, min freq = 1
min_freq = 3, min_len = 2, max_size = None, remaining tokens = 9504,
        in-vocab rate = 0.8910459784359895
```

接下来导入实现TF-IDF算法的函数，将处理后的数据集输入函数中，得到文档特征：

```
# 导入之前实现的TF-IDF算法
from utils import TFIDF

vocab_size = len(dataset.token2id)
train_X = []
for data in train_data:
    train_X.append(data['token_ids'])
# 对TF-IDF的结果进行归一化 (norm='l2')对于聚类非常重要
# 不经过归一化会因数据在某些方向上过于分散而导致聚类失败
# 初始化TFIDF()函数
tfidf = TFIDF(vocab_size, norm='l2', smooth_idf=True, sublinear_tf=True)
# 计算词频和逆向文档频率
tfidf.fit(train_X)
# 转化为TF-IDF向量
train_F = tfidf.transform(train_X)
print(train_F.shape)
```

```
(8627, 9504)
```

在有了数据之后，运行k均值聚类算法为文本进行聚类。我们需要事先确定簇数K。为了方便与实际的标签数据进行对比，这里假设K为3。

```
import numpy as np

# 更改簇的标签数量
K = 3

class KMeans:
    def __init__(self, K, dim, stop_val = 1e-4, max_step = 100):
        self.K = K
```

```
        self.dim = dim
        self.stop_val = stop_val
        self.max_step = max_step

    def update_mean_vec(self, X):
        mean_vec = np.zeros([self.K, self.dim])
        for k in range(self.K):
            data = X[self.cluster_num == k]
            if len(data) > 0:
                mean_vec[k] = data.mean(axis=0)
        return mean_vec

    # 运行k均值聚类算法的迭代循环
    def fit(self, X):
        print('-----------初始化-----------')
        N = len(X)
        dim = len(X[0])
        # 给每个数据点随机分配簇
        self.cluster_num = np.random.randint(0, self.K, N)
        self.mean_vec = self.update_mean_vec(X)

        print('-----------初始化完成-----------')
        global_step = 0
        while global_step < self.max_step:
            global_step += 1
            self.cluster_num = np.zeros(N, int)
            for i, data_point in enumerate(X):
                # 计算每个数据点和每个簇中心点的L2距离
                dist = np.linalg.norm(data_point[None, :] -
                        self.mean_vec, ord=2, axis=-1)
                # 找到每个数据点所属新的聚类
                self.cluster_num[i] = dist.argmin(-1)

            '''
            上面的循环过程也可以以下面的代码进行并行处理，但是可能
            会使得显存过大，建议在数据点的特征向量维度较低时
            或者进行降维后使用
            # N x D - K x D -> N x K x D
            dist = np.linalg.norm(train_X[:,None,:] - self.mean_vec,
                    ord = 2, axis = -1)
            # 找到每个数据点所属新的聚类
            self.cluster_num = dist.argmin(-1)
            '''

            new_mean_vec = self.update_mean_vec(X)

            # 计算新的簇中心点和上一步迭代的中心点的距离
            moving_dist = np.linalg.norm(new_mean_vec - self.mean_vec,
                    ord = 2, axis = -1).mean()
            print(f"第{global_step}步，中心点平均移动距离：{moving_dist}")
            if moving_dist < self.stop_val:
                print("中心点不再移动，退出程序")
                break

            # 将mean_vec更新
            self.mean_vec = new_mean_vec

kmeans = KMeans(K, train_F.shape[1])
```

```
kmeans.fit(train_F)
```

```
-----------初始化-----------
-----------初始化完成-----------
第1步，中心点平均移动距离：0.059189038070756865
...
第10步，中心点平均移动距离：0.002389605545132419
...
第16步，中心点平均移动距离：0.0
中心点不再移动，退出程序
```

为了更直观地展示聚类的效果，我们定义 show_clusters() 这个函数，用以显示每个真实分类下包含的每个簇的占比。下面对 k 均值聚类算法的聚类结果进行展示，并观察 3 个标签中不同簇的占比。

```
# 取出每条数据的标签和标签ID
labels = []
for data in train_data:
    labels.append(data['label'])
print(len(labels))

# 展示聚类结果
def show_clusters(clusters, K):
    # 每个标签下的数据可能被聚类到不同的簇，因此对所有标签、所有簇进行初始化
    label_clusters = {label_id: {} for label_id in dataset.id2label}
    for k, v in label_clusters.items():
        label_clusters[k] = {i: 0 for i in range(K)}
    # 统计每个标签下，分配到每个簇的数据条数
    for label_id, cluster_id in zip(labels, clusters):
        label_clusters[label_id][cluster_id] += 1

    for label_id in sorted(dataset.id2label.keys()):
        _str = dataset.id2label[label_id] + ':\t{ '
        for cluster_id in range(K):
            # 计算label_id这个标签ID下，簇为cluster_id的占比
            _cnt = label_clusters[label_id][cluster_id]
            _total = sum(label_clusters[label_id].values())
            _str += f'{str(cluster_id)}: {_cnt}({_cnt / _total:.2f}), '
        _str += '}'
        print(_str)

clusters = kmeans.cluster_num
show_clusters(clusters, K)
8627
```

```
计算机类:     { 0: 2583(0.67), 1: 1222(0.32), 2: 37(0.01), }
艺术传媒类:   { 0: 281(0.12), 1: 72(0.03), 2: 1947(0.85), }
经管类:       { 0: 2452(0.99), 1: 26(0.01), 2: 7(0.00), }
```

从上面的结果可以大致看出，每一个文本所属的分类与它们对应的聚类分布是相对比较接近的：99% 的经管类图书被分配到了簇 0，85% 的艺术传媒类图书被分配到了簇 2，32% 的计算机类图书被分配到了簇 1。注意，k 均值聚类算法高度依赖初始值，因此多次运行的结果可能不同。

5.2 基于高斯混合模型的最大期望值算法

本节首先介绍高斯混合模型，然后介绍用于无监督学习高斯混合模型的最大期望值算法。

5.2.1 高斯混合模型

相比于将每个数据点确定性地分类到一个簇中，给出每个数据点归属于每个簇的概率分布会更好地体现数据点和簇之间的关系。本节使用高斯混合模型来建模这个概率分布。顾名思义，高斯混合是指多个高斯分布（即正态分布）函数的组合，它的概率密度函数如下：

$$P(\boldsymbol{x})=\sum_{k=1}^{K}\pi_k\mathcal{N}(\boldsymbol{x}\mid\boldsymbol{\mu}_k,\Sigma k)$$

其中，π_k 是混合系数，满足 $\pi_k\geqslant 0$，$\sum_{k=1}^{K}\pi_k=1$。也就是说，π_k 表示一个离散分布。$\mathcal{N}(\boldsymbol{x}\mid\boldsymbol{\mu}_k,\boldsymbol{\Sigma}_k)$ 是第 k 个高斯函数，其中 $\boldsymbol{\mu}_k$ 为均值，维度与数据点 $\boldsymbol{x}$ 的维度一样，记作 d，$\boldsymbol{\Sigma}$ 为协方差矩阵，维度为 $d\times d$。$\mathcal{N}\ (\boldsymbol{x}\mid\boldsymbol{\mu}_k,\Sigma k)$ 的具体概率密度函数为

$$\mathcal{N}\ (\boldsymbol{x}\mid\mu k,\boldsymbol{\Sigma}_k)=\frac{\exp\left(-\frac{1}{2}(\boldsymbol{x}-\mu k)^{\top}\boldsymbol{\Sigma}^{-1}(\boldsymbol{x}-\mu k)\right)}{\sqrt{(2\pi)^d\,|\boldsymbol{\Sigma}|}}$$

其中，$|\boldsymbol{\Sigma}|$ 为协方差矩阵 $\boldsymbol{\Sigma}$ 的行列式。

高斯混合也可以理解为一个生成式模型，通过两个步骤生成数据点 $\boldsymbol{x}$。令变量 y 表示数据点 $\boldsymbol{x}$ 的标签，即 $\boldsymbol{x}$ 是从哪一个高斯函数采样得到的。第一步，根据概率分布 π_k 采样，令 $y=k$；第二步，根据高斯分布 $\mathcal{N}(\boldsymbol{x}\mid\boldsymbol{\mu}_k,\boldsymbol{\Sigma}_k)$ 生成数据点。不难发现，通过这个过程生成数据点 $\boldsymbol{x}$ 的概率密度函数即是前面定义的高斯混合。图 5-1 展示了基于高斯混合模型生成文档的贝叶斯网络。

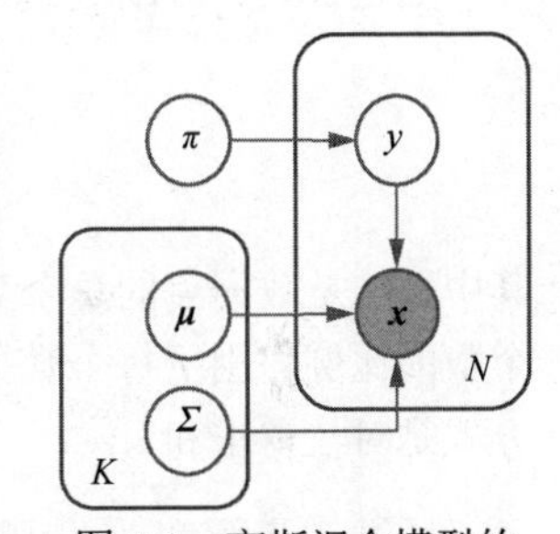

图 5-1 高斯混合模型的贝叶斯网络

在高斯混合用于聚类时，每个高斯函数对应一个簇，而每个数据点的标签则表示该数据点属于哪一个簇。在文本聚类这样的无监督任务中，我们既不知道高斯混合的参数（即混合系数 π_k、均值 $\boldsymbol{\mu}_k$ 和协方差 $\boldsymbol{\Sigma}_k$），也不知道每个数据点的标签，因此需要同时学习这两者。常见的学习目标为最大化所有数据点的边际概率：

$$\prod_{i=1}^{N}P(\boldsymbol{x}_i)=\prod_{i=1}^{N}\sum_{k=1}^{K}P(y_i=k,\ \boldsymbol{x}_i)=\prod_{i=1}^{N}\sum_{k=1}^{K}\pi_k\mathcal{N}(\boldsymbol{x}_i\mid\boldsymbol{\mu}_k,\boldsymbol{\Sigma}_k)$$

其中，N 是数据集大小。那么如何优化这个目标函数呢？最常见的方法是最大期望值算法。

5.2.2 最大期望值算法

最大期望值算法首先随机初始化高斯混合模型的所有参数，然后交替运行 E 步骤和 M 步骤，直到模型收敛（常见判断标准是边际概率不再显著增加）。

1. E 步骤

E 步骤将每个数据点按照一定的权重部分地分配给不同的高斯函数。我们将这些权重定义为该数据点被分配到各个高斯函数的概率，即该数据点的标签的概率分布：

$$P(y_i = k \mid \boldsymbol{x}_i, \boldsymbol{\theta}^{(t)}) \propto \pi_k^{(t)} \mathcal{N}(\boldsymbol{x}_i \mid \boldsymbol{\mu}_k^{(t)}, \boldsymbol{\Sigma}_k^{(t)})$$

其中，上标 (t) 用于标示第 t 次迭代时模型的参数，$\boldsymbol{\theta}^{(t)}$ 为模型参数（即所有的 $\pi_k^{(t)}$、$\boldsymbol{\mu}_k^{(t)}$ 和 $\boldsymbol{\Sigma}_k^{(t)}$）。

2. M 步骤

M 步骤需要为每个高斯函数计算新的参数，基本思想是根据每个高斯函数被分配到的数据点进行最大似然估计。由于每个数据点都是按一定的权重分配给每个高斯函数，因此这里的最大似然估计也是加权的。这种加权最大似然估计存在以下闭式解：

$$\boldsymbol{\mu}_k^{(t+1)} = \frac{\sum_i P(y_i = k \mid \boldsymbol{x}_i, \boldsymbol{\theta}^{(t)}) \boldsymbol{x}_i}{\sum_{i'} P(y_{i'} = k \mid \boldsymbol{x}_{i'}, \boldsymbol{\theta}^{(t)})}$$

上述公式将分配到第 k 个高斯函数的数据点进行加权平均。

$$\boldsymbol{\Sigma}_k = \frac{\sum_i P(y_i = k \mid \boldsymbol{x}_i, \boldsymbol{\theta}^{(t)})(\boldsymbol{x}_i - \boldsymbol{\mu}_i^{(t+1)})(\boldsymbol{x}_i - \boldsymbol{\mu}_i^{(t+1)})^\top}{\sum_{i'} P(y_{i'} = k \mid \boldsymbol{x}_{i'}, \boldsymbol{\theta}^{(t)})}$$

上述公式将分配到第 k 个高斯函数的数据点计算加权的协方差矩阵。

$$\pi_k^{(t+1)} = \frac{\sum_i P(y_i = k \mid \boldsymbol{x}_i, \boldsymbol{\theta}^{(t)})}{m}$$

其中，m 是数据点的总个数。上述公式计算分配到第 k 个高斯函数的数据点个数占所有数据点个数的比例。由于每个数据点是按权重部分地分配给每个高斯函数的，因此数据点个数的计算方式是对权重求和。

通过 E 步骤和 M 步骤，我们就拥有了一个完整的最大期望值算法的过程。最大期望值算法的整个过程实际上是在通过共轭上升的方式优化 5.2.1 节给出的边际概率目标函数的一个下界，具体细节不再展开，有兴趣的读者可以参考相关的机器学习教材。

3. 最大期望值算法与 *k* 均值聚类算法的关联

如果为最大期望值算法假设两个限定条件：

（1）所有高斯模型都为球状（即协方差矩阵等比于单位矩阵），且权重和协方差均相同，只有均值是可变化的参数；

（2）E 步骤中计算的标签概率分布均为点估计，也就是说强制将每个数据点分配给单个高斯模型，这等价于假设所有的方差均无限接近于 0。

我们就会发现，最大期望值算法等价于 k 均值聚类算法。

接下来演示如何使用高斯混合模型来进行聚类。注意，高斯混合模型会计算每个数据点归属于各个簇的概率分布，这里将概率最大的簇作为聚类输出。

```
from scipy.stats import multivariate_normal as gaussian
from tqdm import tqdm

# 高斯混合模型
class GMM:
    def __init__(self, K, dim, max_iter=100):
        # K为聚类数，dim为向量维度，max_iter为最大迭代次数
        self.K = K
        self.dim = dim
        self.max_iter = max_iter

        # 初始化，pi = 1/K为先验概率，miu ~[-1,1]为高斯分布的均值
        # sigma = eye为高斯分布的协方差矩阵
        self.pi = np.ones(K) / K
        self.miu = np.random.rand(K, dim) * 2 - 1
        self.sigma = np.zeros((K, dim, dim))
        for i in range(K):
            self.sigma[i] = np.eye(dim)

    # GMM的E步骤
    def E_step(self, X):
        # 计算每个数据点被分配到不同簇的概率密度
        for i in range(self.K):
            self.Y[:, i] = self.pi[i] * gaussian.pdf(X,
                    mean=self.miu[i], cov=self.sigma[i])
        # 对概率密度进行归一化，得到概率分布
        self.Y /= self.Y.sum(axis=1, keepdims=True)

    # GMM的M步骤
    def M_step(self, X):
        # 更新先验概率分布
        Y_sum = self.Y.sum(axis=0)
        self.pi = Y_sum / self.N
        # 更新每个簇的均值
        self.miu = np.matmul(self.Y.T, X) / Y_sum[:, None]
        # 更新每个簇的协方差矩阵
        for i in range(self.K):
            # N * 1 * D
            delta = np.expand_dims(X, axis=1) - self.miu[i]
            # N * D * D
            sigma = np.matmul(delta.transpose(0, 2, 1), delta)
            # D * D
            self.sigma[i] = np.matmul(sigma.transpose(1, 2, 0),
                    self.Y[:, i]) / Y_sum[i]

    # 计算对数似然，用于判断迭代终止
    def log_likelihood(self, X):
        ll = 0
        for x in X:
            p = 0
            for i in range(self.K):
                p += self.pi[i] * gaussian.pdf(x, mean=self.miu[i], cov=self.sigma[i])
            ll += np.log(p)
        return ll / self.N

    # 运行GMM算法的E步骤、M步骤，迭代循环
```

```
    def fit(self, X):
        self.N = len(X)
        self.Y = np.zeros((self.N, self.K))
        ll = self.log_likelihood(X)
        print('开始迭代')
        for i in range(self.max_iter):
            self.E_step(X)
            self.M_step(X)
            new_ll = self.log_likelihood(X)
            print(f'第{i}步, log-likelihood = {new_ll:.4f}')
            if new_ll - ll < 1e-4:
                print('log-likelihood不再变化，退出程序')
                break
            else:
                ll = new_ll

    # 根据学习到的参数将一个数据点分配到概率最大的簇
    def transform(self, X):
        assert hasattr(self, 'Y') and len(self.Y) == len(X)
        return np.argmax(self.Y, axis=1)

    def fit_transform(self, X):
        self.fit(X)
        return self.transform(X)
```

与 k 均值聚类算法类似，在使用最大期望值算法的高斯混合模型的情况下，观察在 Books 数据集 3 个真实类别中不同簇的占比：

```
# 如果直接对TF-IDF特征聚类，运行速度过慢，因此使用PCA降维，将TF-IDF向量降到50维
from sklearn.decomposition import PCA
pca = PCA(n_components=50)
train_P = pca.fit_transform(train_F)

# 运行GMM算法，展示聚类结果
gmm = GMM(K, dim=train_P.shape[1])
clusters = gmm.fit_transform(train_P)
print(clusters)
show_clusters(clusters, K)
```

```
开始迭代
第0步, log-likelihood = 77.2685
...
第10步, log-likelihood = 95.9564
...
第20步, log-likelihood = 97.8945
...
第30步, log-likelihood = 98.2401
...
第39步, log-likelihood = 98.2509
log-likelihood不再变化，退出程序
[2 0 2 ... 1 2 1]
计算机类:     { 0: 114(0.03), 1: 1256(0.33), 2: 2472(0.64), }
艺术传媒类:   { 0: 2129(0.93), 1: 23(0.01), 2: 148(0.06), }
经管类:       { 0: 268(0.11), 1: 2152(0.87), 2: 65(0.03), }
```

可以看出，87% 的经管类数据被分配到了簇 1，93% 的艺术传媒类数据被分配到了簇 0，

64% 的计算机类数据被分配到了簇 2，高斯混合模型取得了比 k 均值聚类算法更好的聚类效果。为了进一步提升聚类效果，还可以尝试更准确的分词、加入标题信息等。

5.3 无监督朴素贝叶斯模型

5.1 节和 5.2 节分别提到的 k 均值聚类算法和基于高斯混合模型的最大期望值算法都是基于文档特征向量进行聚类。是否可以直接基于文档本身（即词的序列）设计聚类模型呢？答案是肯定的。第 4 章介绍的朴素贝叶斯模型建模了文档中的词的集合，本节将介绍如何将该模型用于聚类。

朴素贝叶斯模型假设一个文档中的所有词都是在给定文档标签的条件下独立同分布地通过一个离散分布生成。朴素贝叶斯模型定义文档 $\boldsymbol{x}_i$ 的概率如下：

$$P(\boldsymbol{x}_i)=\sum_{k=1}^{K}\pi_k P(\boldsymbol{x}_i\mid\psi_k)=\sum_{k=1}^{K}\pi_k\prod_{j=1}^{w_i}\text{Multi}(\boldsymbol{x}_{i,j}\mid\psi k)$$

其中，π_k 是第 k 个簇的混合系数，ψ_k 是第 k 个簇的离散分布（记为 Multi）的参数，表示为 $\psi_k=(p_{k,1},p_{k,2},\cdots,p_{k,v})$，$v$ 为词表大小。w_i 为当前文档 $\boldsymbol{x}_i$ 的长度，$\boldsymbol{x}_{i,j}$ 表示文档 $\boldsymbol{x}_i$ 中的第 j 个词。

图 5-2 给出了朴素贝叶斯模型的贝叶斯网络。注意，图 5-2 与图 4-1 是等价的，只不过这里把所有词变量通过*盘式记法*（plate notation）都聚集起来了。图 5-2 中可以看到，朴素贝叶斯模型与 5.2 节描述的高斯混合模型的区别只在于，高斯混合模型通过文档标签所指定的高斯分布生成文档的特征向量，而朴素贝叶斯模型通过文档标签所指定的离散分布（即 ψ）直接生成文档中的所有词。

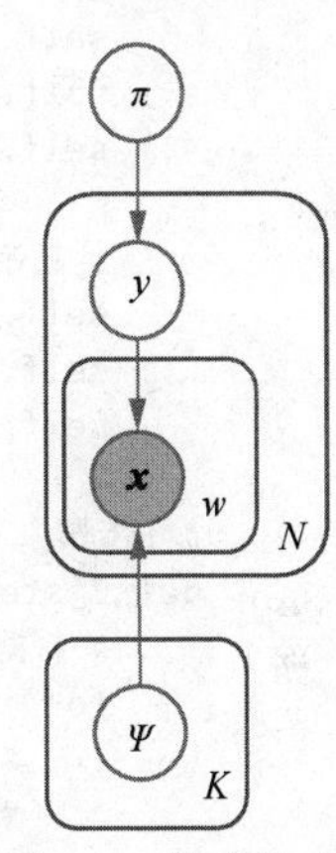

图 5-2　朴素贝叶斯模型的贝叶斯网络

第 4 章将朴素贝叶斯模型用于文本分类时，文档标签是包含在数据中的，因此可以进行监督学习。但在聚类任务中，文档标签（即文档所属的簇）是未知的。因此，与 5.2 节介绍的高斯混合模型的学习类似，我们需要同时学习朴素贝叶斯模型的参数和文档标签。常见的学习目标依然是最大化所有文档的概率，优化方法同样是最大期望值算法，即随机初始化所有参数，然后交替运行 E 步骤和 M 步骤直到模型收敛。

1. E 步骤

计算每个文档的标签分布，将文档基于该分布部分地分配给各个标签：

$$P(y_i=k\mid x_i,\theta^{(t)})\propto\pi_k^{(t)}\prod_{j=1}^{w_i}\text{Multi}(x_{i,j}\mid\psi_k^{(t)})$$

其中，上标 (t) 用于标示迭代次数，$\boldsymbol{\theta}^{(t)}$ 为第 t 次迭代中的模型参数。

2. M 步骤

根据每个标签被分配到的数据点进行加权最大似然估计，更新该标签对应的参数。首先，更新离散分布中每个词 l 的概率 $p_{k,l}^{(t+1)}$：

$$p_{k,l}^{(t+1)} = \frac{\sum_i P(y_i = k \mid \boldsymbol{x}_i, \boldsymbol{\theta}^{(t)}) \sum_j \mathbb{1}(\boldsymbol{x}_{i,j} = l)}{\sum_{i'} P(y_{i'} = k \mid \boldsymbol{x}_{i'}, \boldsymbol{\theta}^{(t)}) w_{i'}}$$

其中，$\mathbb{1}()$ 在括号内等式成立时为 1，否则为 0。这个公式的分子计算的是加权分配到第 k 个标签的所有文档中出现词 l 的加权总次数，分母计算的是加权分配到第 k 个标签的所有文档的总词数。其次，还需要更新每个标签的混合系数 $\pi_k^{(t+1)}$，更新公式与 5.2 节基于高斯混合模型的最大期望值算法的 M 步骤对应公式完全相同：

$$\pi_k^{(t+1)} = \frac{\sum_i P(y_i = k \mid \boldsymbol{x}_i, \boldsymbol{\theta}^{(t)})}{m}$$

其中，m 为文档 $\boldsymbol{x}$ 的总个数。

下面演示基于朴素贝叶斯模型的聚类算法实现：

```
from scipy.special import logsumexp

# 无监督朴素贝叶斯
class UnsupervisedNaiveBayes:
    def __init__(self, K, dim, max_iter=100):
        self.K = K
        self.dim = dim
        self.max_iter = max_iter

        # 初始化参数，pi为先验概率分布，P用于保存K个朴素贝叶斯模型的参数
        self.pi = np.ones(K) / K
        self.P = np.random.random((K, dim))
        self.P /= self.P.sum(axis=1, keepdims=True)

    # E步骤
    def E_step(self, X):
        # 根据朴素贝叶斯公式，计算每个数据点被分配到每个簇的概率分布
        for i, x in enumerate(X):
            # 朴素贝叶斯使用了许多概率连乘，容易导致精度溢出
            # 因此使用对数概率
            self.Y[i, :] = np.log(self.pi) + (np.log(self.P) * x).sum(axis=1)
            # 使用对数概率、logsumexp和exp，等价于直接计算概率
            # 好处是数值更加稳定
            self.Y[i, :] -= logsumexp(self.Y[i, :])
            self.Y[i, :] = np.exp(self.Y[i, :])

    # M步骤
    def M_step(self, X):
        # 根据估计的簇概率分布更新先验概率分布
        self.pi = self.Y.sum(axis=0) / self.N
        self.pi /= self.pi.sum()
        # 更新每个朴素贝叶斯模型的参数
        for i in range(self.K):
            self.P[i] = (self.Y[:, i:i+1] * X).sum(axis=0) / \
                        (self.Y[:, i] * X.sum(axis=1)).sum()
        # 防止除以0
        self.P += 1e-10
        self.P /= self.P.sum(axis=1, keepdims=True)
```

```
    # 计算对数似然，用于判断迭代终止
    def log_likelihood(self, X):
        ll = 0
        for x in X:
            # 使用对数概率和logsumexp防止精度溢出
            logp = []
            for i in range(self.K):
                logp.append(np.log(self.pi[i]) + (np.log(self.P[i]) *, x).sum())
            ll += logsumexp(logp)
        return ll / len(X)

    # 无监督朴素贝叶斯的迭代循环
    def fit(self, X):
        self.N = len(X)
        self.Y = np.zeros((self.N, self.K))
        ll = self.log_likelihood(X)
        print(f'初始化log-likelihood = {ll:.4f}')
        print('开始迭代')
        for i in range(self.max_iter):
            self.E_step(X)
            self.M_step(X)
            new_ll = self.log_likelihood(X)
            print(f'第{i}步, log-likelihood = {new_ll:.4f}')
            if new_ll - ll < 1e-4:
                print('log-likelihood不再变化，退出程序')
                break
            else:
                ll = new_ll

    def transform(self, X):
        assert hasattr(self, 'Y') and len(self.Y) == len(X)
        return np.argmax(self.Y, axis=1)

    def fit_transform(self, X):
        self.fit(X)
        return self.transform(X)
```

```
# 根据朴素贝叶斯模型，需要统计出每个数据点包含的词表中每个词的数目
train_C = np.zeros((len(train_X), vocab_size))
for i, data in enumerate(train_X):
    for token_id in data:
        train_C[i, token_id] += 1

unb = UnsupervisedNaiveBayes(K, dim=vocab_size, max_iter=100)
clusters = unb.fit_transform(train_C)
print(clusters)
show_clusters(clusters, K)
```

```
初始化log-likelihood = -779.0355
开始迭代
第0步, log-likelihood = -589.0541
...
第10步, log-likelihood = -571.5391
...
第20步, log-likelihood = -567.4288
...
第30步, log-likelihood = -567.3908
...
```

```
第38步, log-likelihood = -567.3578
log-likelihood不再变化，退出程序
[1 2 1 ... 1 1 1]
计算机类:      { 0: 307(0.08), 1: 3437(0.89), 2: 98(0.03), }
艺术传媒类:    { 0: 59(0.03), 1: 156(0.07), 2: 2085(0.91), }
经管类:        { 0: 2252(0.91), 1: 79(0.03), 2: 154(0.06), }
```

可以看出，89% 的计算机类数据被分配到了簇 1，91% 的艺术传媒类数据被分配到了簇 2，91% 的经管类数据被分配到了簇 0。这也是一个不错的聚类结果。

5.4 主题模型

前面几节提到的模型都建立在每个文档都只有一个标签的假设条件下。但是，如果用标签来表示文档的主题，在很多场景中一个文档其实可以包含多个标签（如同时包含“体育”和“娱乐”主题）。在这种情况下如何进行聚类以及学习每个文档的标签呢？首先，假设每个文档不再只有一个标签，而是有一个所有标签上的概率分布 $\boldsymbol{y}$，例如对于某个新闻文档，我们用 [0.1, 0.3, 0.4, ⋯] 分别表示 [体育 , 艺术 , 娱乐 , ⋯] 等标签的概率。其次，假设文档中的每部分内容依然只有一个标签。具体而言，假设每个词 x_i 仅有一个标签 z_i，并且 z_i 服从该文档的标签分布 $\boldsymbol{y}$。最后，与 5.3 节所讲述的无监督朴素贝叶斯模型一样，每个词由其标签所指定的离散分布生成。这样的模型称为**概率潜在语义分析**（probabilistic latent semantic analysis，pLSA）[9]，对应的贝叶斯网络如图 5-3 所示。

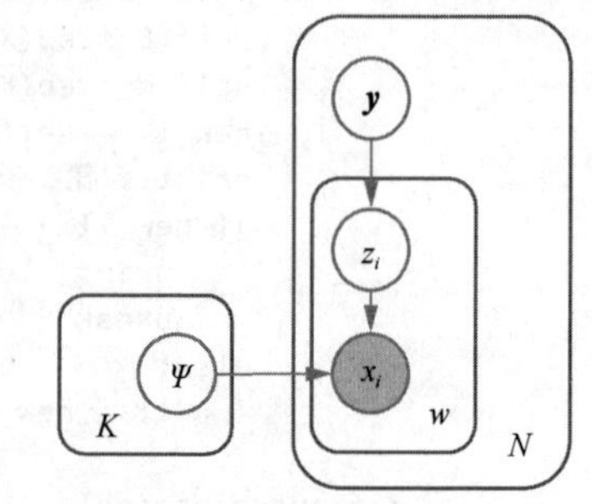

图 5-3　概率潜在语义分析模型的贝叶斯网络

对于单个文档 $\boldsymbol{x}$，给定标签分布 $\boldsymbol{y}$，概率潜在语义分析模型给出文档的条件概率为

$$P(\boldsymbol{x} \mid \boldsymbol{y}) = \prod_{i=1}^{w} \sum_{k=1}^{K} \text{Multi}(z_i = k \mid \boldsymbol{y}) \text{Multi}(x_i \mid \psi_k)$$

其中，w 为文档 $\boldsymbol{x}$ 的词数。同样地，概率潜在语义分析模型也可以使用最大期望值算法来进行无监督学习。但与前两节不同的是，这里的目标函数是文档的条件概率，$\boldsymbol{y}$ 作为模型参数，与所有的 ψ_k 在 M 步骤优化，而 E 步骤计算所有词的标签 z_i 的分布。具体公式留给读者自行推导。

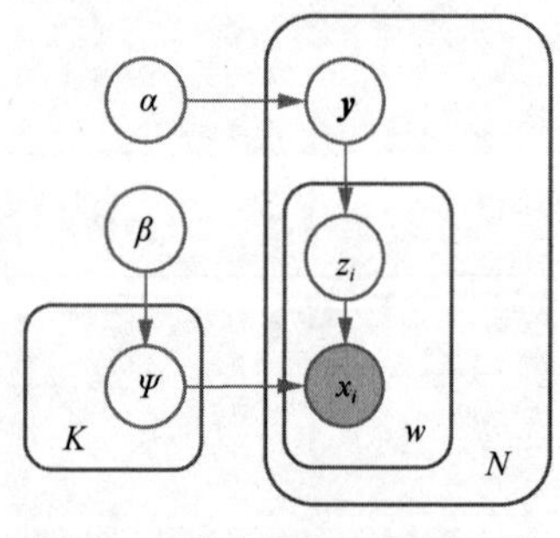

图 5-4　潜在狄利克雷分配模型的贝叶斯网络

此外，一般来说，每个文档所包含的主题只有几个，即所有标签中的一小部分；并且每个主题下只有小部分词是高词频，例如在体育主题内，“比分”“联赛”等词是高频词，而政治、经济、娱乐等其他领域的词很少会出现。因此，标签的概率分布以及词的概率分布往往都是比较稀疏的，即大部分概率集中分布在少数几个选项。我们可以使用狄利克雷先验来鼓励稀疏的主题和词的分布，由此得到的模型称为**潜在狄利克雷分配**（latent Dirichlet allocation，LDA）[10]。它的贝叶斯网络如图 5-4 所示，相比图 5-3 多出的 α 和 β 变量是狄利克雷先验的参数。潜在狄利克雷分配模型的学习需要使用变分推断或者马尔可夫链蒙特

卡洛方法，这里不做详细介绍。

概率潜在语义分析模型和潜在狄利克雷分配模型都属于所谓主题模型。主题模型常被用于提取文档的主题，可以看作文本聚类任务的一种扩展。除自然语言处理之外，主题模型在生物信息学和计算机视觉中也有许多应用。

5.5 小结

本章介绍了文本聚类，即如何在没有分类标签的情况下将文本自动分类。我们详细介绍了 *k* 均值聚类和基于高斯混合模型的最大期望值算法这两种基于文档特征的聚类算法，以及无监督朴素贝叶斯模型和主题模型这样的直接基于词的聚类算法。对于文本聚类这样的无监督学习问题，最大期望值算法扮演着重要角色。在后续一些章节中，我们还会使用最大期望值算法来解决更复杂的无监督学习问题。

习题

（1）以下哪些聚类算法涉及测量距离？

A. *k* 均值聚类算法

B. 基于高斯混合模型的最大期望值算法

C. 无监督朴素贝叶斯模型

（2）判断对错：最大期望值算法在 E 步骤中基于按一定权重分配的数据点来更新每个聚类模型，并在 M 步骤中将数据点按一定权重分配给不同的聚类模型。

（3）当使用最大期望值算法来进行朴素贝叶斯模型的无监督学习时，哪一步可以看作朴素贝叶斯模型的监督学习的“加权版本”？

A. E 步骤　　B. M 步骤　　C. 都是　　D. 都不是

（4）表 5-1 是一个由潜在狄利克雷分配（LDA）给出的一系列主题及其对应的词。

表 5-1　潜在狄利克雷分配给出的一系列主题及其对应的词

科技	金融	体育	教育
人工智能	股票	足球	学校
机器学习	银行	篮球	教师
云计算	贷款	网球	学生
无人驾驶	投资	游泳	课程
虚拟现实	利率	高尔夫	学习
物联网	保险	排球	教育系统
区块链	资金流动	田径	教育政策
生物技术	股市	棒球	教育技术
大数据	财务	曲棍球	教育资源
网络安全	风险管理	越野跑	教育评估

小明认为 LDA 不能完全自动产生如表 5-1 所示的结果，为什么？

A. 因为 LDA 不是一个文本聚类模型，它训练时需要每个文档的主题是已知的

B. 因为 LDA 不能将词进行分组，它只能把文档分组，且每个文档只能属于一个主题

C. 因为 LDA 不是一个高效的算法，所以它在实际场景中无法使用

D. 因为虽然 LDA 可以将词进行分组，但是它不能总结出每个主题的名字（即表格的第一行）

第二部分

序列

第 6 章 语言模型

语言模型（language model）用于计算一个文字序列的概率，评估该序列作为一段文本出现在通用或者特定场景中的可能性。每个人的语言能力蕴涵了一个语言模型，当我们说出或写下一段话的时候，已经在不自觉地应用语言模型来帮助我们决定这段话中的每个词，使之通顺合理。语言模型在自然语言处理中也有诸多应用，例如，当我们使用拼音中文输入法输入“ziranyuyan”，输出的候选文字中“自然语言”比“孜然鱼雁”更靠前，这是因为中文输入法所使用的语言模型判断出前者的概率更高。类似地，在机器翻译、拼写检查、语音识别等应用中，语言模型也被用来在多项候选文字中选择更合理、更有可能出现的文字。

本章将首先概述语言模型，然后介绍不同的方法来实现语言模型，包括最简单的 n 元语法模型、更复杂但效果更好的循环神经网络、在循环神经网络的基础上引入的注意力机制，以及纯粹基于注意力机制的 Transformer 模型。

6.1 概述

要想得到一个语言模型，最简单的想法是从一个大型语料库中直接统计不同文字序列出现的频率。然而由于文字序列的排列组合空间极大，不可能找到一个包含所有合理的文字序列的语料库，因此这个想法是不可行的。既然序列的概率无法通过经验频率来估计，那么是否可以通过概率乘法公式将其转换为一系列条件概率的乘积，转而估算这些条件概率呢？

$$P(w_1, w_2, \cdots, w_n) = \prod_i^n P(w_i \mid w_1, w_2, \cdots, w_{i-1})$$

其中，w_i 表示输入文字序列中的第 i 个词。那么这个序列“自然语言”的概率可以分解为

$$P(\text{自然语言}) = P(\text{自}) \times P(\text{然} \mid \text{自}) \times P(\text{语} \mid \text{自然}) \times P(\text{言} \mid \text{自然语})$$

这种分解方式的一个潜在好处在于，一旦能够成功估算所有可能的条件概率，就可以用它们来生成文本。具体而言，首先根据第一个词的概率分布采样出第一个词，再根据给定第一个词时第二个词的条件概率分布采样出第二个词，然后根据给定前两个词时第三个词的条件概率

分布采样出第三个词，以此类推。这种逐个词依次输出，每一步根据已输出的词决定下一个词的过程称为*自回归*（auto-regressive）过程。

那么如何估算这些条件概率呢？最直接的想法是最大似然估计：

$$P(\text{言}|\text{自然语})=\frac{\text{count}(\text{自然语言})}{\text{count}(\text{自然语})}$$

但这显然也是不可行的，同样因为我们无法找到一个足够大的包含所有合理文字序列的语料库来估算频率。因此，人们发展出了 n 元语法模型、循环神经网络、Transformer 模型等一系列方法来计算这些条件概率。

- *n 元语法*（n-gram）*模型*：每个词的概率仅以前 n−1 个词为条件。
- *循环神经网络*（recurrent neural network，RNN）：每个词的概率以一个包含前置序列全部信息的稠密向量为条件。
- Transformer *模型*：每个词的概率通过对前置所有词使用注意力机制得到。

本章将对这些方法的细节进行详细介绍。除了这些方法，还存在一些更加复杂的方法，如基于句法结构的生成式文法等，后面的章节会介绍其中一些方法，这里不再展开。

所有这些方法所共同面临的一个问题是，如何处理在模型训练时没有见过的词，即所谓*未登录*（out-of-vocabulary，OOV）词。一个常用方法是引入一个特殊词“[UNK]”：在训练时，创建一个固定的词表（如所有高频词），将训练语料库中所有未在词表中出现的词都替换为“[UNK]”，并将“[UNK]”作为一个正常词估算概率；在测试时，使用“[UNK]”的概率来代替任何未登录词的概率。除这个方法之外，还可以在字符或者子词（参见 2.1.4 节）级建立语言模型。因为任何词都可以拆解为若干字符或子词的组合，而字符或子词的个数较少[①]，所以这样的语言模型能够涵盖所有字符或子词，从而涵盖所有可能的文字序列。

本节最后讨论如何评估一个语言模型的质量。一种方式是在下游任务（如机器翻译、语音识别等）中检验语言模型的性能，但这往往比较费时费力，并且不同下游任务的评估结果有可能大相径庭。因此，评估语言模型的通用方法是使用*困惑度*（perplexity），即评估模型是否给训练语料库之外的真实测试语言语料库赋予较大的概率。对于测试语料库 $\overline{x}_{1:m}$ （m 个序列），使用待评估模型计算每个词的平均负对数概率：

$$l=-\frac{1}{M}\sum_{i=1}^{m}\log_2 P(\overline{x}_i)$$

其中，M 为测试语料库中的总词数。该评价指标相当于编码每个词平均所需的比特数，其二次幂 2^l 就被称为测试数据的困惑度。困惑度越小则测试语料库的概率越大，因此可认为被评估模型的质量越高。困惑度的最小值是 1，这仅当所有测试语料的概率均为 1 的极端情况下才能取得。需要特别注意的是，词表不同的两个语言模型，其困惑度是不可比较的，显然，词表较小的语言模型平均会给每个词更高的概率，因而更有可能具有较低的困惑度，极端情况下，如果词表只包含“[UNK]”这一个词，那么模型的困惑度可以达到完美的 1。但词表过小的语言

① 一般不超过几万，例如大小写英文字符只有52个，BERT的词表包含约3万个子词。

模型会将过多的词当作“[UNK]”，缺乏区分度，因而不是一个好的语言模型。因此，要比较不同的语言模型方法时，需要使用统一的词表。

6.2 *n*元语法模型

在6.1节，我们使用概率乘法公式分解文字序列的概率，但无法对分解得到的条件概率进行估算。为了估算这些条件概率，可以引入马尔可夫假设，即假设每个词只依赖它前面的n-1个词。

$$P(w_i \mid w_1, w_2, \cdots, w_{i-1}) = P(w_i \mid w_{i-n+1}, \cdots, w_{i-1})$$

上述方法被称为n元语法模型。所谓n元语法是指文本中的连续n个词。最简单的情况为一元语法（unigram）模型：

$$P(w_1, w_2, \cdots, w_n) = \prod_i P(w_i)$$

一元语法模型假设每个词出现的概率独立于其他词，这类似于4.2.1节中朴素贝叶斯模型所做的假设。二元语法（bigram）模型则假设每个词只与上一个词有关，而和其他词无关：

$$P(w_i \mid w_1, w_2, \cdots, w_{i-1}) = P(w_i \mid w_{i-1})$$

类似地，可以定义三元语法模型、四元语法模型等。由于n元语法模型对于条件概率的限制条件是只包含$n-1$个词的序列，因此当n较小时，可能的条件序列也相对较少，可以从语料库中通过统计频率来估算。

n元语法模型的一个缺点在于无法建模所谓的长距离依赖（即距离大于n的两个词之间的依赖关系）。长距离依赖在自然语言中很常见，例如英语中动词所采用的单复数形式取决于主语，但动词与其主语之间可能间隔任意多个词（如对于一个很长的定语从句）。n元语法模型的另一个缺点是需要存储大量的条件概率，当n较大时模型会非常巨大。尽管有这些缺点，n元语法模型仍有很不错的性能，在神经网络语言模型出现之前是最为成功的语言模型。

接下来讨论如何从语料库中估算n元语法模型的条件概率。最简单的方式是最大似然估计：

$$P(w_i \mid w_{i-n+1}, \cdots, w_{i-1}) = \frac{\text{count}(w_{i-n+1}, \cdots, w_{i-1}, w_i)}{\text{count}(w_{i-n+1}, \cdots, w_{i-1})}$$

但这样做的一个常见问题是数据稀疏性问题：尽管限制了序列的长度，但是不同的n元语法仍然是非常多的，因此一些合理的n元语法可能不会在训练语料库中出现，从而导致相应的条件概率估算为0。这样一来，模型会将包含这些n元语法的文本的概率计算为0，这是不合理的。

常见的处理数据稀疏性问题的方法有以下几类：平滑法（如4.2.1节介绍的拉普拉斯平滑）、回退法①、插值法②。其中最为成功的方法是改良型Kneser-Ney平滑[11]。

① 找不到对应的n元语法时使用$n-1$元语法，仍找不到时使用$n-2$元语法，以此类推。

② 将n元语法模型、$n-1$元语法模型、$n-2$元语法模型等一系列模型加权平均。

一个著名的 n 元语法数据集和可视化界面是 Google Ngram Viewer，包含几百年来多种语言的公开文献中 n 元语法的出现频率统计，可以查询其官网了解详细信息。

6.3 循环神经网络

基于神经网络的语言模型可以避免 n 元语法模型的各种缺点。神经网络语言模型中最基础的模型之一是循环神经网络（recurrent neural network，RNN），它使用隐状态（hidden state）来保存历史信息，并使用循环结构逐一处理输入序列中的每一个元素。接下来首先介绍最基本的循环神经网络语言模型，然后介绍循环神经网络的两个著名变体——长短期记忆（long short-term memory，LSTM）和门控循环单元（gated recurrent unit，GRU）[①]，最后介绍多层双向循环神经网络。

6.3.1 循环神经网络

循环神经网络的基本思想是在计算文字序列中每个词的条件概率时，计算一个稠密向量来表示条件（也就是这个词的前置序列）所包含的信息，然后用该向量来计算条件概率分布。循环神经网络的架构如图 6-1 所示。

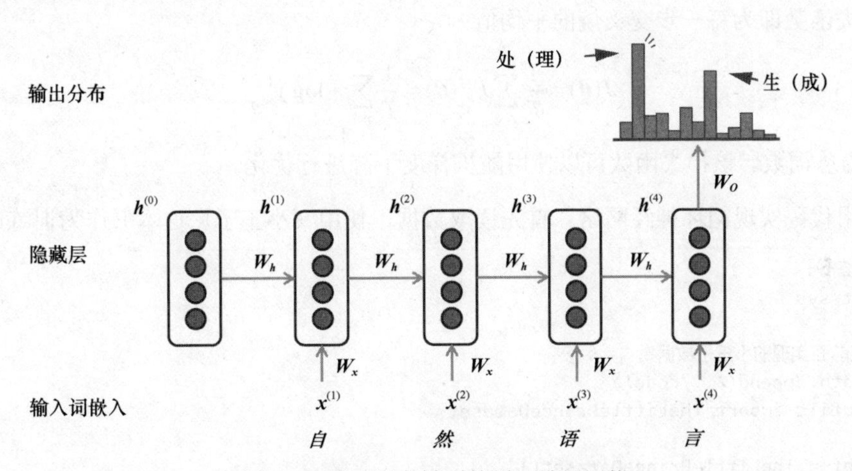

图 6-1 用于语言模型的循环神经网络

在这个模型结构中，每一步网络的输入包含两部分，一部分是历史输入 $\boldsymbol{h}^{(t-1)}$，是前置序列的总结，称为隐状态，另一部分是新的输入 $\boldsymbol{x}^{(t)}$，此处为词 w_t 所对应的词嵌入，模型的输出经过 softmax 函数处理得到下一步的词的分布，例如“自然语言”的下一个词可能是“处（理）”“生（成）”等。计算公式如下。

隐状态：

$$\boldsymbol{h}^{(t)} = \sigma(\boldsymbol{W}_x \boldsymbol{x}^{(t)} + \boldsymbol{W}_h \boldsymbol{h}^{(t-1)} + \boldsymbol{b}_h)$$

① 门控循环单元可以看作长短期记忆的一种简化变体。

输出：

$$\hat{y}^{(t)} = \text{softmax}(\boldsymbol{W}_o \boldsymbol{h}^{(t)} + \boldsymbol{b}_o)$$

其中，$\boldsymbol{W}_x$ 为输入的参数，$\boldsymbol{W}_h$、$\boldsymbol{b}_h$ 为隐藏层的参数，$\boldsymbol{W}_o$、$\boldsymbol{b}_o$ 为输出的参数，$\sigma()$ 在此处表示激活函数。初始隐状态 $\boldsymbol{h}^{(0)}$ 在没有其他信息的情况下一般设为全0。

循环神经网络的显著好处在于，解除了 n 元语法模型中对条件序列长度的限制，即不再使用马尔可夫假设，因而每一时刻的输出（即条件概率分布）都基于整个前置序列作为条件。并且，由于不需要像 n 元语法模型那样存储大量的条件概率，循环神经网络往往比典型的 n 元语法模型小，即具有更少的模型参数。

下面讨论循环神经网络的训练。在每一步 t，训练损失函数为下一个词的预测分布 $\hat{y}^{(t)}$ 与真实分布 $y^{*(t)}$（即下一个词 w_{t+1} 的独热编码）的交叉熵（cross entropy）：

$$J^{(t)}(\boldsymbol{\theta}) = H(y^{*(t)}, \hat{y}^{(t)}) = -\sum_{w \in \mathcal{V}} y_w^{*(t)} \log \hat{y}_w^{(t)} = -\log \hat{y}_{w_{t+1}}^{(t)}$$

其中，$\boldsymbol{\theta}$ 为模型参数，$H(P,Q) = -\sum_x P(x)\log Q(x)$ 为两个概率分布 P、Q 的交叉熵，$\mathcal{V}$ 为词表。注意，真实分布 $y^{(t)}$ 只有在词 w_{t+1} 上概率为1，在其余词上的概率为0，因此可以去除求和符号而仅保留非零项，即预测分布在词 w_{t+1} 上的概率。

总损失函数即为每一步交叉熵的平均值：

$$J(\boldsymbol{\theta}) = \frac{1}{T}\sum_{t=1}^{T} J^{(t)}(\boldsymbol{\theta}) = \frac{1}{T}\sum_{t=1}^{T} -\log \hat{y}_{w_{t+1}}^{(t)}$$

其中，T 为总词数。该损失函数可以使用随机梯度下降进行优化。

下面用代码实现循环神经网络。首先读取数据，使用《小王子》这本书作为训练语料库。

```
import os
import sys

# 导入前面实现的小王子数据集
sys.path.append('../code')
from utils import TheLittlePrinceDataset

dataset = TheLittlePrinceDataset()

# 统计每句话的长度
sent_lens = []
max_len = -1
for sentence in dataset.tokens:
    sent_len = len(sentence)
    sent_lens.append(sent_len)
    if sent_len > max_len:
        max_len = sent_len
        longest = sentence
print(max_len)

# 简单看一下语料库中序列长度的分布
import matplotlib.pyplot as plt
plt.hist(sent_lens, bins=20)
plt.show()
```

```
115
```

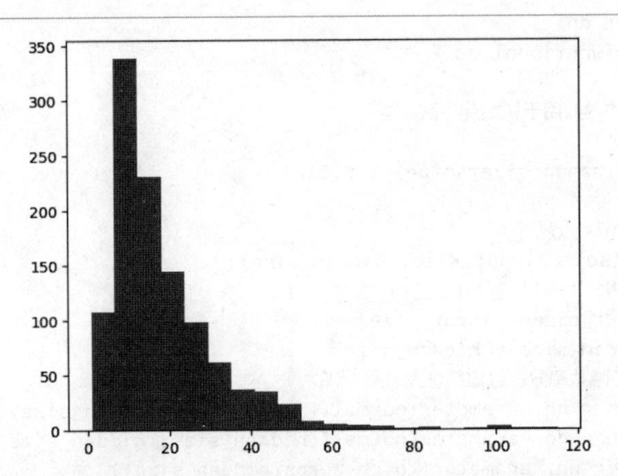

然后建立词表，截断过长的序列，将序列填充（padding）为相同长度。实践中容易遇到极长的句子，这样的句子数量稀少但可能包含大量字符，如果不截断的话会极大拖慢模型的运行效率、占用大量显存甚至导致运行出错。因此在预处理阶段，可以对训练数据中过长的句子进行截断，即把预先确定的最大长度之外的词删去。注意，一般不对测试数据进行截断，以便更完整地评估模型，并确保与其他工作的评估结果可比。为了使模型能够并行处理一个批次中不同长度的输入序列，可以使用填充将不同长度的输入对齐，常见做法是在长度不足的序列末尾持续添加特殊字符（如“[PAD]”）直到序列达到设定长度。填充可以在预处理阶段进行，这样会把所有输入序列填充为相同长度，也可以在训练过程中进行，根据每个批次的序列长度动态设置填充长度。预处理阶段进行填充的好处是只需处理一次数据，并且处理完成的数据可以保存下来多次使用。训练过程中进行填充的好处是插入的特殊字符更少，减少了计算量。

```
import numpy as np

dataset.build_vocab()
sent_tokens = dataset.convert_tokens_to_ids()
# 截断和填充
max_len=40
for i, tokens in enumerate(sent_tokens):
    tokens = tokens[:max_len]
    tokens += [dataset.token2id['<pad>']] * (max_len - len(tokens))
    sent_tokens[i] = tokens
sent_tokens = np.array(sent_tokens)

print(len(dataset.tokens), max([len(x) for x in dataset.tokens]))
print(sent_tokens.shape)
print(sent_tokens[0])
```

```
1105 115
(1104, 40)
[  4  17  20 742 743 744 742 743 744   2  62  19   9   1   1   2   1  10
 745 746   4  17  20  21   1   2  30 335 194  33 299   3   0   0   0   0
   0   0   0   0]
```

```
"""
部分代码参考了GitHub项目d2l-ai/d2l-zh的思路
 (Copyright (c) 2022 Aston Zhang, Zachary C. Lipton,
Mu Li, and Alexander J. Smola, Apache-2.0 License (见附录))
"""
```

```
import torch
from torch import nn
import torch.nn.functional as F

# 定义一个正态分布的函数用于初始化参数
def normal(shape):
    return torch.randn(size=shape) * 0.01

class RNN(nn.Module):
    def __init__(self, input_size, hidden_size):
        super(RNN, self).__init__()
        self.input_size = input_size
        self.hidden_size = hidden_size
        # 将输入与隐状态分别经过线性变换后相加
        self.W_xh = nn.Parameter(normal((input_size, hidden_size)))
        self.W_hh = nn.Parameter(normal((hidden_size, hidden_size)))
        self.b_h = nn.Parameter(torch.zeros(hidden_size))

    def init_rnn_state(self, batch_size, hidden_size):
        return (torch.zeros((batch_size, hidden_size), dtype=torch.float),)

    def forward(self, inputs, states):
        seq_len, batch_size, _ = inputs.shape
        hidden_state, = states
        hiddens = []
        for step in range(seq_len):
            # 输入hidden_state与inputs经过线性变换后相加
            # 输出的hidden_state也是下一时刻输入的hidden_state
            xh = torch.mm(inputs[step], self.W_xh)
            hh = torch.mm(hidden_state, self.W_hh)
            hidden_state = xh + hh + self.b_h
            hidden_state = torch.tanh(hidden_state)
            hiddens.append(hidden_state)
        # 返回所有时刻的hidden_state: seq_len * batch_size * hidden_size
        # 和最后时刻的hidden_state（可能用于后续输入）: batch_size * hidden_size
        return torch.stack(hiddens, dim=0), (hidden_state,)

# 在循环神经网络的基础上添加语言模型的输入输出、损失计算等
class RNNLM(nn.Module):
    def __init__(self, model, vocab_size, hidden_size):
        super(RNNLM, self).__init__()
        self.vocab_size = vocab_size
        self.hidden_size = hidden_size
        self.embedding = nn.Embedding(vocab_size, hidden_size)
        self.model = model
        self.W_hq = nn.Parameter(normal((hidden_size, vocab_size)))
        self.b_q = nn.Parameter(torch.zeros(vocab_size))

    def forward(self, input_ids):
        batch_size, seq_len = input_ids.shape
        # input_ids形状为batch_size * seq_len，翻转为seq_len * batch_size
        # 将seq_len放在第一维方便计算
        input_ids = torch.permute(input_ids, (1, 0))
        # seq_len * batch_size * embed_size
        embed = self.embedding(input_ids)
        # batch_size * hidden_size
        states = self.model.init_rnn_state(batch_size, self.hidden_size)
        hiddens, _ = self.model(embed, states)
```

```
        hiddens = torch.flatten(hiddens[:-1], start_dim=0, end_dim=1)
        output_states = torch.mm(hiddens, self.W_hq) + self.b_q
        labels = torch.flatten(input_ids[1:], start_dim=0, end_dim=1)
        loss_fct = nn.CrossEntropyLoss(ignore_index=0)
        loss = loss_fct(output_states, labels)
        return loss
```

接下来讨论循环神经网络训练过程中经常出现的一个问题。假设第 t 步的损失为 $J^{(t)}$，隐状态为 $\boldsymbol{h}^{(t)}$。由于总损失函数是各时刻损失函数的平均值，因此训练过程中涉及各时刻的损失函数对历史时刻的求导，这里以 $J^{(t)}$ 对 $\boldsymbol{h}^{(1)}$ 求导为例，根据链式法则展开梯度：

$$\frac{\partial J^{(t)}}{\partial \boldsymbol{h}^{(1)}}=\frac{\partial J^{(t)}}{\partial \boldsymbol{h}^{(t)}}\times\frac{\partial \boldsymbol{h}^{(t)}}{\partial \boldsymbol{h}^{(1)}}=\frac{\partial J^{(t)}}{\partial \boldsymbol{h}^{(t)}}\times\prod_{\tau=2}^{t}\frac{\partial \boldsymbol{h}^{(\tau)}}{\partial \boldsymbol{h}^{(\tau-1)}}$$

可以看到此梯度中包含连乘项 $\prod_{\tau=2}^{t}\frac{\partial \boldsymbol{h}^{(\tau)}}{\partial \boldsymbol{h}^{(\tau-1)}}$，即每一时刻隐状态对上一时刻隐状态梯度的乘积。

在某些条件下，连乘项中的大部分因子小于 1，这会导致梯度随 t 的增加呈指数级衰减，这就是循环神经网络训练中著名的梯度消失问题。由此带来的后果是，距离远的梯度信号比距离近的梯度信号小得非常多，所以模型的参数实际上只能根据近距离的损失函数进行优化，从而破坏了长距离依赖（参见 6.2 节对自然语言中长距离依赖的讨论）。

反过来，如果大部分连乘项大于 1，又会导致梯度随 t 的增加呈指数级增长，这就是循环神经网络训练中的梯度爆炸问题。梯度爆炸会导致参数更新幅度过大，从而可能使训练过程不稳定或是使参数落入损失函数很大的区域，甚至导致 inf 或 NaN。

事实上，梯度消失或梯度爆炸是神经网络训练中普遍存在的问题。对于循环神经网络，当输入序列较长时，更容易发生梯度消失或梯度爆炸的问题。

对于梯度爆炸，一个非常直接的解决方案是*梯度裁剪*（gradient clipping），即当梯度的模（norm）超过某个阈值的时候，手动将其缩小到合理的范围内再使用梯度下降。那么，梯度裁剪的思想是否也可以用于解决梯度消失问题，即当梯度的模低于某个阈值时手动将其增加到合理的范围呢？答案是否定的。这是因为当梯度的模较低时，我们并不能确定是发生了梯度消失还是到达了损失函数的局部最优点，如果是后者，那么增加梯度是不合理的，这会导致梯度下降无法收敛。

下面展示使用梯度裁剪的循环神经网络语言模型的训练代码。

```
# 梯度裁剪
def grad_clipping(model, theta=1):
    params = [p for p in model.parameters() if p.requires_grad]
    norm = torch.sqrt(sum(torch.sum((p.grad ** 2)) for p in params))
    if norm > theta:
        for param in params:
            param.grad[:] *= theta / norm

# 训练
from torch.utils.data import DataLoader
from torch.optim import SGD, Adam
import numpy as np
from tqdm import tqdm, trange
import matplotlib.pyplot as plt
```

```
def train_rnn_lm(data_loader, rnn, vocab_size, hidden_size=128,
        epochs=200, learning_rate=1e-3):
    # 准备模型、优化器等
    rnn_lm = RNNLM(rnn, vocab_size, hidden_size)
    optimizer = Adam(rnn_lm.parameters(), lr=learning_rate)
    rnn_lm.zero_grad()
    rnn_lm.train()

    epoch_loss = []
    with trange(epochs, desc='epoch', ncols=60) as pbar:
        for epoch in pbar:
            for step, batch in enumerate(data_loader):
                loss = rnn_lm(batch)
                pbar.set_description(f'epoch-{epoch}, ' + f'loss={loss.item():.4f}')
                loss.backward()
                grad_clipping(rnn_lm)
                optimizer.step()
                rnn_lm.zero_grad()
            epoch_loss.append(loss.item())

    epoch_loss = np.array(epoch_loss)
    # 打印损失曲线
    plt.plot(range(len(epoch_loss)), epoch_loss)
    plt.xlabel('training epoch')
    plt.ylabel('loss')
    plt.show()

sent_tokens = np.array(sent_tokens)
print(sent_tokens.shape)
vocab_size = len(dataset.token2id)

data_loader = DataLoader(torch.tensor(sent_tokens, dtype=torch.long),
        batch_size=16, shuffle=True)
rnn = RNN(128, 128)
train_rnn_lm(data_loader, rnn, vocab_size, hidden_size=128,
        epochs=200, learning_rate=1e-3)
```

```
(1104, 40)
epoch-199, loss=0.3491: 100%|█| 200/200 [04:42<00:00,  1.41s
```

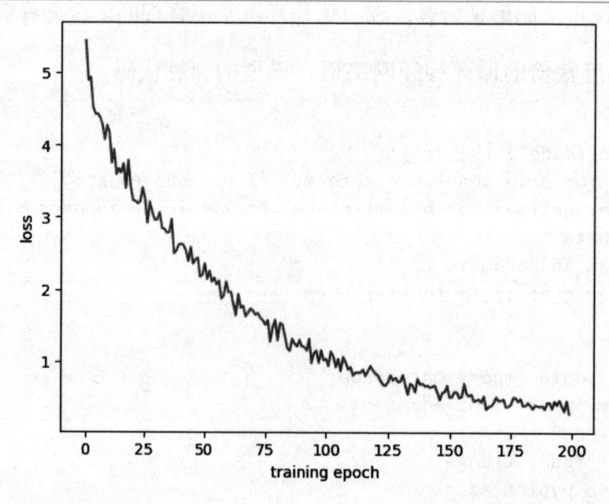

6.3.2 长短期记忆

梯度消失问题的一个解决方案是使用循环神经网络的变体——长短期记忆（long short-term memory，LSTM），如图 6-2 所示。

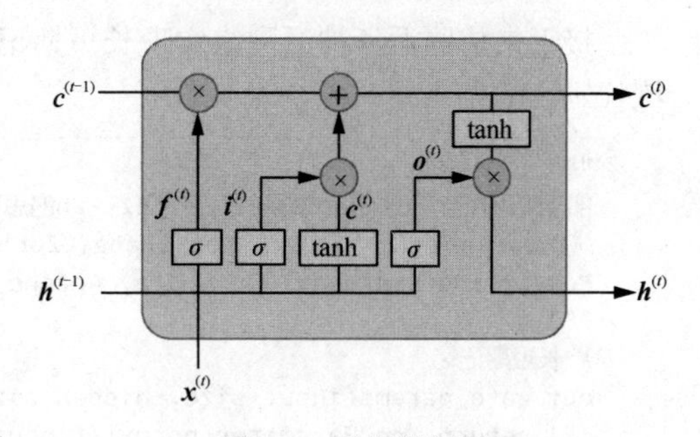

图 6-2 长短期记忆

长短期记忆的原理是，在每一步 t，都保存一个隐状态 $\boldsymbol{h}^{(t)}$ 和一个单元状态（cell state）$\boldsymbol{c}^{(t)}$，通过单元状态来存储长距离信息，长短期记忆模型使用 3 个门控（gate）来控制单元状态的读写和擦除。这些门控同样以向量形式表示，其中元素的取值为 0 或 1，0 表示门控关闭，1 表示门控打开。门控是动态变化的，每一步都将重新计算门控。

接下来展示长短期记忆模型每一步的具体计算过程。假设第 t 步的输入为 $\boldsymbol{x}^{(t)}$，隐状态与单元状态分别为 $\boldsymbol{h}^{(t)}$ 和 $\boldsymbol{c}^{(t)}$。我们依次计算如下向量，所有向量的维度相同。

- 遗忘门（forget gate），控制上一个单元状态中的哪些信息被保留，哪些信息被遗忘：

$$\boldsymbol{f}^{(t)} = \sigma(\boldsymbol{W}_f \boldsymbol{h}^{(t-1)} + \boldsymbol{U}_f \boldsymbol{x}^{(t)} + \boldsymbol{b}_f)$$

- 输入门（input gate），控制哪些信息被写入单元状态：

$$\boldsymbol{i}^{(t)} = \sigma(\boldsymbol{W}_i \boldsymbol{h}^{(t-1)} + \boldsymbol{U}_i \boldsymbol{x}^{(t)} + \boldsymbol{b}_i)$$

- 输出门（output gate），控制单元状态中的哪些信息被写入隐状态：

$$\boldsymbol{o}^{(t)} = \sigma(\boldsymbol{W}_o \boldsymbol{h}^{(t-1)} + \boldsymbol{U}_o \boldsymbol{x}^{(t)} + \boldsymbol{b}_o)$$

- 新的单元内容，即待写入单元的新信息：

$$\tilde{\boldsymbol{c}}^{(t)} = \tanh(\boldsymbol{W}_c \boldsymbol{h}^{(t-1)} + \boldsymbol{U}_c \boldsymbol{x}^{(t)} + \boldsymbol{b}_c)$$

- 单元状态，通过擦除（遗忘）上一个单元状态中的部分信息并写入部分新的信息而获得：

$$\boldsymbol{c}^{(t)} = \boldsymbol{f}^{(t)} \odot \boldsymbol{c}^{(t-1)} + \boldsymbol{i}^{(t)} \odot \tilde{\boldsymbol{c}}^{(t)}$$

- 隐状态，其内容是从单元状态中输出的一部分信息：

$$\boldsymbol{h}^{(t)} = \boldsymbol{o}^{(t)} \odot \tanh \boldsymbol{c}^{(t)}$$

其中，$\sigma(x) = \dfrac{1}{1+\exp(-x)}$ 为 sigmoid 激活函数，$\tanh(x) = \dfrac{\exp(x)-\exp(-x)}{\exp(x)+\exp(-x)}$ 为 tanh 激活函数，$\odot$运算为逐元素相乘（element-wise product）。

长短期记忆的模型结构使得跨越多步保存信息变得更为简单直接：如果某一维度的遗忘门打开、输入门关闭，那么单元状态中对应维度的信息就会被完全保存下来。通过这种方式可以跨越多步保留信息，从而更好地建模长距离依赖。而这种跨越多步的状态之间的依赖关系也意味着它们之间存在非零梯度，因而缓解了梯度消失问题。然而，长短期记忆并不能使所有门控会如我们所愿那样打开和关闭，因此不能保证完全没有梯度消失或梯度爆炸的问题，只是长短期记忆在大部分场景中缓解了这些问题。

接下来仿照循环神经网络实现长短期记忆，由于采用同样的接口，我们可以复用之前的训练代码。

```
"""
部分代码参考了GitHub项目d2l-ai/d2l-zh的思路
 (Copyright (c) 2022 Aston Zhang, Zachary C. Lipton,
Mu Li, and Alexander J. Smola, Apache-2.0 License (见附录))
"""
# 长短期记忆
def gate_params(input_size, hidden_size):
    return (nn.Parameter(normal((input_size, hidden_size))),
            nn.Parameter(normal((hidden_size, hidden_size))),
            nn.Parameter(torch.zeros(hidden_size)))

class LSTM(nn.Module):
    def __init__(self, input_size, hidden_size):
        super(LSTM, self).__init__()
        self.input_size = input_size
        self.hidden_size = hidden_size
        # 输入门参数
        self.W_xi, self.W_hi, self.b_i = gate_params(input_size, hidden_size)
        # 遗忘门参数
        self.W_xf, self.W_hf, self.b_f = gate_params(input_size, hidden_size)
        # 输出门参数
        self.W_xo, self.W_ho, self.b_o = gate_params(input_size, hidden_size)
        # 候选记忆单元参数
        self.W_xc, self.W_hc, self.b_c = gate_params(input_size, hidden_size)

    def init_rnn_state(self, batch_size, hidden_size):
        return (torch.zeros((batch_size, hidden_size), dtype=torch.float),
                torch.zeros((batch_size, hidden_size), dtype=torch.float))

    def forward(self, inputs, states):
        seq_len, batch_size, _ = inputs.shape
        hidden_state, cell_state = states
        hiddens = []
        for step in range(seq_len):
            I = torch.sigmoid(torch.mm(inputs[step], self.W_xi)
                + torch.mm(hidden_state, self.W_hi) + self.b_i)
            F = torch.sigmoid(torch.mm(inputs[step], self.W_xf)
                + torch.mm(hidden_state, self.W_hf) + self.b_f)
            O = torch.sigmoid(torch.mm(inputs[step], self.W_xo)
                + torch.mm(hidden_state, self.W_ho) + self.b_o)
            C_tilda = torch.tanh(torch.mm(inputs[step], self.W_xc)
                + torch.mm(hidden_state, self.W_hc) + self.b_c)
            cell_state = F * cell_state + I * C_tilda
            hidden_state = O * torch.tanh(cell_state)
            hiddens.append(hidden_state)
        return torch.stack(hiddens, dim=0), (hidden_state, cell_state)

data_loader = DataLoader(torch.tensor(sent_tokens, dtype=torch.long),
    batch_size=16, shuffle=True)

lstm = LSTM(128, 128)
train_rnn_lm(data_loader, lstm, vocab_size, hidden_size=128, epochs=200,
    learning_rate=1e-3)
```

```
epoch-199, loss=0.2949: 100%|█| 200/200 [12:22<00:00,  3.71s
```

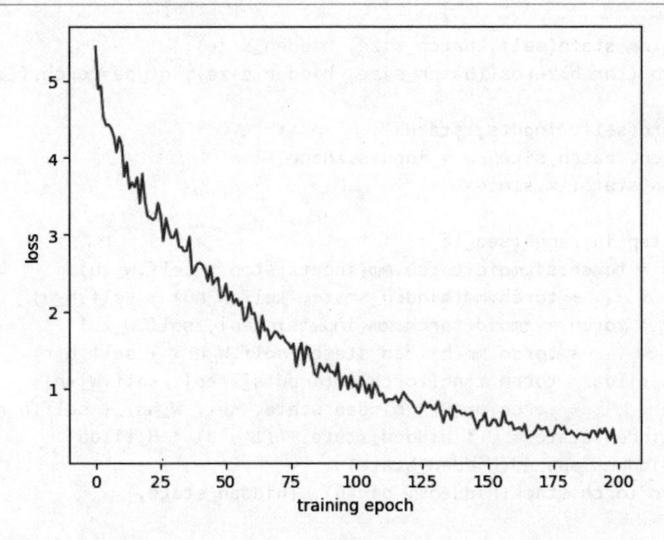

长短期记忆有很多变体，其中一个著名的简化变体是门控循环单元（gated recurrent unit，GRU）。门控循环单元不再包含单元状态，门控也从 3 个减少到两个。我们同样给出第 t 步的计算过程，其中输入为 $\boldsymbol{x}^{(t)}$，隐状态为 $\boldsymbol{h}^{(t)}$。

- 更新门（update gate），控制隐状态中哪些信息被更新或者保留：

$$\boldsymbol{u}^{(t)}=\sigma(\boldsymbol{W}_u\boldsymbol{h}^{(t-1)}+\boldsymbol{U}_u\boldsymbol{x}^{(t)}+\boldsymbol{b}_u)$$

- 重置门（reset gate），控制前一个隐状态中哪些部分被用来计算新的隐状态：

$$\boldsymbol{r}^{(t)}=\sigma(\boldsymbol{W}_r\boldsymbol{h}^{(t-1)}+\boldsymbol{U}_r\boldsymbol{x}^{(t)}+\boldsymbol{b}_r)$$

- 新的隐状态内容，根据重置门从前一个隐状态中选择部分信息和当前的输入来计算：

$$\tilde{\boldsymbol{h}}^{(t)}=\tanh(\boldsymbol{W}_h(\boldsymbol{r}^{(t)}\odot\boldsymbol{h}^{(t-1)})+\boldsymbol{U}_h\boldsymbol{x}^{(t)}+\boldsymbol{b}_h)$$

- 隐状态，由更新门控制哪些部分来源于前一步的隐状态、哪些部分使用新计算的内容：

$$\boldsymbol{h}^{(t)}=(1-\boldsymbol{u}^{(t)})\odot\boldsymbol{h}^{(t-1)}+\boldsymbol{u}^{(t)}\odot\boldsymbol{h}^{(t)}$$

下面仿照长短期记忆实现门控循环单元。

```
"""
部分代码参考了GitHub项目d2l-ai/d2l-zh的思路
（Copyright (c) 2022 Aston Zhang, Zachary C. Lipton,
Mu Li, and Alexander J. Smola, Apache-2.0 License（见附录））
"""
# 门控循环单元
class GRU(nn.Module):
    def __init__(self, input_size, hidden_size):
        super(GRU, self).__init__()
        self.input_size = input_size
        self.hidden_size = hidden_size
        # 更新门参数
        self.W_xu, self.W_hu, self.b_u = gate_params(input_size, hidden_size)
        # 重置门参数
        self.W_xr, self.W_hr, self.b_r = gate_params(input_size, hidden_size)
```

```
        # 候选隐状态参数
        self.W_xh, self.W_hh, self.b_h = gate_params(input_size, hidden_size)

    def init_rnn_state(self, batch_size, hidden_size):
        return (torch.zeros((batch_size, hidden_size), dtype=torch.float),)

    def forward(self, inputs, states):
        seq_len, batch_size, _ = inputs.shape
        hidden_state, = states
        hiddens = []
        for step in range(seq_len):
            U = torch.sigmoid(torch.mm(inputs[step], self.W_xu)
                    + torch.mm(hidden_state, self.W_hu) + self.b_u)
            R = torch.sigmoid(torch.mm(inputs[step], self.W_xr)
                    + torch.mm(hidden_state, self.W_hr) + self.b_r)
            H_tilda = torch.tanh(torch.mm(inputs[step], self.W_xh)
                    + torch.mm(R * hidden_state, self.W_hh) + self.b_h)
            hidden_state = U * hidden_state + (1 - U) * H_tilda
            hiddens.append(hidden_state)
        return torch.stack(hiddens, dim=0), (hidden_state,)

data_loader = DataLoader(torch.tensor(sent_tokens, dtype=torch.long),
        batch_size=16, shuffle=True)

gru = GRU(128, 128)
train_rnn_lm(data_loader, gru, vocab_size, hidden_size=128, epochs=200,
        learning_rate=1e-3)
```

```
epoch-199, loss=0.2947: 100%|█| 200/200 [11:40<00:00,  3.50s
```

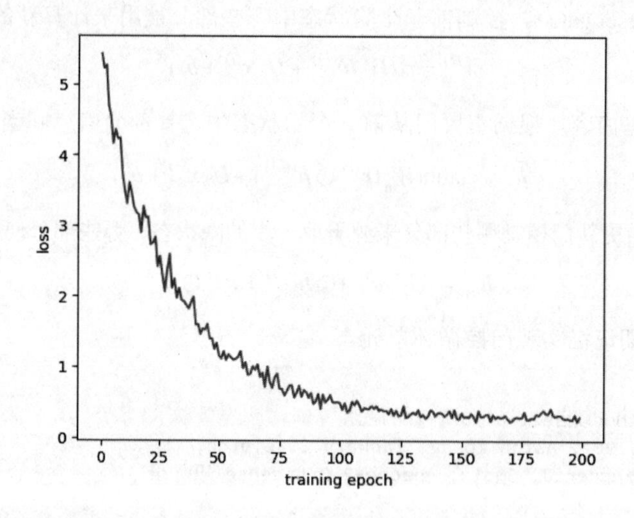

6.3.3　多层双向循环神经网络

循环神经网络（包括像长短期记忆这样的变体）可以很方便地扩展为多层和双向结构。

多层循环神经网络将多个循环神经网络堆叠起来，前一层的输出作为后一层的输入，最后一层的输出作为整个模型最终的输出。通过这种方式可以增加整个模型的表达能力，以获得更好的效果，如图 6-3 所示。

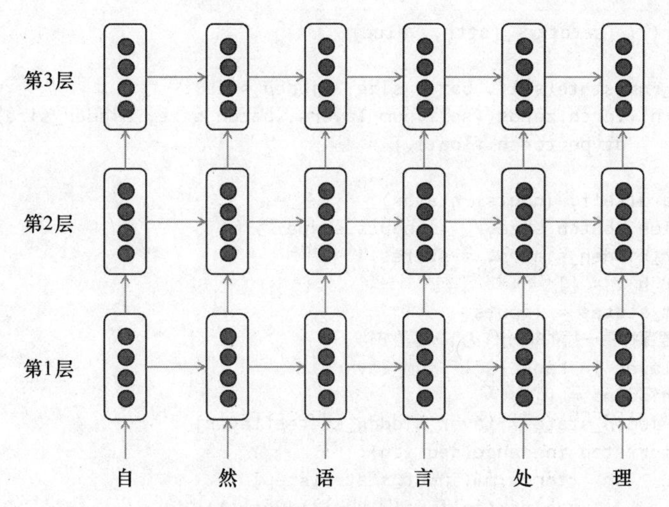

图 6-3 多层循环神经网络

下面在循环神经网络的基础上实现多层循环神经网络。

```
"""
部分代码参考了GitHub项目d2l-ai/d2l-zh的思路
 (Copyright (c) 2022 Aston Zhang, Zachary C. Lipton,
Mu Li, and Alexander J. Smola, Apache-2.0 License (见附录))
"""
# 多层循环神经网络
class DeepRNN(nn.Module):
    def __init__(self, input_size, hidden_size, num_layers, dropout=0.):
        super(DeepRNN, self).__init__()
        self.input_size = input_size
        self.hidden_size = hidden_size
        self.num_layers = num_layers
        self._flat_weight_names = []
        self._all_weights = []
        self.drop = nn.Dropout(p=dropout)
        # 定义每一层循环神经网络的参数
        # 由于参数数量不固定，因此使用统一的命名方法更方便调用和管理
        for layer in range(num_layers):
            W_xh = nn.Parameter(normal((input_size, hidden_size)))
            W_hh = nn.Parameter(normal((hidden_size, hidden_size)))
            b_h = nn.Parameter(torch.zeros(hidden_size))
            layer_params = (W_xh, W_hh, b_h)
            params_names = [f'W_xh_l{layer}', f'W_hh_l{layer}', f'b_h_l{layer}']

            # 将新的参数加入成员列表中
            for name, param in zip(params_names, layer_params):
                setattr(self, name, param)
            self._flat_weight_names.extend(params_names)
            self._all_weights.append(params_names)
            input_size = hidden_size
        self._flat_weights = [getattr(self, wn) if hasattr(self, wn)
                else None for wn in self._flat_weight_names]

    def __setattr__(self, attr, value):
        if hasattr(self, '_flat_weight_names') and attr in self._flat_weight_names:
            idx = self._flat_weight_names.index(attr)
            self._flat_weights[idx] = value
```

```
        super().__setattr__(attr, value)

    def init_rnn_state(self, batch_size, hidden_size):
        return (torch.zeros((self.num_layers, batch_size, hidden_size),
                dtype=torch.float),)

    def forward(self, inputs, states):
        seq_len, batch_size, _ = inputs.shape
        layer_hidden_states, = states
        layer_h_t = []
        input_states = inputs
        # 需要保存每一层的输出作为下一层的输入
        for layer in range(self.num_layers):
            hiddens = []
            hidden_state = layer_hidden_states[layer]
            for step in range(seq_len):
                xh = torch.mm(input_states[step],
                    getattr(self, f'W_xh_l{layer}'))
                hh = torch.mm(hidden_state, getattr(self, f'W_hh_l{layer}'))
                hidden_state = xh + hh + getattr(self, f'b_h_l{layer}')
                hidden_state = self.drop(torch.tanh(hidden_state))
                hiddens.append(hidden_state)
            input_states = torch.stack(hiddens, dim=0)
            layer_h_t.append(hidden_state)
        return input_states, torch.stack(layer_h_t, dim=0)

data_loader = DataLoader(torch.tensor(sent_tokens, dtype=torch.long),
    batch_size=16, shuffle=True)
deep_rnn = DeepRNN(128, 128, 2)
train_rnn_lm(data_loader, deep_rnn, vocab_size, hidden_size=128,
    epochs=200, learning_rate=1e-3)
```

```
epoch-199, loss=0.4688: 100%|█| 200/200 [07:18<00:00,  2.19s
```

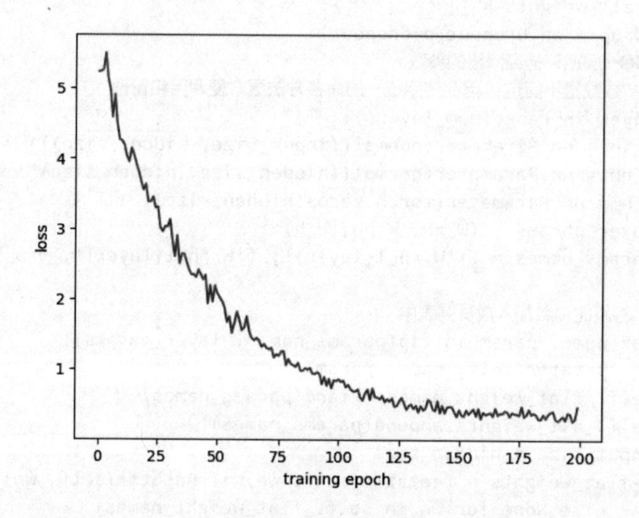

双向循环神经网络的结构包含一个正向的循环神经网络和一个反向的循环神经网络（即从右到左读入文字序列），将这两个网络对应位置的输出拼接得到最终的输出，如图 6-4 所示。

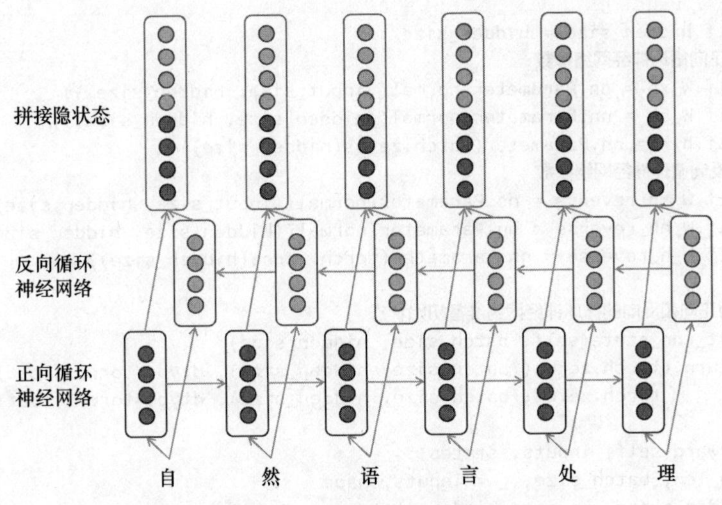

图 6-4 双向循环神经网络

一般使用双向箭头来简化表示双向循环神经网络，如图 6-5 所示。

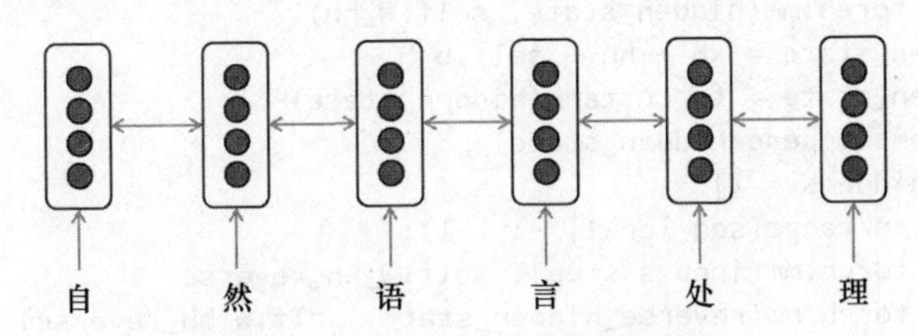

图 6-5 双向循环神经网络的简化图示

需要注意的是，双向循环神经网络在每个位置的输出同时包含来自左边和右边的信息，也就是整个输入序列的信息，因此双向循环神经网络不能用于语言模型，因为语言模型需要仅根据序列中每个词左边的信息来预测这个词。但是，在后续章节所讨论的很多其他任务中，双向循环神经网络因可以利用整个输入序列的信息而有着比单向循环神经网络更好的表现。

下面的双向循环神经网络是一个简单的示例，要求一次只能输入一个序列。如果想在一个批次中并行处理不同长度的输入序列以获得更高的运行效率，可以通过填充将不同长度的输入序列对齐。单向循环神经网络的填充较为简单，只需在每个序列末尾添加字符。双向循环神经网络的填充更加复杂，正向和反向的循环神经网络的读取顺序相反，难以保证两个方向的循环神经网络都在末尾填充，实现起来较为困难。有关解决方案可以参考 PyTorch 中的 pack_padded_sequence 和 pad_packed_sequence。双向循环神经网络不能用于训练语言模型，因此不再提供训练示例代码。

```
"""
部分代码参考了GitHub项目d2l-ai/d2l-zh的思路
 (Copyright (c) 2022 Aston Zhang, Zachary C. Lipton,
Mu Li, and Alexander J. Smola, Apache-2.0 License (见附录))
"""
# 双向循环神经网络
class BiRNN(nn.Module):
    def __init__(self, input_size, hidden_size):
        super(BiRNN, self).__init__()
        self.input_size = input_size
```

```
        self.hidden_size = hidden_size
        # 正向循环神经网络参数
        self.W_xh = nn.Parameter(normal((input_size, hidden_size)))
        self.W_hh = nn.Parameter(normal((hidden_size, hidden_size)))
        self.b_h = nn.Parameter(torch.zeros(hidden_size))
        # 反向循环神经网络参数
        self.W_xh_reverse = nn.Parameter(normal((input_size, hidden_size)))
        self.W_hh_reverse = nn.Parameter(normal((hidden_size, hidden_size)))
        self.b_h_reverse = nn.Parameter(torch.zeros(hidden_size))

    # 分别为正向和反向的循环神经网络准备初始状态
    def init_rnn_state(self, batch_size, hidden_size):
        return (torch.zeros((batch_size, hidden_size), dtype=torch.float),
                torch.zeros((batch_size, hidden_size), dtype=torch.float))

    def forward(self, inputs, states):
        seq_len, batch_size, _ = inputs.shape
        hidden_state, reverse_hidden_state = states
        hiddens = []
        for step in range(seq_len):
            xh = torch.mm(inputs[step], self.W_xh)
            hh = torch.mm(hidden_state, self.W_hh)
            hidden_state = xh + hh + self.b_h
            hidden_state = torch.tanh(hidden_state)
            hiddens.append(hidden_state)
        reverse_hiddens = []
        for step in range(seq_len-1, -1, -1):
            xh = torch.mm(inputs[step], self.W_xh_reverse)
            hh = torch.mm(reverse_hidden_state, self.W_hh_reverse)
            reverse_hidden_state = xh + hh + self.b_h_reverse
            reverse_hidden_state = torch.tanh(reverse_hidden_state)
            reverse_hiddens.insert(0, reverse_hidden_state)
        # 将正向和反向的循环神经网络输出的隐状态拼接在一起
        combined_hiddens = []
        for h1, h2 in zip(hiddens, reverse_hiddens):
            combined_hiddens.append(torch.cat([h1, h2], dim=-1))
        return torch.stack(combined_hiddens, dim=0), ()
```

6.4 注意力机制

循环神经网络的一个主要局限是不能很好地建模长距离依赖，即使像长短期记忆这样的变体也只是改善而不是完全解决了长距离依赖的问题。其根本原因在于，如果序列中的第 i 个词需要对第 j 个词（假设 $j>i$）产生影响，需经过 $j-i$ 个计算步骤，而随着步数增加，第 i 个词的信息会很快衰减，被两个词之间其他词的信息所淹没。从另一个角度来看，每一步用来预测下一个词的隐状态都需要包含这个词左边所有词的信息，但隐状态的维度有限，因而所能表达的信息容量也有限，从而形成了信息瓶颈，阻碍了前置词信息的准确表示和传递。

为了更好地建模长距离依赖，我们引入*注意力机制*（attention mechanism）[12]。在每一步，我们直接在历史状态和当前状态之间建立联系。由于历史状态可能很多，在重要性和相关性上会有区别，因此我们希望模型能够自动预测这种重要性和相关性，这类似于人类的注意力。

具体而言，注意力机制根据当前状态计算查询（query），根据每一个历史隐状态计算键（key），进而计算查询与键的匹配程度，即注意力分数（attention score）。注意力分数越高，意味着对应的历史隐状态对当前时刻的预测越重要。对所有历史隐状态的注意力分数进行归一化，我们就得到了对历史的注意力分布。接下来，以注意力分布的值作为权重，将所有历史隐状态所计算出的值（value）向量进行加权平均，得到最终的注意力输出向量，用于代替当前状态向量来预测下一个词。

注意力分数有多种计算方式，下面给出的注意力机制的公式将查询和键的内积作为注意力分数，即点乘注意力（dot-product attention）。假设某一组查询、键、值分别为 $\boldsymbol{q}\in\mathbb{R}^{d_k}$、$\boldsymbol{k}\in\mathbb{R}^{d_k}$、$\boldsymbol{v}\in\mathbb{R}^{d_v}$，其中查询和键的维度与值的维度可以是不同的，但是为了简单起见，实现时可以令这些向量维度相等：$d_k=d_v$。

对于一个查询和整个序列的键、值来说，当前查询对应的注意力输出向量是：

$$\text{Attention}(\boldsymbol{q},\boldsymbol{K},\boldsymbol{V})=\sum_i \frac{\exp(\boldsymbol{q}^\top \boldsymbol{k}_i)}{\sum_j \exp(\boldsymbol{q}^\top \boldsymbol{k}_j)}\boldsymbol{v}_i$$

其中，$\boldsymbol{K}$ 和 $\boldsymbol{V}$ 分别是将整个序列的键向量和值向量堆叠而成的矩阵：$\boldsymbol{K}=[\boldsymbol{k}_1,\cdots,\boldsymbol{k}_n]$，$\boldsymbol{V}=[\boldsymbol{v}_1,\cdots,\boldsymbol{v}_n]$。$\boldsymbol{q}^\top\boldsymbol{k}_i$ 为查询 $\boldsymbol{q}$ 在第 i 个位置的注意力分数，$\sum_j \exp(\boldsymbol{q}^\top\boldsymbol{k}_j)$ 为归一化项。

输入序列的每一步都需要进行上述注意力机制的计算。可以将输入序列所有位置上的注意力计算合并，即将序列中所有步骤的查询堆叠为 $\boldsymbol{Q}=[\boldsymbol{q}_1,\cdots,\boldsymbol{q}_n]$，由此得到注意力计算的矩阵形式：

$$\text{Attention}(\boldsymbol{Q},\boldsymbol{K},\boldsymbol{V})=\text{softmax}(\boldsymbol{Q}\boldsymbol{K}^\top)\boldsymbol{V}$$

需要注意的是，在前面的讲解中，一个查询会对整个序列的所有位置计算注意力，但是对于语言模型，第 t 步的查询应当只能看到该步及该步之前的输入。因此，需要引入注意力掩码（attention mask），将每一步的查询对该步之后位置的注意力分数置为 -inf。

这里所讲解的注意力机制，每一步的隐状态既用于计算当前步的查询，又用于计算其他查询的键和值。也就是说，不考虑注意力掩码的话，我们是在输入序列的所有位置两两之间计算注意力，即输入序列对于自身的注意力。

因此，这种特殊的注意力结构又称作自注意力（self attention）。区别于自注意力，注意力机制本身更加通用，也适用于查询、键和值对应不同元素的场景，例如第 7 章将要介绍的两个序列之间的注意力。

基于点乘的注意力分数计算有一个潜在的问题，即随着查询和键的维度 d_k 的增大，不同的键所计算的内积的数值范围也会逐渐增大，由此会带来 softmax 函数的数值稳定性问题。为了解决这个问题，可以采用缩放点乘注意力（scaled dot-product attention），即

$$\text{Attention}(\boldsymbol{Q},\boldsymbol{K},\boldsymbol{V})=\text{softmax}\left(\frac{\boldsymbol{Q}\boldsymbol{K}^\top}{\sqrt{d_k}}\right)\boldsymbol{V}$$

下面实现一个带有缩放点乘注意力的循环神经网络，并用其训练语言模型。

```
"""
部分代码参考了GitHub项目d2l-ai/d2l-zh的思路
 (Copyright (c) 2022 Aston Zhang, Zachary C. Lipton,
Mu Li, and Alexander J. Smola, Apache-2.0 License (见附录))
"""
class AttentionRNN(nn.Module):
    def __init__(self, input_size, hidden_size):
        super(AttentionRNN, self).__init__()
        self.input_size = input_size
        self.hidden_size = hidden_size
        # 循环神经网络参数
        self.W_xh = nn.Parameter(normal((input_size, hidden_size)))
        self.W_hh = nn.Parameter(normal((hidden_size, hidden_size)))
        self.b_h = nn.Parameter(torch.zeros(hidden_size))

    def init_rnn_state(self, batch_size, hidden_size):
        return (torch.zeros((batch_size, hidden_size), dtype=torch.float),)

    # 缩放点乘注意力
    def attention(self, query, keys, values):
        """
        query: batch_size * hidden_size
        keys/values: batch_size * prev_len * hidden_size
        """
        # batch_size * 1 * hidden_size
        query = torch.unsqueeze(query, 1)
        # batch_size * hidden_size * prev_len
        keys = torch.permute(keys, (0, 2, 1))
        # batch_size * 1 * prev_len
        attention_scores = torch.bmm(query, keys) / np.sqrt(self.hidden_size)
        # batch_size * 1 * prev_len
        attention_weights = F.softmax(attention_scores, dim=1)
        # batch_size * hidden_size
        attention_state = torch.squeeze(torch.bmm(attention_weights, values))
        return attention_state

    def forward(self, inputs, states):
        seq_len, batch_size, _ = inputs.shape
        hidden_state, = states
        hiddens = []
        attention_hiddens = []
        for step in range(seq_len):
            xh = torch.mm(inputs[step], self.W_xh)
            hh = torch.mm(hidden_state, self.W_hh)
            hidden_state = xh + hh + self.b_h
            hidden_state = torch.tanh(hidden_state)

            if step > 0:
                # batch_size * hidden_size
                query = hidden_state
                # batch_size * prev_len * hidden_size
                keys = values = torch.permute(torch.stack(hiddens, dim=0), (1, 0, 2))

                attention_state = self.attention(query, keys, values)
                attention_hiddens.append(attention_state)
            else:
                # 第0步，历史隐状态为空，无法进行注意力计算
                # 直接用隐状态填充
```

```
                attention_hiddens.append(hidden_state)

            hiddens.append(hidden_state)
        return torch.stack(attention_hiddens, dim=0), (attention_state,)

data_loader = DataLoader(torch.tensor(sent_tokens, dtype=torch.long),
        batch_size=16, shuffle=True)

attention_rnn = AttentionRNN(128, 128)
train_rnn_lm(data_loader, attention_rnn, vocab_size, hidden_size=128,
        epochs=200, learning_rate=1e-3)
```

```
epoch-199, loss=0.9967: 100%|█| 200/200 [09:11<00:00,  2.76s
```

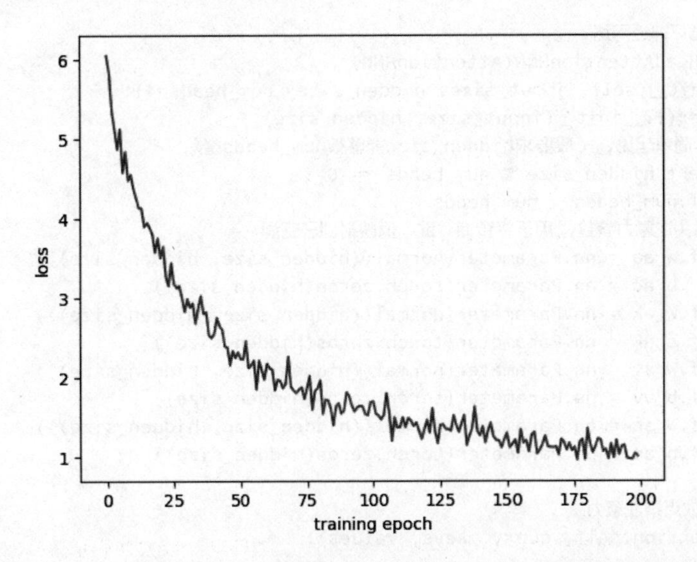

值得一提的是，注意力机制在每一步都需要查看整个历史，所以当序列很长时，注意力机制的计算代价就会很高。这种情况下一般会设置一个固定大小的上下文窗口，将注意力局限于窗口之内。

多头注意力

普通的注意力只允许不同的词之间通过一种方式进行交互，这可能会限制模型的表达能力。一个改进方案是多头注意力（multi-head attention），即允许词之间通过多种不同方式进行交互，具体做法如下。

- 将 $\boldsymbol{Q}$、$\boldsymbol{K}$、$\boldsymbol{V}$ 映射到 m 个不同的低维空间中。对 i=1, 2,⋯, m，分别计算：

$$\boldsymbol{Q}_i = \boldsymbol{W}_i^q \boldsymbol{Q}$$
$$\boldsymbol{K}_i = \boldsymbol{W}_i^k \boldsymbol{K}$$
$$\boldsymbol{V}_i = \boldsymbol{W}_i^v \boldsymbol{V}$$

- 在每个低维空间中独立使用注意力机制：

$$\text{head}_i = \text{Attention}(\boldsymbol{Q}_i, \boldsymbol{K}_i, \boldsymbol{V}_i)$$

- 将不同低维空间的注意力输出向量拼接起来做一个线性变换，其中 $[\text{head}_1, \cdots, \text{head}_m]$ 表示将不同头的注意力输出向量拼接起来：

$$\text{MultiHead}(\boldsymbol{Q}, \boldsymbol{K}, \boldsymbol{V}) = \boldsymbol{W}^o[\text{head}_1, \cdots, \text{head}_m]$$

下面是多头注意力的代码实现。我们在实现 AttentionRNN 类时将注意力计算封装在成员函数里面，因此实现多头注意力时可以直接继承 AttentionRNN 类，只需改写构造函数和 attention() 成员方法。

```
"""
部分代码参考了GitHub项目d2l-ai/d2l-zh的思路
 (Copyright (c) 2022 Aston Zhang, Zachary C. Lipton,
Mu Li, and Alexander J. Smola, Apache-2.0 License (见附录))
"""
# 多头注意力循环神经网络
class MultiHeadAttentionRNN(AttentionRNN):
    def __init__(self, input_size, hidden_size, num_heads=4):
        super().__init__(input_size, hidden_size)
        # 为简单起见，一般要求hidden_size能够被num_heads整除
        assert hidden_size % num_heads == 0
        self.num_heads = num_heads
        # 多头注意力参数，用于将查询、键、值映射到子空间
        self.W_aq = nn.Parameter(normal((hidden_size, hidden_size)))
        self.b_aq = nn.Parameter(torch.zeros(hidden_size))
        self.W_ak = nn.Parameter(normal((hidden_size, hidden_size)))
        self.b_ak = nn.Parameter(torch.zeros(hidden_size))
        self.W_av = nn.Parameter(normal((hidden_size, hidden_size)))
        self.b_av = nn.Parameter(torch.zeros(hidden_size))
        self.W_ac = nn.Parameter(normal((hidden_size, hidden_size)))
        self.b_ac = nn.Parameter(torch.zeros(hidden_size))

    # 多头缩放点乘注意力
    def attention(self, query, keys, values):
        """
        query: batch_size * hidden_size
        keys/values: batch_size * prev_len * hidden_size
        """
        query = torch.mm(query, self.W_aq) + self.b_aq
        ori_shape = keys.size()

        keys = torch.reshape(torch.mm(torch.flatten(keys, start_dim=0, end_dim=1),
                 self.W_ak) + self.b_ak, ori_shape)
        values = torch.reshape(torch.mm(torch.flatten(values, start_dim=0, end_dim=1),
                 self.W_av) + self.b_av, ori_shape)
        # batch_size * 1 * hidden_size
        query = torch.unsqueeze(query, 1)
        # batch_size * hidden_size * prev_len
        keys = torch.permute(keys, (0, 2, 1))

        head_size = self.hidden_size // self.num_heads
        query = torch.split(query, head_size, 2)
        keys = torch.split(keys, head_size, 1)
        values = torch.split(values, head_size, 2)

        heads = []
        for i in range(self.num_heads):
            # batch_size * 1 * prev_len
```

```
            head_scores = torch.bmm(query[i], keys[i]) / np.sqrt(
                    self.hidden_size // self.num_heads)
            # batch_size * 1 * prev_len
            head_weights = F.softmax(head_scores, dim=1)
            # batch_size * head_size
            head_state = torch.squeeze(torch.bmm(head_weights, values[i]))
            heads.append(head_state)
        heads = torch.cat(heads, dim=1)
        attention_state = torch.mm(heads, self.W_ac) + self.b_ac

        return attention_state

data_loader = DataLoader(torch.tensor(sent_tokens,
    dtype=torch.long), batch_size=16, shuffle=True)

mha_rnn = MultiHeadAttentionRNN(128, 128)
train_rnn_lm(data_loader, mha_rnn, vocab_size, hidden_size=128,
        epochs=200, learning_rate=1e-3)
```

```
epoch-199, loss=1.1583: 100%|█| 200/200 [21:31<00:00,  6.46s
```

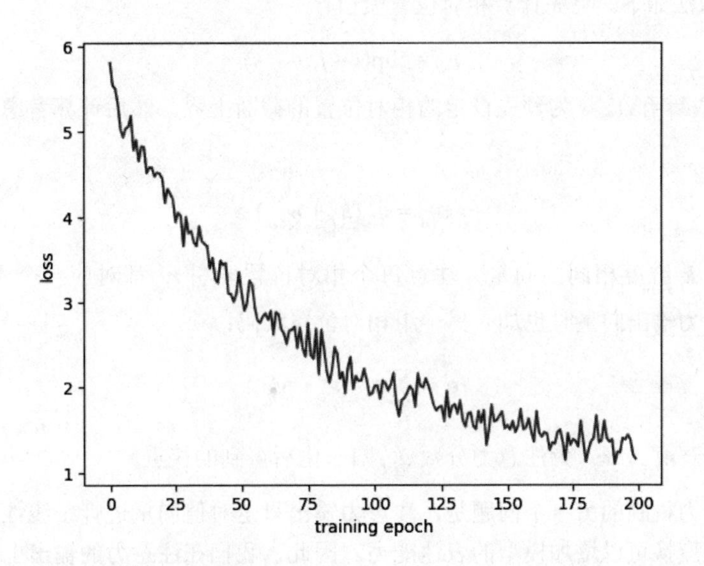

6.5 Transformer模型

6.4 节在循环神经网络的基础上增加了注意力机制，循环神经网络基于循环连接来间接访问历史隐状态，而注意力机制能够直接访问历史隐状态。一个很自然的问题是，能否去掉循环神经网络，只利用注意力机制来完成语言模型呢？基于这样的想法，我们就得到了 Transformer 模型[13]。

Transformer 将循环神经网络中相邻隐状态之间的连接完全去除，只保留注意力机制，因此不同位置的隐状态之间不存在计算上的依赖关系，完全可以并行计算，如图 6-6 所示。

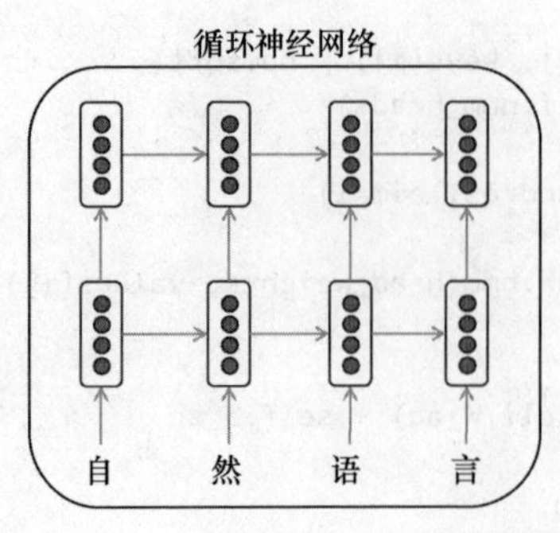

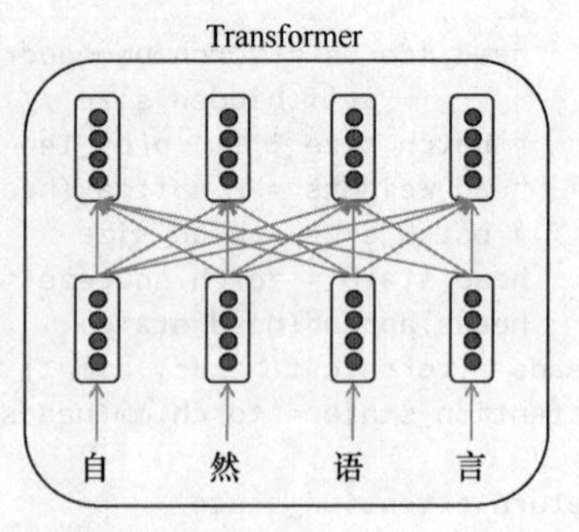

图 6-6 循环神经网络与 Transformer 的对比

并行计算是 Transformer 相比于循环神经网络的一个显著优势。但是这样一来也引入了一个新的问题，即模型完全没有考虑词的顺序信息，而把输入文字序列看作词的集合，这对于建模自然语言而言显然是不妥的。为了解决这个问题，可以在模型中引入位置编码。一种做法是绝对位置编码，即给输入序列中的每个位置指定或者学习一个位置嵌入，将其加到对应位置的词嵌入上作为模型的输入。另一种做法是相对位置编码，即在计算注意力时编码词之间的相对位置 [14]，具体做法如下。首先计算相对位置索引：

$$r_{i,j} = \text{clip}(i-j, -s, s)$$

其中，clip() 是截断函数，s 为预先设定的相对位置的截断上界。然后计算考虑了相对位置编码的注意力分数：

$$a_{i,j} = \boldsymbol{q}_i^\top(\boldsymbol{k}_j + \boldsymbol{w}_{r_{i,j}}^k)$$

其中，$\boldsymbol{w}_{r_{i,j}}^k$ 为与 $\boldsymbol{k}_j$ 维度相同的向量，注意每个相对位置索引 $r_{i,j}$ 都对应一个不同的向量 $\boldsymbol{w}_{r_{i,j}}^k$。最后在计算注意力输出向量时也加入另一组相对位置编码：

$$\boldsymbol{o}_i = \sum_j \alpha_{i,j}(\boldsymbol{v}_j + \boldsymbol{w}_{r_{i,j}}^o)$$

其中，$\boldsymbol{w}_{r_{i,j}}^o$ 类似于 $\boldsymbol{w}_{r_{i,j}}^k$，$\alpha_{i,j}$ 为注意力分数 $a_{i,j}$ 归一化后得到的权重。

仅使用注意力机制的另一个问题是，注意力输出只是对值向量进行了线性组合，而以往的工作表明非线性变换可以增加模型的表达能力。因此，我们在注意力的输出上增加一个使用非线性激活函数的两层前馈神经网络（feed-forward neural network，FNN）。前馈神经网络有时也被称为*多层感知机*（multi-layer perceptron，MLP）。

$$\boldsymbol{m}_i = \text{MLP}(\boldsymbol{o}_i) = \boldsymbol{W}_2\text{ReLU}(\boldsymbol{W}_1\boldsymbol{o}_i + \boldsymbol{b}_1) + \boldsymbol{b}_2$$

其中，$\boldsymbol{W}_1 \in \mathbb{R}^{a\times b}$、$\boldsymbol{W}_2 \in \mathbb{R}^{b\times a}$ 通常分别对其输入进行升维和降维操作（例如在经典的 Transformer 结构中，$a=4b$）。

Transformer 模型会将上述注意力机制和前馈神经网络堆叠若干层，以增加模型的表达能力。这种方式类似于 6.3.3 节介绍的多层双向循环神经网络。为了增加这样的多层模型的训练稳定性，降低训练难度，我们进一步引入两个技巧。一是引入*残差连接*（residual connection）[15]：

$$\boldsymbol{x}^l = F(\boldsymbol{x}^{l-1}) + \boldsymbol{x}^{l-1}$$

其中，$\boldsymbol{x}^{l-1}$ 为残差连接的输入，$\boldsymbol{x}^{l}$ 为残差连接的输出，$F()$ 为一层注意力机制或前馈神经网络。二是层归一化（layer normalization）[16]，将每一层的输出归一化到均值为 0、方差为 1，再进行可学习的仿射变换：

$$\mu^{l} = \frac{1}{H}\sum_{i=1}^{H}\boldsymbol{x}_i^{l}$$

$$\sigma^{l} = \sqrt{\frac{1}{H}\sum_{i=1}^{H}(\boldsymbol{x}_i^{l} - \mu^{l})^2}$$

$$\boldsymbol{x}^{l'} = \boldsymbol{g}^{l} \odot \left(\frac{\boldsymbol{x}^{l} - \mu^{l}}{\sigma^{l} + \epsilon}\right) + \boldsymbol{b}^{l}$$

其中，$\boldsymbol{x}^{l}$ 为层归一化的输入，μ^{l} 与 σ^{l} 分别为输入 $\boldsymbol{x}^{l}$ 的均值和标准差，$\boldsymbol{x}^{l'}$ 是层归一化的输出，ϵ 是一个用于维持数值稳定性的很小的常数，$\boldsymbol{g}^{l}$ 和 $\boldsymbol{b}^{l}$ 为可学习的仿射变换的参数。

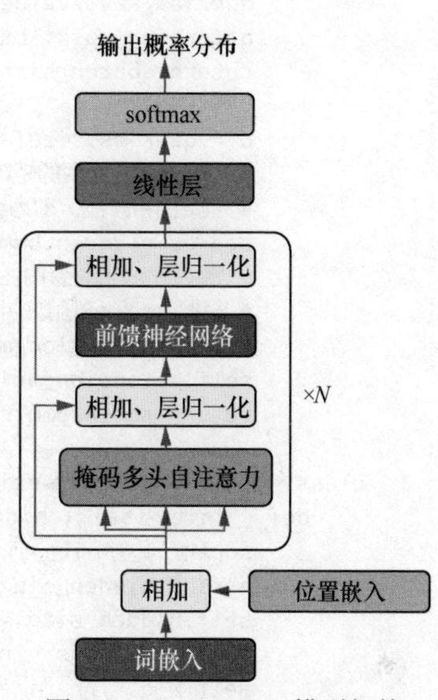

图 6-7 Transformer 模型架构

如同 6.4 节所讨论的那样，当 Transformer 用于语言模型时，还需要加上注意力掩码，以保证每一步查询不会和该步之后的键、值做计算。最后，将模型顶层所输出的每个位置的隐状态输入一个线性分类器中，得到下一个词的预测分布。整个 Transformer 模型的架构如图 6-7 所示。

下面来实现 Transformer 模型，包括加入了位置编码的嵌入层、缩放点乘注意力、多头注意力、层归一化等具体实现。

```
"""
代码修改自GitHub项目huggingface/transformers
（Copyright (c) 2020, The HuggingFace Team, Apache-2.0 License（见附录））
"""
# 实现Transformer模型
class EmbeddingLayer(nn.Module):
    def __init__(self, vocab_size, max_len, embed_size):
        super().__init__()
        self.vocab_size = vocab_size
        self.max_len = max_len
        self.embed_size = embed_size
        self.word_embedding = nn.Embedding(vocab_size, embed_size)
        self.pos_embedding = nn.Embedding(max_len, embed_size)

    def forward(self, input_ids, pos_ids):
        """
        input_ids/pos_ids: batch_size * seq_len
        return: batch_size * seq_len * embed_size
        """
        word_embed = self.word_embedding(input_ids)
        pos_embed = self.pos_embedding(pos_ids)
        # 将词嵌入和位置嵌入相加得到嵌入层输出
        return word_embed + pos_embed

# 缩放点乘注意力
class ScaledDotProductAttention(nn.Module):
    def __init__(self, dropout):
```

```
        super().__init__()
        self.dropout = nn.Dropout(dropout)

    def forward(self, queries, keys, values, attention_mask):
        """
        queries/keys/values: batch_size * seq_len * hidden_size
        attention_mask: batch_size * seq_len * seq_len
        return: batch_size * seq_len * hidden_size
        """
        d = queries.size(-1)
        # 根据点乘注意力的矩阵形式计算注意力分数，除以查询向量或键向量
        # 维度的平方根，即为缩放点乘注意力
        scores = torch.bmm(queries, torch.transpose(keys, 1, 2)) / np.sqrt(d)
        # 将掩码为0的位置的注意力分数设为一个绝对值很大的负数
        # 根据softmax函数的性质，这些注意力分数归一化后接近0
        scores[attention_mask == 0] = -1e6
        self.attention_weights = F.softmax(scores, dim=-1)
        return torch.bmm(self.dropout(self.attention_weights), values)

class MultiHeadSelfAttention(nn.Module):
    def __init__(self, hidden_size, num_heads, dropout):
        super().__init__()
        assert hidden_size % num_heads == 0
        self.hidden_size = hidden_size
        self.num_heads = num_heads
        self.W_q = nn.Linear(hidden_size, hidden_size)
        self.W_k = nn.Linear(hidden_size, hidden_size)
        self.W_v = nn.Linear(hidden_size, hidden_size)
        self.W_o = nn.Linear(hidden_size, hidden_size)
        self.attention = ScaledDotProductAttention(dropout)

    def transpose_qkv(self, states):
        # 将长度为hidden_size的向量分成num_heads个长度相等的向量
        states = states.reshape(states.shape[0], states.shape[1],
                self.num_heads, self.hidden_size // self.num_heads)
        states = torch.permute(states, (0, 2, 1, 3))
        return states.reshape(-1, states.shape[2], states.shape[3])

    # 与transpose_qkv的变换相反
    def transpose_output(self, states):
        states = states.reshape(-1, self.num_heads, states.shape[1], states.shape[2])
        states = torch.permute(states, (0, 2, 1, 3))
        return states.reshape(states.shape[0], states.shape[1], -1)

    def forward(self, queries, keys, values, attention_mask):
        """
        querys/keys/values: batch * seq_len * hidden_size
        attention_mask: batch * seq_len * seq_len
        return:
        """
        # (batch_size * num_heads) * seq_len * (hidden_size / num_heads)
        queries = self.transpose_qkv(self.W_q(queries))
        keys = self.transpose_qkv(self.W_k(keys))
        values = self.transpose_qkv(self.W_v(values))
        # 重复张量的元素，用以支持多个注意力头的运算
        # (batch_size * num_heads) * seq_len * seq_len
        attention_mask = torch.repeat_interleave(attention_mask,
                repeats=self.num_heads, dim=0)
```

```
        # (batch_size * num_heads) * seq_len * (hidden_size / num_heads)
        output = self.attention(queries, keys, values, attention_mask)
        # batch * seq_len * hidden_size
        output_concat = self.transpose_output(output)
        return self.W_o(output_concat)

# 两层前馈神经网络
class PositionWiseFNN(nn.Module):
    def __init__(self, hidden_size, intermediate_size):
        super().__init__()
        self.dense1 = nn.Linear(hidden_size, intermediate_size)
        self.relu = nn.ReLU()
        self.dense2 = nn.Linear(intermediate_size, hidden_size)

    def forward(self, X):
        return self.dense2(self.relu(self.dense1(X)))

# 层归一化
class LayerNorm(nn.Module):
    def __init__(self, normalized_shape, eps=1e-6):
        super().__init__()
        self.gamma = nn.Parameter(torch.ones(normalized_shape))
        self.beta = nn.Parameter(torch.zeros(normalized_shape))
        # 一个很小的常数用于数值稳定（防止除以0）
        self.eps = eps

    def forward(self, hidden_states):
        mean = torch.mean(hidden_states, -1, keepdim=True)
        std = torch.std(hidden_states, -1, keepdim=True)
        return self.gamma * (hidden_states - mean) / (std + self.eps) + self.beta

# 将两个输入相加并归一化
class AddNorm(nn.Module):
    def __init__(self, hidden_size, dropout):
        super().__init__()
        self.dropout = nn.Dropout(dropout)
        self.layer_norm = LayerNorm(hidden_size)

    def forward(self, X, Y):
        return self.layer_norm(self.dropout(Y) + X)

# 一个完整的Transformer层
class TransformerLayer(nn.Module):
    def __init__(self, hidden_size, num_heads, dropout, intermediate_size):
        super().__init__()
        self.self_attention = MultiHeadSelfAttention(hidden_size, num_heads, dropout)
        self.add_norm1 = AddNorm(hidden_size, dropout)
        self.fnn = PositionWiseFNN(hidden_size, intermediate_size)
        self.add_norm2 = AddNorm(hidden_size, dropout)

    def forward(self, X, attention_mask):
        Y = self.add_norm1(X, self.self_attention(X, X, X, attention_mask))
        return self.add_norm2(Y, self.fnn(Y))
# 在Transformer模型基础上加上语言模型需要的输入输出、损失计算等
class TransformerLM(nn.Module):
    def __init__(self, vocab_size, max_len, hidden_size, num_layers,
            num_heads, dropout, intermediate_size):
        super().__init__()
```

```
        self.embedding_layer = EmbeddingLayer(vocab_size, max_len, hidden_size)
        self.num_layers = num_layers
        # 使用ModuleList保存多个Transformer层，注意不能使用Python列表
        # Python列表保存的PyTorch变量无法自动求导
        self.layers = nn.ModuleList([TransformerLayer(hidden_size,
                num_heads, dropout, intermediate_size) for _ in range(num_layers)])
        self.output_layer = nn.Linear(hidden_size, vocab_size)

    def forward(self, input_ids):
        # 这里实现的forward()函数一次只能处理一句话
        # 如果想要支持批次运算，实现起来会更复杂，还会引入冗余操作
        seq_len = input_ids.size(0)
        assert input_ids.ndim == 1 and seq_len <= self.embedding_layer.max_len

        # 1 * seq_len
        input_ids = torch.unsqueeze(input_ids, dim=0)
        pos_ids = torch.unsqueeze(torch.arange(seq_len), dim=0)
        # 定义下三角掩码，用于语言模型训练
        # 1 * seq_len * seq_len
        attention_mask = torch.unsqueeze(torch.tril(torch.ones((seq_len,
                seq_len), dtype=torch.int32)), dim=0)
        # 1 * seq_len * hidden_size
        hidden_states = self.embedding_layer(input_ids, pos_ids)
        for layer in self.layers:
            hidden_states = layer(hidden_states, attention_mask)
        outputs = self.output_layer(hidden_states)

        loss_fct = nn.CrossEntropyLoss(ignore_index=0)
        loss = loss_fct(outputs[:, :-1].squeeze(), input_ids[:, 1:].squeeze())
        return loss
```

```
# 训练TransformerLM，由于不再采取批次训练，因此不再使用RNNLM和data_loader
def train_transformer_lm(data, model, epochs=50, learning_rate=1e-3):
    optimizer = Adam(model.parameters(), lr=learning_rate)
    model.zero_grad()
    model.train()

    epoch_loss = []
    with trange(epochs, desc='epoch', ncols=60) as pbar:
        for epoch in pbar:
            step_loss = []
            np.random.shuffle(data)
            for step, x in enumerate(data):
                loss = model(torch.tensor(x, dtype=torch.long))
                pbar.set_description(f'epoch-{epoch},'+ f' loss={loss.item():.4f}')
                loss.backward()
                grad_clipping(model)
                optimizer.step()
                model.zero_grad()
                step_loss.append(loss.item())
            # 本章前面的模型训练使用的batch_size为16
            # TransformerLM出于简便实现只能使用batch_size为1
            # 因此TransformerLM每一步损失的方差会更大
            # 为了便于对比，取每个epoch最后16个样本的平均损失
            epoch_loss.append(np.mean(step_loss[-16:]))

    epoch_loss = np.array(epoch_loss)
    plt.plot(range(len(epoch_loss)), epoch_loss)
```

```
    plt.xlabel('training epoch')
    plt.ylabel('loss')
    plt.show()

sent_tokens = dataset.convert_tokens_to_ids()
max_len=40
for i, tokens in enumerate(sent_tokens):
    tokens = tokens[:max_len]
    tokens += [0] * (max_len - len(tokens))
    sent_tokens[i] = tokens
sent_tokens = np.array(sent_tokens)

model = TransformerLM(vocab_size, max_len=40, hidden_size=128,
        num_layers=1, num_heads=4, dropout=0., intermediate_size=512)
train_transformer_lm(sent_tokens, model)
```

```
epoch-49, step_loss=1.3295: 100%|█| 50/50 [08:23<00:00, 10.06s/it
```

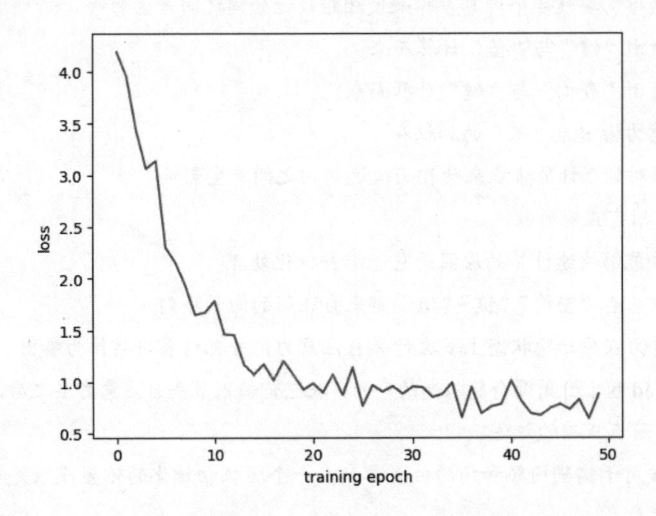

Transformer 模型自提出以来，出现了诸多改进和变体。例如，Transformer 模型的自注意力机制的计算复杂度随上下文窗口大小呈平方级增长，因此研究者们提出了多种降低复杂度的方案，其中一类是稀疏注意力，即对注意力的范围进行限制，仅允许线性个数的词对之间存在注意力；另一类是线性注意力机制，即修改注意力机制的计算公式，通过消除 softmax 运算、调整矩阵乘法顺序等技巧，将计算复杂度降为线性。对这些变体这里不再展开讨论。

6.6 小结

本章介绍了语言模型的基本概念，然后介绍了一系列语言模型方法，包括传统的 n 元语法模型、循环神经网络及其变体、可以建模长距离依赖的注意力机制，以及纯粹基于注意力机制的 Transformer 模型。值得一提的是，本章介绍的循环神经网络与 Transformer 模型除了用于语言模型，还可以用于很多其他任务，例如文本表示、序列标注、文本生成，其中文本表示任务中这些模型的使用已在 3.4.3 节讨论，其余任务将在后面的章节中讨论。

习题

（1）相较于 n 元语法模型，神经语言模型不会有数据稀疏性问题，对其原因选择以下正确的叙述。

A. 神经语言模型总有足够的训练数据

B. 神经语言模型使用词嵌入来表示词，而不是用词本身

C. 神经语言模型不考虑词序，而 n 元语法模型考虑词序

D. 神经语言模型比 n 元语法模型的参数少

（2）4 个学生在训练一个简单的语言模型，词表大小为 33279。以下是这些学生报告的语言模型的困惑度，哪个结果一定是错的？

A. 124853942.3429384　　B. 965.0860734119312

C. 1.0　　D. 0.198248938724835

（3）选择以下所有正确的叙述。

A. 循环神经网络需要线性个计算步骤来使相距较远的词之间产生影响

B. 注意力分数由“键”与“值”计算而来

C. 注意力分数由“查询”与“键”计算而来

D. 最终的注意力输出为“值”的加权和

E. 注意力使用对数个计算步骤来使相距较远的词之间产生影响

（4）选择以下所有正确的叙述。

A. 注意力模块能够快速计算的原因是它能够并行化处理

B. 自注意力意味着“查询”“键”“值”都来自相同的向量序列

C. 多头自注意力在原始隐状态上多次计算自注意力，并把结果拼接作为输出

D. [a, b, c, d]、[d, b, a, c] 是两个隐状态的序列，把它们输入多头自注意力层之后，其输出是相同的

（5）选择以下所有正确的叙述。

A. 位置嵌入被用于编码词序和词的位置信息。一个随机初始化的位置嵌入是非法的，因为它不能编码词序信息

B. 增加带有非线性前馈神经网络层能够提升模型的能力，使得神经网络能够建模更复杂的函数

C. 残差连接使得训练更加容易，它同时会引入更多的模型参数来增强模型的表达能力

D. 层归一化改变上一层的输出，使其“均值”和“标准差”均为 0

第 7 章

序列到序列模型

序列到序列（sequence to sequence，seq2seq）是指输入和输出各为一个序列（如一句话）的任务。本章将输入序列称作源序列，输出序列称作目标序列。序列到序列有非常多的重要应用，其中最有名的是机器翻译（machine translation），机器翻译模型的输入是待翻译语言（源语言）的文本，输出则是翻译后的语言（目标语言）的文本。此外，序列到序列的应用还有：改写（paraphrase），即将输入文本保留原意，用意思相近的词进行重写；风格迁移（style transfer），即转换输入文本的风格（如口语转书面语、负面评价改为正面评价、现代文改为文言文等）；文本摘要（summarization），即将较长的文本总结为简短精练的短文本；问答（question answering），即为用户输入的问题提供回答；对话（dialog），即对用户的输入进行回应。这些都是自然语言处理中非常重要的任务。另外，还有许多任务，尽管它们并非典型的序列到序列任务，但也可以使用序列到序列的方法解决，例如第 9 章将要提到的命名实体识别任务，即识别输入句子中的人名、地名等实体，既可以使用第 9 章将要介绍的序列标注方法来解决，也可以使用序列到序列方法解决，举例如下。

- 源序列：小红在上海旅游。
- 目标序列：[小红 | 人名] 在 [上海 | 地名] 旅游。

类似地，后续章节将要介绍的成分句法分析（constituency parsing）、语义角色标注（semantic role labeling，SRL）、共指消解（coreference resolution）等任务也都可以使用序列到序列的方法解决。值得一提的是，虽然前面提到的这些任务可以利用序列到序列的方式解决，但是许多情况下效果不如其最常用的方式（如利用序列标注方法解决命名实体识别）。

对于像机器翻译这一类经典的序列到序列任务，采用基于神经网络的方法具有非常大的优势。在早期的相关研究 [17] 被提出后不久，基于神经网络序列到序列的机器翻译模型效果就迅速提升并超过了更为传统的统计机器翻译模型，成为主流的机器翻译方案。因此，本章主要介绍基于神经网络的序列到序列方法，包括模型、学习和解码。随后介绍序列到序列模型中常用的指针网络与拷贝机制。最后介绍序列到序列任务的一些延伸和扩展。

7.1 基于神经网络的序列到序列模型

序列到序列模型与第 6 章介绍的语言模型十分类似，都需要在已有文字序列的基础上预测下一个词的概率分布。其区别是，语言模型只需建模一个序列，而序列到序列模型需要建模两个序列，因此需要包含两个模块：一个编码器用于处理源序列，一个解码器用于生成目标序列。本节将依次介绍基于循环神经网络、注意力机制以及 Transformer 的序列到序列模型。

7.1.1　循环神经网络

如图 7-1 所示，基于循环神经网络（包括长短期记忆等变体）的序列到序列模型与第 6 章介绍的循环神经网络非常相似，但是按输入不同分成了编码器、解码器两部分，其中编码器依次接收源序列的词，但不计算任何输出。编码器最后一步的隐状态成为解码器的初始隐状态，这个隐状态向量有时称作上下文向量（context vector），它编码了整个源序列的信息。解码器在第一步接收特殊符号“<sos>”作为目标序列的起始符，并预测第一个词的概率分布，从中解码出第一个词（解码方法将在 7.3 节讨论）；随后将第一个词作为下一步的输入，继续解码第二个词，以此类推，直到最后解码出终止符“<eos>”，意味着目标序列已解码完毕。这种方式即 6.1 节介绍的自回归过程。

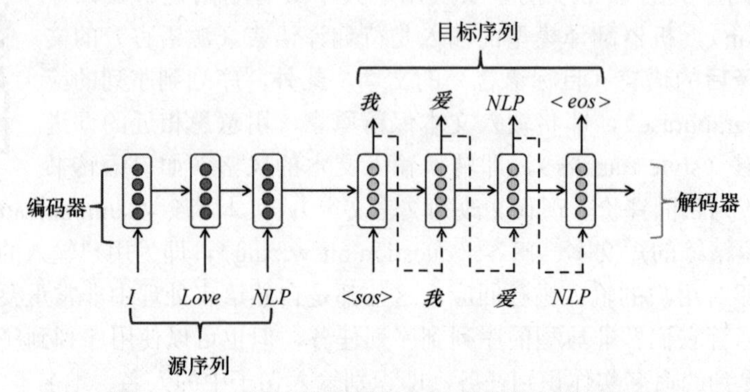

图 7-1　基于循环神经网络的序列到序列模型图示

下面介绍基于循环神经网络的编码器和解码器的代码实现。首先是作为编码器的循环神经网络。

```
"""
代码修改自GitHub项目pytorch/tutorials
(Copyright (c) 2023, PyTorch, BSD-3-Clause License (见附录))
"""
import torch
import torch.nn as nn

class RNNEncoder(nn.Module):
    def __init__(self, vocab_size, hidden_size):
        super(RNNEncoder, self).__init__()
        # 隐层大小
        self.hidden_size = hidden_size
        # 词表大小
        self.vocab_size = vocab_size
        # 词嵌入层
        self.embedding = nn.Embedding(self.vocab_size, self.hidden_size)
        self.gru = nn.GRU(self.hidden_size, self.hidden_size, batch_first=True)

    def forward(self, inputs):
        # inputs: batch * seq_len
```

```
        # 注意门控循环单元使用batch_first=True，因此输入需要batch至少为1
        features = self.embedding(inputs)
        output, hidden = self.gru(features)
        return output, hidden
```

接下来是作为解码器的另一个循环神经网络的代码实现。

```
class RNNDecoder(nn.Module):
    def __init__(self, vocab_size, hidden_size):
        super(RNNDecoder, self).__init__()
        self.hidden_size = hidden_size
        self.vocab_size = vocab_size
        # 序列到序列任务并不限制编码器和解码器输入同一种语言
        # 因此解码器也需要定义一个嵌入层
        self.embedding = nn.Embedding(self.vocab_size, self.hidden_size)
        self.gru = nn.GRU(self.hidden_size, self.hidden_size, batch_first=True)
        # 用于将输出的隐状态映射为词表上的分布
        self.linear = nn.Linear(self.hidden_size, self.vocab_size)

    # 解码整个序列
    def forward(self, encoder_outputs, encoder_hidden, target_tensor=None):
        batch_size = encoder_outputs.size(0)
        # 从<sos>开始解码
        decoder_input = torch.empty(batch_size, 1, dtype=torch.long).fill_(SOS_token)
        decoder_hidden = encoder_hidden
        decoder_outputs = []

        # 如果目标序列确定，最大解码步数确定
        # 如果目标序列不确定，解码到最大长度
        if target_tensor is not None:
            seq_length = target_tensor.size(1)
        else:
            seq_length = MAX_LENGTH

        # 进行seq_length次解码
        for i in range(seq_length):
            # 每次输入一个词和一个隐状态
            decoder_output, decoder_hidden = self.forward_step(
                    decoder_input, decoder_hidden)
            decoder_outputs.append(decoder_output)

            if target_tensor is not None:
                # teacher forcing: 使用真实目标序列作为下一步的输入
                decoder_input = target_tensor[:, i].unsqueeze(1)
            else:
                # 从当前步的输出概率分布中选取概率最大的预测结果
                # 作为下一步的输入
                _, topi = decoder_output.topk(1)
                # 使用detach()从当前计算图中分离，避免回传梯度
                decoder_input = topi.squeeze(-1).detach()

        decoder_outputs = torch.cat(decoder_outputs, dim=1)
        decoder_outputs = F.log_softmax(decoder_outputs, dim=-1)
        # 为了与AttnRNNDecoder接口保持统一，最后输出None
        return decoder_outputs, decoder_hidden, None

    # 解码一步
    def forward_step(self, input, hidden):
```

```
        output = self.embedding(input)
        output = F.relu(output)
        output, hidden = self.gru(output, hidden)
        output = self.out(output)
        return output, hidden
```

7.1.2 注意力机制

在序列到序列循环神经网络上加入注意力机制的方式同样与 6.3 节介绍的方式非常相似，区别在于，注意力机制在这里仅用于解码时建模从目标序列到源序列的依赖关系。具体而言，在解码的每一步，将解码器输出的隐状态特征作为查询，将编码器计算的源序列中每个元素的隐状态特征作为键和值，从而计算注意力输出向量；这个输出向量会与解码器当前步骤的隐状态特征一起用于预测目标序列的下一个元素。

序列到序列中的注意力机制使得解码器能够直接“看到”源序列，而不再仅依赖循环神经网络的隐状态传递源序列的信息。此外，注意力机制提供了一种类似于人类处理此类任务时的序列到序列机制。人类在进行像翻译这样的序列到序列任务时，常常会边看源句边进行翻译，而不是一次性读完源句之后记住它再翻译，而注意力机制模仿了这个过程。最后，注意力机制为序列到序列模型提供了一些可解释性：通过观察注意力分布，可以知道解码器生成每个词时在注意源句中的哪些词，这可以看作源句和目标句之间的一种“软性”对齐。

下面介绍基于注意力机制的循环神经网络解码器的代码实现。我们使用一个注意力层来计算注意力权重，其输入为解码器的输入和隐状态。这里使用 Bahdanau 注意力（Bahdanau attention）[12]，这是序列到序列模型中应用最广泛的注意力机制，特别是对于机器翻译任务。该注意力机制使用一个对齐模型（alignment model）来计算编码器和解码器隐状态之间的注意力分数，具体来讲就是一个前馈神经网络。相比于点乘注意力，Bahdanau 注意力利用了非线性变换。

```
"""
代码修改自GitHub项目pytorch/tutorials
(Copyright (c) 2023, PyTorch, BSD-3-Clause License（见附录))
"""
import torch.nn.functional as F

class BahdanauAttention(nn.Module):
    def __init__(self, hidden_size):
        super(BahdanauAttention, self).__init__()
        self.Wa = nn.Linear(hidden_size, hidden_size)
        self.Ua = nn.Linear(hidden_size, hidden_size)
        self.Va = nn.Linear(hidden_size, 1)

    def forward(self, query, keys):
        # query: batch * 1 * hidden_size
        # keys: batch * seq_length * hidden_size
        # 这一步用到了广播（broadcast)机制
        scores = self.Va(torch.tanh(self.Wa(query) + self.Ua(keys)))
        scores = scores.squeeze(2).unsqueeze(1)

        weights = F.softmax(scores, dim=-1)
        context = torch.bmm(weights, keys)
```

```
        return context, weights

class AttnRNNDecoder(nn.Module):
    def __init__(self, vocab_size, hidden_size):
        super(AttnRNNDecoder, self).__init__()
        self.hidden_size = hidden_size
        self.vocab_size = vocab_size
        self.embedding = nn.Embedding(self.vocab_size, self.hidden_size)
        self.attention = BahdanauAttention(hidden_size)
        # 输入来自解码器的输入和上下文向量，因此输入大小为2 * hidden_size
        self.gru = nn.GRU(2 * self.hidden_size, self.hidden_size, batch_first=True)
        # 用于将注意力的结果映射为词表上的分布
        self.out = nn.Linear(self.hidden_size, self.vocab_size)

    # 解码整个序列
    def forward(self, encoder_outputs, encoder_hidden, target_tensor=None):
        batch_size = encoder_outputs.size(0)
        # 从<sos>开始解码
        decoder_input = torch.empty(batch_size, 1, dtype = torch.long).fill_(SOS_token)
        decoder_hidden = encoder_hidden
        decoder_outputs = []
        attentions = []

        # 如果目标序列确定，最大解码步数确定
        # 如果目标序列不确定，解码到最大长度
        if target_tensor is not None:
            seq_length = target_tensor.size(1)
        else:
            seq_length = MAX_LENGTH

        # 进行seq_length次解码
        for i in range(seq_length):
            # 每次输入一个词和一个隐状态
            decoder_output, decoder_hidden, attn_weights = self.forward_step(
                    decoder_input, decoder_hidden, encoder_outputs)
            decoder_outputs.append(decoder_output)
            attentions.append(attn_weights)

            if target_tensor is not None:
                # teacher forcing: 使用真实目标序列作为下一步的输入
                decoder_input = target_tensor[:, i].unsqueeze(1)
            else:
                # 从当前步的输出概率分布中选取概率最大的预测结果
                # 作为下一步的输入
                _, topi = decoder_output.topk(1)
                # 使用detach()从当前计算图中分离，避免回传梯度
                decoder_input = topi.squeeze(-1).detach()

        decoder_outputs = torch.cat(decoder_outputs, dim=1)
        decoder_outputs = F.log_softmax(decoder_outputs, dim=-1)
        attentions = torch.cat(attentions, dim=1)
        # 与RNNDecoder接口保持统一，最后输出注意力权重
        return decoder_outputs, decoder_hidden, attentions

    # 解码一步
    def forward_step(self, input, hidden, encoder_outputs):
        embeded =  self.embedding(input)
        # 输出的隐状态为1 * batch * hidden_size
```

```
        # 注意力的输入需要batch * 1 * hidden_size
        query = hidden.permute(1, 0, 2)
        context, attn_weights = self.attention(query, encoder_outputs)
        input_gru = torch.cat((embeded, context), dim=2)
        # 输入的隐状态需要1 * batch * hidden_size
        output, hidden = self.gru(input_gru, hidden)
        output = self.out(output)
        return output, hidden, attn_weights
```

7.1.3 Transformer

第 6 章介绍的 Transformer 模型同样也可以用于序列到序列任务。图 7-2 展示了基于 Transformer 的序列到序列模型，包含编码器、解码器两部分。

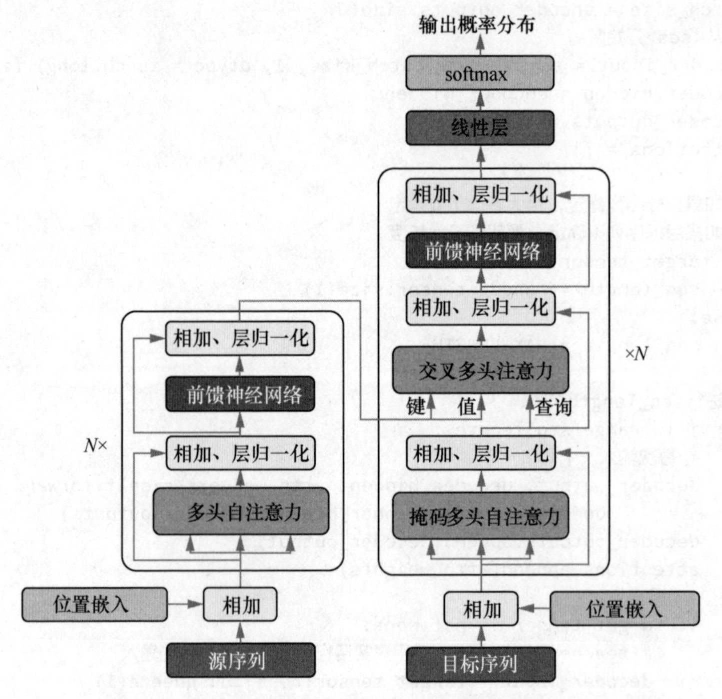

图 7-2　Transformer 模型的编码器和解码器

编码器与第 6 章介绍的 Transformer 结构几乎相同，仅有两方面区别。一方面，由于不需要像语言模型那样每一步只能看到前置序列，而是需要看到完整的句子，因此掩码多头自注意力模块中去除了注意力掩码。另一方面，由于编码器不需要输出，因此去掉了顶层的线性分类器。

解码器同样与第 6 章介绍的 Transformer 结构几乎相同，但在掩码多头自注意力模块之后增加了一个交叉多头注意力模块，以便在解码时引入编码器所计算的源序列的信息。交叉注意力模块的设计与 7.1.2 节介绍的循环神经网络上的注意力机制是类似的。具体而言，交叉注意力模块使用解码器中自注意力模块的输出计算查询，使用编码器顶端的输出计算键和值，不使用任何注意力掩码，其他部分与自注意力模块一样。

基于 Transformer 的序列到序列模型通常也使用自回归的方式进行解码，但 Transformer 不同位置之间的并行性，使得非自回归方式的解码成为可能。非自回归解码器的结构与自回归解码器类似，但解码时需要先预测目标句的长度，将该长度对应个数的特殊符号作为输入，此外自注意力模块不需要掩码，所有位置的计算并行执行。有关具体细节这里不再展开。

接下来我们复用第 6 章的代码，实现基于 Transformer 的编码器和解码器。

```
import torch
import torch.nn as nn
import torch.nn.functional as F
import numpy as np
import sys
sys.path.append('../code')
from transformer import *

class TransformerEncoder(nn.Module):
    def __init__(self, vocab_size, max_len, hidden_size, num_heads,
            dropout, intermediate_size):
        super().__init__()
        self.embedding_layer = EmbeddingLayer(vocab_size, max_len,
            hidden_size)
        # 直接使用TransformerLayer作为编码层，为简单起见只使用一层
        self.layer = TransformerLayer(hidden_size, num_heads,
            dropout, intermediate_size)
        # 与TransformerLM不同，编码器不需要线性层用于输出

    def forward(self, input_ids):
        # 这里实现的forward()函数一次只能处理一句
        # 如果想支持批次运算，需要根据输入序列的长度返回隐状态
        assert input_ids.ndim == 2 and input_ids.size(0) == 1
        seq_len = input_ids.size(1)
        assert seq_len <= self.embedding_layer.max_len

        # 1 * seq_len
        pos_ids = torch.unsqueeze(torch.arange(seq_len), dim=0)
        attention_mask = torch.ones((1, seq_len), dtype=torch.int32)
        input_states = self.embedding_layer(input_ids, pos_ids)
        hidden_states = self.layer(input_states, attention_mask)
        return hidden_states, attention_mask
```

```
class MultiHeadCrossAttention(MultiHeadSelfAttention):
    def forward(self, tgt, tgt_mask, src, src_mask):
        """
        tgt: query, batch_size * tgt_seq_len * hidden_size
        tgt_mask: batch_size * tgt_seq_len
        src: keys/values, batch_size * src_seq_len * hidden_size
        src_mask: batch_size * src_seq_len
        """
        # (batch_size * num_heads) * seq_len * (hidden_size / num_heads)
        queries = self.transpose_qkv(self.W_q(tgt))
        keys = self.transpose_qkv(self.W_k(src))
        values = self.transpose_qkv(self.W_v(src))
        # 这一步与自注意力不同，计算交叉掩码
        # batch_size * tgt_seq_len * src_seq_len
        attention_mask = tgt_mask.unsqueeze(2) * src_mask.unsqueeze(1)
        # 重复张量的元素，用以支持多个注意力头的运算
        # (batch_size * num_heads) * tgt_seq_len * src_seq_len
```

```
        attention_mask = torch.repeat_interleave(attention_mask,
                repeats=self.num_heads, dim=0)
        # (batch_size * num_heads) * tgt_seq_len * (hidden_size / num_heads)
        output = self.attention(queries, keys, values, attention_mask)
        # batch * tgt_seq_len * hidden_size
        output_concat = self.transpose_output(output)
        return self.W_o(output_concat)

# TransformerDecoderLayer比TransformerLayer多了交叉多头注意力
class TransformerDecoderLayer(nn.Module):
    def __init__(self, hidden_size, num_heads, dropout, intermediate_size):
        super().__init__()
        self.self_attention = MultiHeadSelfAttention(hidden_size, num_heads, dropout)
        self.add_norm1 = AddNorm(hidden_size, dropout)
        self.enc_attention = MultiHeadCrossAttention(hidden_size, num_heads, dropout)
        self.add_norm2 = AddNorm(hidden_size, dropout)
        self.fnn = PositionWiseFNN(hidden_size, intermediate_size)
        self.add_norm3 = AddNorm(hidden_size, dropout)

    def forward(self, src_states, src_mask, tgt_states, tgt_mask):
        # 掩码多头自注意力
        tgt = self.add_norm1(tgt_states, self.self_attention(
                tgt_states, tgt_states, tgt_states, tgt_mask))
        # 交叉多头自注意力
        tgt = self.add_norm2(tgt, self.enc_attention(tgt,
                tgt_mask, src_states, src_mask))
        # 前馈神经网络
        return self.add_norm3(tgt, self.fnn(tgt))

class TransformerDecoder(nn.Module):
    def __init__(self, vocab_size, max_len, hidden_size, num_heads,
            dropout, intermediate_size):
        super().__init__()
        self.embedding_layer = EmbeddingLayer(vocab_size, max_len, hidden_size)
        # 为简单起见只使用一层
        self.layer = TransformerDecoderLayer(hidden_size, num_heads,
                dropout, intermediate_size)
        # 解码器与TransformerLM一样，需要输出层
        self.output_layer = nn.Linear(hidden_size, vocab_size)

    def forward(self, src_states, src_mask, tgt_tensor=None):
        # 确保一次只输入一句，形状为1 * seq_len * hidden_size
        assert src_states.ndim == 3 and src_states.size(0) == 1

        if tgt_tensor is not None:
            # 确保一次只输入一句，形状为1 * seq_len
            assert tgt_tensor.ndim == 2 and tgt_tensor.size(0) == 1
            seq_len = tgt_tensor.size(1)
            assert seq_len <= self.embedding_layer.max_len
        else:
            seq_len = self.embedding_layer.max_len

        decoder_input = torch.empty(1, 1, dtype=torch.long).fill_(SOS_token)
        decoder_outputs = []

        for i in range(seq_len):
            decoder_output = self.forward_step(decoder_input, src_mask, src_states)
            decoder_outputs.append(decoder_output)
```

```
            if tgt_tensor is not None:
                # teacher forcing: 使用真实目标序列作为下一步的输入
                decoder_input = torch.cat((decoder_input, tgt_tensor[:, i:i+1]), 1)
            else:
                # 从当前步的输出概率分布中选取概率最大的预测结果
                # 作为下一步的输入
                _, topi = decoder_output.topk(1)
                # 使用detach()从当前计算图中分离，避免回传梯度
                decoder_input = torch.cat((decoder_input,
                        topi.squeeze(-1).detach()), 1)

        decoder_outputs = torch.cat(decoder_outputs, dim=1)
        decoder_outputs = F.log_softmax(decoder_outputs, dim=-1)
        # 与RNNDecoder接口保持统一
        return decoder_outputs, None, None

    # 解码一步，与RNNDecoder接口略有不同，RNNDecoder一次输入一个隐状态和一个词
    # 输出一个分布、一个隐状态
    # TransformerDecoder不需要输入隐状态
    # 输入整个目标端历史输入序列，输出一个分布，不输出隐状态
    def forward_step(self, tgt_inputs, src_mask, src_states):
        seq_len = tgt_inputs.size(1)
        # 1 * seq_len
        pos_ids = torch.unsqueeze(torch.arange(seq_len), dim=0)
        tgt_mask = torch.ones((1, seq_len), dtype=torch.int32)
        tgt_states = self.embedding_layer(tgt_inputs, pos_ids)
        hidden_states = self.layer(src_states, src_mask, tgt_states, tgt_mask)
        output = self.output_layer(hidden_states[:, -1:, :])
        return output
```

7.2 学习

序列到序列模型可以看成一种条件语言模型，以源句 $\boldsymbol{x}$ 为条件计算目标句的条件概率 $P(\boldsymbol{y}_{1:T}|\boldsymbol{x})$，该条件概率通过概率乘法公式分解为从左到右每个词的条件概率之积：

$$P(\boldsymbol{y}_{1:T}|\boldsymbol{x}) = P(y_1|\boldsymbol{x})P(y_2|y_1,\boldsymbol{x})P(y_3|y_1,y_2,\boldsymbol{x})\cdots P(y_T|y_1,\cdots,y_{T-1},\boldsymbol{x})$$

序列到序列模型的监督学习需要使用平行语料，其中每个数据点都包含一对源句和目标句。以中译英机器翻译为例，平行语料的每个数据点就是一句中文句子和对应的一句英文句子。机器翻译领域较为有名的平行语料库来自机器翻译研讨会（workshop on machine translation，WMT），其中的语料来自新闻、维基百科、小说等各种领域。给定平行语料中的每个数据点，我们希望最大化条件似然，即最小化以下损失函数：

$$J = -\sum_{t=1}^{T}\log P(y_t^*|y_1^*,\cdots,y_{t-1}^*,\boldsymbol{x})$$

其中，$\boldsymbol{y}^*$ 表示平行语料中源句 $\boldsymbol{x}$ 对应的目标句。

训练序列到序列模型的常用方法为教师强制（teacher forcing），即使用真实的目标序列作为解码器的输入，而不是像解码时那样使用解码器每一步的预测作为下一步的输入。教师强

制会使训练过程更稳定且收敛更快，但是也会产生所谓曝光偏差（exposure bias）的不利影响，即模型在训练时只见过正确输入，因而当解码时前置步骤出现了不正确的预测时模型后续的预测都会变得不准确。

下面以机器翻译（中译英）为例展示如何训练序列到序列模型。这里使用的是中英文 Books 数据，其中中文标题来源于第 4 章所使用的数据集，英文标题是使用已训练好的机器翻译模型从中文标题翻译而得，因此该数据并不保证准确性，仅用于演示。

首先需要对源语言和目标语言分别建立索引，并记录词频。

```
"""
代码修改自GitHub项目pytorch/tutorials
(Copyright (c) 2023, PyTorch, BSD-3-Clause License（见附录))
"""
SOS_token = 0
EOS_token = 1

class Lang:
    def __init__(self, name):
        self.name = name
        self.word2index = {}
        self.word2count = {}
        self.index2word = {0: "<sos>", 1: "<eos>"}
        self.n_words = 2  # 对SOS和EOS计数

    def addSentence(self, sentence):
        for word in sentence.split(' '):
            self.addWord(word)

    def addWord(self, word):
        if word not in self.word2index:
            self.word2index[word] = self.n_words
            self.word2count[word] = 1
            self.index2word[self.n_words] = word
            self.n_words += 1
        else:
            self.word2count[word] += 1

    def sent2ids(self, sent):
        return [self.word2index[word] for word in sent.split(' ')]

    def ids2sent(self, ids):
        return ' '.join([self.index2word[idx] for idx in ids])

import unicodedata
import string
import re
import random

# 文件使用unicode编码，我们将unicode换成ASCII，转换为小写，并修改标点
def unicodeToAscii(s):
    return ''.join(
        c for c in unicodedata.normalize('NFD', s)
        if unicodedata.category(c) != 'Mn'
    )

def normalizeString(s):
```

```
    s = unicodeToAscii(s.lower().strip())
    # 在标点前插入空格
    s = re.sub(r"([,.!?])", r" \1", s)
    return s.strip()
```

```
# 读取文件，一共有两个文件，两个文件的同一行分别对应一对源语言和目标语言句子
def readLangs(lang1, lang2):
    # 读取文件，分句
    lines1 = open(f'{lang1}.txt', encoding='utf-8').read().strip().split('\n')
    lines2 = open(f'{lang2}.txt', encoding='utf-8').read().strip().split('\n')
    print(len(lines1), len(lines2))

    # 规范化
    lines1 = [normalizeString(s) for s in lines1]
    lines2 = [normalizeString(s) for s in lines2]
    if lang1 == 'zh':
        lines1 = [' '.join(list(s.replace(' ', ''))) for s in lines1]
    if lang2 == 'zh':
        lines2 = [' '.join(list(s.replace(' ', ''))) for s in lines2]
    pairs = [[l1, l2] for l1, l2 in zip(lines1, lines2)]

    input_lang = Lang(lang1)
    output_lang = Lang(lang2)
    return input_lang, output_lang, pairs
```

```
# 为了快速训练，过滤掉一些过长的句子
MAX_LENGTH = 30

def filterPair(p):
    return len(p[0].split(' ')) < MAX_LENGTH and len(p[1].split(' ')) < MAX_LENGTH

def filterPairs(pairs):
    return [pair for pair in pairs if filterPair(pair)]

def prepareData(lang1, lang2):
    input_lang, output_lang, pairs = readLangs(lang1, lang2)
    print(f"读取 {len(pairs)} 对序列")
    pairs = filterPairs(pairs)
    print(f"过滤后剩余 {len(pairs)} 对序列")
    print("统计词数")
    for pair in pairs:
        input_lang.addSentence(pair[0])
        output_lang.addSentence(pair[1])
    print(input_lang.name, input_lang.n_words)
    print(output_lang.name, output_lang.n_words)
    return input_lang, output_lang, pairs

input_lang, output_lang, pairs = prepareData('zh', 'en')
print(random.choice(pairs))
```

```
2157 2157
读取 2157 对序列
过滤后剩余 2003 对序列
统计词数
zh 1368
en 3287
['虚 拟 化 技 术 与 应 用 项 目 教 程 ( 微 课 版 )', 'virtualization technology and applications project curriculum (microcurricular version)']
```

为了便于训练，对每一对源 - 目标句子需要准备一个源张量（源句子的词元索引）和一个目标张量（目标句子的词元索引）。在两个句子的末尾会添加“<eos>”。

```
def get_train_data():
    input_lang, output_lang, pairs = prepareData('zh', 'en')
    train_data = []
    for idx, (src_sent, tgt_sent) in enumerate(pairs):
        src_ids = input_lang.sent2ids(src_sent)
        tgt_ids = output_lang.sent2ids(tgt_sent)
        # 添加<eos>
        src_ids.append(EOS_token)
        tgt_ids.append(EOS_token)
        train_data.append([src_ids, tgt_ids])
    return input_lang, output_lang, train_data

input_lang, output_lang, train_data = get_train_data()
```

```
2157 2157
读取 2157 对序列
过滤后剩余 2003 对序列
统计词数
zh 1368
en 3287
```

接下来是训练代码。

```
from tqdm import trange
import matplotlib.pyplot as plt
from torch.optim import Adam
import numpy as np

# 训练序列到序列模型
def train_seq2seq_mt(train_data, encoder, decoder, epochs=20, learning_rate=1e-3):
    # 准备模型和优化器
    encoder_optimizer = Adam(encoder.parameters(), lr=learning_rate)
    decoder_optimizer = Adam(decoder.parameters(), lr=learning_rate)
    criterion = nn.NLLLoss()

    encoder.train()
    decoder.train()
    encoder.zero_grad()
    decoder.zero_grad()

    step_losses = []
    plot_losses = []
    with trange(n_epochs, desc='epoch', ncols=60) as pbar:
        for epoch in pbar:
            np.random.shuffle(train_data)
            for step, data in enumerate(train_data):
                # 将源序列和目标序列转为 1 * seq_len 的张量
                # 这里为了实现简单，采用了批次大小为1
                # 当批次大小大于1时，编码器需要进行填充
                # 并且返回最后一个非填充词的隐状态
                # 解码也需要进行相应的处理
                input_ids, target_ids = data
                input_tensor, target_tensor = torch.tensor(input_ids).unsqueeze(0),
                        torch.tensor(target_ids).unsqueeze(0)
```

```
            encoder_optimizer.zero_grad()
            decoder_optimizer.zero_grad()

            encoder_outputs, encoder_hidden = encoder(input_tensor)
            # 输入目标序列用于teacher forcing训练
            decoder_outputs, _, _ = decoder(encoder_outputs,
                    encoder_hidden, target_tensor)

            loss = criterion(
                decoder_outputs.view(-1, decoder_outputs.size(-1)),
                target_tensor.view(-1)
            )
            pbar.set_description(f'epoch-{epoch}, '+ f'loss={loss.item():.4f}')
            step_losses.append(loss.item())
            # 实际训练批次为1，训练损失波动过大
            # 将多步损失求平均可以得到更平滑的训练曲线，以便观察
            plot_losses.append(np.mean(step_losses[-32:]))
            loss.backward()

            encoder_optimizer.step()
            decoder_optimizer.step()

    plot_losses = np.array(plot_losses)
    plt.plot(range(len(plot_losses)), plot_losses)
    plt.xlabel('training step')
    plt.ylabel('loss')
    plt.show()


hidden_size = 128
n_epochs = 20
learning_rate = 1e-3

encoder = RNNEncoder(input_lang.n_words, hidden_size)
decoder = AttnRNNDecoder(output_lang.n_words, hidden_size)

train_seq2seq_mt(train_data, encoder, decoder, n_epochs, learning_rate)
```

```
epoch-19, step_loss=0.0094: 100%|██████████| 20/20 [25:00<00:00, 75.05s/it]
```

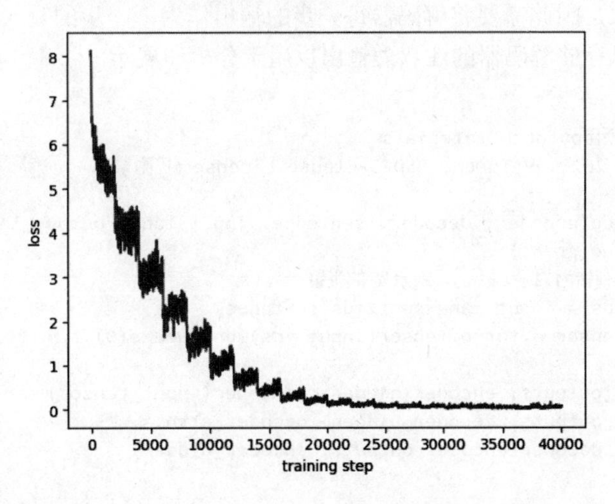

上面实现的基于循环神经网络和基于 Transformer 的编码器和解码器具有相似的接口，大家可以尝试更换编码器和解码器，训练基于 Transformer 的序列到序列模型，此处不再重复展示。

7.3 解码

本节介绍主流的贪心解码和束搜索解码方法。

7.3.1 贪心解码

在解码过程中，需要根据解码器所计算的词的概率分布一步步（自回归）地生成词。理想情况下我们希望找到概率最大的目标句子 $\text{argmax}_{y_{1:T}} P(\boldsymbol{y}_{1:T} \mid \boldsymbol{x})$，但这无疑是很困难的，因为所有可能的序列数量呈指数级增长，并且由于词之间不存在条件独立性，因此不存在可求解的多项式复杂度算法。一个很简单的近似解决方式是贪心解码，即每步取概率最大的词 $\text{argmax}_{y_t} P(\hat{y}_t \mid \hat{y}_1, \cdots, \hat{y}_{t-1}, \boldsymbol{x})$。然而，这种方式存在所谓错误累积问题，如下面这个例子所示。

- 输入：I love Natural Language Processing。
- 解码第 1 步：我__________。
- 解码第 2 步：我 爱 __________。
- 解码第 3 步：我 爱 *天然* __________。
- 解码第 4 步：我 爱 *天然 语* __________。
- 解码第 5 步：我 爱 *天然 语 加工*。

在解码第 3 步，模型错误地将“Natural”翻译成了“天然”，而在贪心解码中一旦模型输出一个词，就再也无法回滚和修改。更糟糕的是，“天然”这个词会被作为后续解码的条件，从而有可能让模型产生新的错误，然后这些错误又会引发更多错误，最终导致输出低质量的目标序列。

下面的代码演示如何使用贪心解码对模型进行验证。评估与训练类似，但是评估时不提供目标句子作为输入，因此需要将解码器每一步的输出作为下一步的输入，当预测到“<eos>”时停止。我们也可以存储解码器的注意力输出以用于分析和展示。

```
"""
代码修改自GitHub项目pytorch/tutorials
(Copyright (c) 2023, PyTorch, BSD-3-Clause License (见附录))
"""
def greedy_decode(encoder, decoder, sentence, input_lang, output_lang):
    with torch.no_grad():
        # 将源序列转为 1 * seq_length 的张量
        input_ids = input_lang.sent2ids(sentence)
        input_tensor = torch.tensor(input_ids).unsqueeze(0)

        encoder_outputs, encoder_hidden = encoder(input_tensor)
        decoder_outputs, decoder_hidden, decoder_attn =
                decoder(encoder_outputs, encoder_hidden)
```

```
        # 取出每一步预测概率最大的词
        _, topi = decoder_outputs.topk(1)

        decoded_ids = []
        for idx in topi.squeeze():
            if idx.item() == EOS_token:
                break
            decoded_ids.append(idx.item())
    return output_lang.ids2sent(decoded_ids), decoder_attn

encoder.eval()
decoder.eval()
for i in range(5):
    pair = random.choice(pairs)
    print('input: ', pair[0])
    print('target: ', pair[1])
    output_sentence, _ = greedy_decode(encoder, decoder, pair[0],
        input_lang, output_lang)
    print('pred: ', output_sentence)
    print('')
```

```
input:  婚 礼 摄 影 幸 福 攻 略
target:  wedding photography is a happy attempt .
pred:  wedding photography is a happy attempt .

input:  庖 丁 解 牛 l i n u x 操 作 系 统 分 析
target:  analysis of the linux operating system for the ding-ding cow
pred:  analysis of the linux operating system for the ding-ding cow of the linux
operating system

input:  做 自 己 的 太 阳 无 须 凭 借 谁 的 光
target:  you don't have to use the light to be your own sun .
pred:  how to be you don't know market your energy photographer music spectrometers .

input:  绿 色 制 造 系 统 集 成 项 目 典 型 案 例
target:  a typical case of the green manufacturing system integration project
pred:  the 3d of human resources management and forecasting for the procurement
process management .

input:  电 商 设 计 技 巧 修 炼 与 实 战 应 用
target:  vendor design techniques refining and operational applications
pred:  vendor design techniques refining and operational applications
```

在这个演示中，训练数据太少，模型也很小，所以贪心解码的效果不太好。

7.3.2 束搜索解码

束搜索解码可以缓解贪心解码的问题。在束搜索解码中，每一步都会保留 k 个优选的候选结果，其中 k 被称为束宽。具体而言，在每一步，我们会将上一步保留的 k 个候选结果中的每一个作为条件，生成 k 个当前步骤概率最大的词，从而得到 k^2 个新的候选结果，再从中优选 k 个予以保留。候选结果之间的比较是基于当前已解码序列的概率对数：

$$\text{score}(y_1,\cdots,y_t)=\log P(y_1,\cdots,y_t\mid \boldsymbol{x})=\sum_{i=1}^{t}\log P(y_i\mid y_1,\cdots,y_{i-1},\boldsymbol{x})$$

束搜索解码如何判断终止条件呢？一旦贪心解码解码出终止符“<eos>”就终止解码。然而在束搜索解码中，不同的解码序列可能会在不同的时刻输出终止符“<eos>”，因此，当一个解码序列预测了终止符“<eos>”时并不会终止整个解码过程，而只是终止这一个解码序列并继续其他解码序列，直到满足以下两个条件之一：

- 解码达到了时间步上线 T；
- 已经有 n 个解码序列终止。

这里 T 和 n 均为预定义的超参数。解码终止后，我们得到了最多 n 个已终止的解码序列，如何从中选择最终输出的目标序列呢？一个很直接的想法是选择概率最高的解码序列。但需要注意的是，由于越长的句子需要对更多的词的概率求积，因此概率往往越低，这导致单纯依据序列概率会趋向于选择更短的句子，但很多情况下短句并不一定是最好的选择。为了缓解这个问题，可以使用词的平均对数概率来选择最终输出的目标序列：

$$\text{score}(y_1,\cdots,y_t)=\frac{1}{t}\sum_{i=1}^{t}\log P(y_i \mid y_1,\cdots,y_{i-1},\boldsymbol{x})$$

虽然束搜索解码仍然无法保证最终预测是最优解，甚至无法保证一定优于贪心解码，但是它的效果好于贪心解码，因为它考虑了更多可能的目标序列。贪心解码其实可以看作 $k=1$ 的束搜索解码。

接下来使用束搜索解码来验证模型。

```
# 定义容器类用于管理所有的候选结果
class BeamHypotheses:
    def __init__(self, num_beams, max_length):
        self.max_length = max_length
        self.num_beams = num_beams
        self.beams = []
        self.worst_score = 1e9

    def __len__(self):
        return len(self.beams)

    # 添加一个候选结果，更新最差得分
    def add(self, sum_logprobs, hyp, hidden):
        score = sum_logprobs / max(len(hyp), 1)
        if len(self) < self.num_beams or score > self.worst_score:
            # 可更新的情况：数量未饱和或超过最差得分
            self.beams.append((score, hyp, hidden))
            if len(self) > self.num_beams:
                # 数量饱和需要删掉一个最差的
                sorted_scores = sorted([(s, idx) for idx,
                        (s, _, _) in enumerate(self.beams)])
                del self.beams[sorted_scores[0][1]]
                self.worst_score = sorted_scores[1][0]
            else:
                self.worst_score = min(score, self.worst_score)

    # 取出一个未停止的候选结果，第一个返回值表示是否成功取出
    # 如成功，则第二个值为目标候选结果
    def pop(self):
        if len(self) == 0:
            return False, None
```

```
        for i, (s, hyp, hid) in enumerate(self.beams):
            # 未停止的候选结果需满足：长度小于最大解码长度；不以<eos>结束
            if len(hyp) < self.max_length and (len(hyp) == 0 or hyp[-1] != EOS_token):
                del self.beams[i]
                if len(self) > 0:
                    sorted_scores = sorted([(s, idx) for idx,
                            (s, _, _) in enumerate(self.beams)])
                    self.worst_score = sorted_scores[0][0]
                else:
                    self.worst_score = 1e9
                return True, (s, hyp, hid)
        return False, None

    # 取出分数最高的候选结果，第一个返回值表示是否成功取出
    # 如成功，则第二个值为目标候选结果
    def pop_best(self):
        if len(self) == 0:
            return False, None
        sorted_scores = sorted([(s, idx) for idx, (s, _, _) in enumerate(self.beams)])
        return True, self.beams[sorted_scores[-1][1]]

def beam_search_decode(encoder, decoder, sentence, input_lang,
        output_lang, num_beams=3):
    with torch.no_grad():
        # 将源序列转为 1 * seq_length 的张量
        input_ids = input_lang.sent2ids(sentence)
        input_tensor = torch.tensor(input_ids).unsqueeze(0)

        # 在容器中插入一个空的候选结果
        encoder_outputs, encoder_hidden = encoder(input_tensor)
        init_hyp = []
        hypotheses = BeamHypotheses(num_beams, MAX_LENGTH)
        hypotheses.add(0, init_hyp, encoder_hidden)

        while True:
            # 每次取出一个未停止的候选结果
            flag, item = hypotheses.pop()
            if not flag:
                break

            score, hyp, decoder_hidden = item

            # 当前解码器输入
            if len(hyp) > 0:
                decoder_input = torch.empty(1, 1, dtype=torch.long).fill_(hyp[-1])
            else:
                decoder_input = torch.empty(1, 1, dtype=torch.long).fill_(SOS_token)

            # 解码一步
            decoder_output, decoder_hidden, _ = decoder.forward_step(
                    decoder_input, decoder_hidden, encoder_outputs
            )

            # 从输出分布中取出前k个结果
            topk_values, topk_ids = decoder_output.topk(num_beams)
            # 生成并添加新的候选结果到容器
            for logp, token_id in zip(topk_values.squeeze(), topk_ids.squeeze()):
                sum_logprobs = score * len(hyp) + logp.item()
```

```
                new_hyp = hyp + [token_id.item()]
                hypotheses.add(sum_logprobs, new_hyp, decoder_hidden)

        flag, item = hypotheses.pop_best()
        if flag:
            hyp = item[1]
            if hyp[-1] == EOS_token:
                del hyp[-1]
            return output_lang.ids2sent(hyp)
        else:
            return ''

encoder.eval()
decoder.eval()
for i in range(5):
    pair = random.choice(pairs)
    print('input: ', pair[0])
    print('target: ', pair[1])
    output_sentence = beam_search_decode(encoder, decoder,
            pair[0], input_lang, output_lang)
    print('pred: ', output_sentence)
    print('')
```

```
input:  体 验 式 营 销 世 界 上 伟 大 品 牌 的 成 功 秘 诀 及 营 销 策 略
target:  empirical marketing , the success of the world's great brands , and marketing
strategies .
pred:  empirical marketing , the success of the world's great brands , and marketing
strategies .

input:  母 带 处 理 :  母 带 制 作 技 术 与 艺 术 ( 第 2 版 )
target:  material delivery: material production technology and art (version 2)
pred:  material delivery: material production technology and art (version 2)

input:  短 视 频 运 营 :  从 入 门 到 精 通 ( 微 课 版 )
target:  short video operation: from entry to mastery (microtext)
pred:  short video operation: from entry to mastery (microtext)

input:  世 界 绘 画 经 典 教 程 - - 跟 巴 伯 学 素 描 ( 第 2 版 )
target:  world painting classic curriculum - with barber's psychiatry . 2nd ed .
pred:  world painting classic curriculum - with barber's psychiatry . 2nd ed .

input:  审 计 学 理 论 案 例 与 实 务
target:  audit science , theory , case and practice
pred:  theory , theory , case and practice
```

可以看到束搜索解码在这个演示中的效果相比贪心解码有所改善。

7.3.3 其他解码问题与解决技巧

贪心解码和束搜索解码只是最基础的解码方法，其解码结果会出现许多问题。本节主要介绍 3 种常见问题，并简单介绍解决方案。

1. 重复性问题

有时我们会发现序列到序列模型不断重复地输出同一个词。一个解决方案是解码时在所预测的词的概率分布上添加一个惩罚项，以减少已生成的词的概率。类似的惩罚项也可以添加到训练损失函数中，即每个时刻的损失函数 J_t 修改为

$$J_t = -\log P\left(\hat{y}_t \mid \hat{y}_1, \cdots, \hat{y}_{t-1}, \boldsymbol{x}\right) + \frac{1}{t-1}\sum_{i=1}^{t-1}\log P\left(\hat{y}_i \mid \hat{y}_1, \cdots, \hat{y}_{t-1}, \boldsymbol{x}\right)$$

另一个解决方案是修改注意力机制。如果当前的注意力分布与之前步骤的注意力分布相近，即关注相同的词，那么模型往往会生成相同的词。因此可以通过避免注意力集中在相同的词上来减少重复。

2. 多样性问题

在诸如对话这样的任务中，我们往往不希望模型总是刻板地回复同样的句子，而是希望模型的回复有足够的多样性。但是如果使用贪心解码，对于类似的源序列，往往最好的目标序列的确是一样的（如“我不知道”“很好”等）。一个解决方案是不再寻求概率最高的目标序列，转而在每一步从所预测的词的概率分布中进行采样。这样一来，即使是完全相同的源序列，也很可能会输出不同的目标序列。

3. 防止“幻觉”

在翻译、文本总结等任务中，模型有时会出现幻觉（hallucination），也就是说输出的目标文本里包含源文本里没有的元素。产生这个问题有许多原因和对应的解决方案。例如，如果模型的训练文本主要来自新闻领域，那么对于来自美食评论领域的源文本，模型输出的目标文本很有可能还是带有许多和新闻相关的文字。对于上述问题，增加模型训练文本的领域数量是个比较直接有效的解决方案。当然，“幻觉”的产生还有很多更为复杂和微妙的原因，需要根据具体情况分析和解决，这里不做更多讨论。

7.4 指针网络

在有些场景下，我们希望模型能将部分源序列中的元素直接复制到目标序列中，例如在机器翻译中，命名实体、数值、日期等短语往往不需要进行翻译，而是可以直接复制，以如下源句和目标句为例。

- 源句：John and Mary spent 7 dollar on fried chicken。
- 目标句：John 和 Mary 花了 7 美元买炸鸡。

源句中的命名实体“John”和“Mary”以及数字“7”都直接复制到了目标句中。此外，我们可以回顾一下本章开头给出的基于序列到序列的命名实体识别的例子。

- 源句：小红在上海旅游。
- 目标句：[小红 | 人名] 在 [上海 | 地名] 旅游。

目标句中的大部分词都是复制于源句，仅有一小部分是需要生成的分隔符和实体标签。

在 7.1 节所提出的序列到序列模型的基础上，**指针网络**（pointer network）[18]，也称作拷贝

机制（copy mechanism）[19]，可以建模这种复制源句内容的行为。图 7-3 展示了指针网络的架构。在解码的每一步，模型会计算一个生成和复制二选一的伯努利分布，其中：

- 生成——依照前面介绍的方法，生成一个词的概率分布；
- 复制——预测一个源句中词的概率分布（可看作预测一个指向源句中词的“指针”），预测方法和计算注意力分布类似。

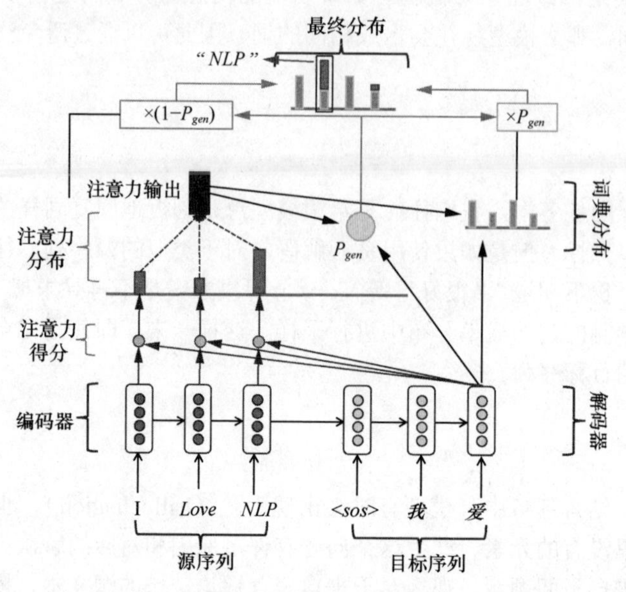

图 7-3　指针网络的架构（P_{gen} 是伯努利分布的概率）

最终用于解码的词的概率分布是生成分布和复制分布的加权和，权重便是伯努利分布的概率。

7.5　序列到序列任务的延伸

自然语言处理领域存在不少与序列到序列相近的任务，而前文介绍的序列到序列模型和方法也可以修改和扩展以适用于这些任务。

在一些任务中，输入数据是非序列的其他形式和模态，而输出数据依然是序列，例如图像文字说明（image captioning）的输入是单张图像，视觉 / 视频问答（visual/video question answering）的输入是单张图像或单个视频以及一个问题文本，结构化数据转文字（structured data to text）的输入数据是结构化数据（如表格），语音 - 文本转换（speech to text）的输入是一段语音。对于这些任务，需要使用专门针对输入数据形式和模态的编码器，例如图像输入可以使用卷积神经网络或视觉 Transformer 编码器，而解码器与序列到序列模型的解码器类似，通过自回归的方式生成文本。此外，第 6 章介绍的语言模型也可以看成一个无输入的序列到序列问题。

在另一些任务中，输入数据是序列，而输出数据是非序列的其他形式和模态，例如在序列到集合任务中，输出是一个集合，输出元素之间不存在顺序关系。很多自然语言处理任务可以看作序列到集合任务，例如命名实体识别可以看作预测输入句子所包含的实体集合。序列到集合任务可以使用序列到序列模型求解，即假设输出元素之间存在某种顺序，也可以使用 7.1.3 节描述的使用非自回归解码的 Transformer 模型，但其中不使用位置编码，从而保证预测元素之间不存在顺序。

7.6　小结

本章介绍了序列到序列任务和方法。序列到序列有非常多的应用，例如机器翻译、改写、对话等。主流的序列到序列模型基于编码器和解码器的组合，编码器和解码器可以使用循环神经网络、注意力机制以及 Transformer 模型。序列到序列模型的学习基于平行语料上的最大化条件似然。解码过程主要分为贪心解码和束搜索解码这两种方法，贪心解码更加简单，而束搜索解码效果往往更好。在上述模型的基础上，指针网络可以让模型拥有复制源序列内容的能力。本章最后介绍了序列到序列任务在其他形式和模态的数据上的一些延伸。

习题

（1）选择以下关于基于注意力机制的循环神经网络序列到序列模型的正确叙述。

A. 编码器隐状态为注意力“查询”　　B. 解码器隐状态为注意力“查询”

C. 编码器隐状态为注意力“键”　　D. 编码器隐状态为注意力“值”

E. 解码器隐状态为注意力“键”

（2）选择以下所有正确的叙述。

A. Transformer 解码器的交叉注意力层需要掩码来防止训练时看到未来的词

B. Transformer 编码器的自注意力层中，编码器的隐状态是查询和键，解码器的隐状态是值

C. Transformer 解码器不需要位置编码，因为位置信息已被编码在编码器中

D. Transformer 编码器的自注意力层不需要掩码，因为编码器被允许看到整个源序列

（3）选择以下所有正确的叙述。

A. 学习序列到序列模型需要有平行语料（成对的源 - 目标序列、输入 - 输出序列）

B. 学习序列到序列模型就是在给定源序列的条件下，最大化目标序列的条件似然

C. 注意力机制允许解码器在解码时看到整个源序列

D. 以上都不正确

（4）选择以下所有正确的叙述。

A. 许多任务可以被表述为序列到序列问题，例如命名实体识别

B. 学习一个序列到序列模型就相当于学习一个条件语言模型

C. 神经网络序列到序列模型如果没有编码器和解码器之间的交叉注意力，会有严重的瓶颈问题

D. 在序列到序列问题的解码过程中，可以使用束搜索来找到最优解

第 8 章

预训练语言模型

前面各章所讨论的方法都是针对某个特定自然语言处理任务，如果使用机器学习方法，则需要先收集针对该任务的标注数据，再用标注数据训练针对该任务的模型。然而这种方式存在一些问题，例如对于许多领域和场景没有充足的标注数据，因此训练模型就变得非常困难。此外，各类自然语言处理任务所使用的各种模型其实都是在建模语言，直觉上都应该基于同样的语言学知识，而不应该完全独立。本章所讨论的预训练语言模型便可以解决前面提到的这些问题。

扫码观看视频课程

预训练语言模型（pretrained language model），顾名思义，就是一种语言模型（第 6 章）或语言模型的变体（如第 7 章介绍的序列到序列模型）。预训练语言模型可以在易于获取的海量的无标注语料数据上训练，从而避免了缺乏标注数据的问题。这种训练并非针对任何特定的下游任务，而是为了获取通用的语言学知识，因此称为预训练（pretraining）。预训练完成之后所得到的预训练语言模型可以直接用于一些自然语言处理任务（如文本生成），也可以针对特定任务添加相应模块，并在专用的标注数据上进一步训练。

第 7 章曾介绍序列到序列模型中的编码器和解码器模块。预训练语言模型可根据所包含的模块分为 3 类：

- 仅包含编码器，即所谓自编码（auto-encoding）模型，例如 ELMo（8.1 节）、BERT（8.2 节）；
- 仅包含解码器，即所谓自回归（auto-regressive）模型，例如 GPT（8.3 节）；
- 包含编码器和解码器，即序列到序列模型（8.4 节）。

在介绍完这些模型之后，8.5 节将以 HuggingFace 这一具有巨大影响力的 Transformer 模型集成库为例介绍如何训练和使用这些模型。

8.1 ELMo：基于语言模型的上下文相关词嵌入

ELMo[20] 是最早的预训练语言模型之一，引发了后来预训练语言模型的热潮。ELMo 模型包含一个两层正向长短期记忆语言模型和一个两层反向长短期记忆语言模型（即从右到左建模文字序列），长短期记忆的输入是通过字符级卷积神经网络（convolutional neural network,

CNN）所计算的词的特征表示。ELMo 模型通过正向和反向语言模型的损失函数之和在无标注语料上进行训练。训练完成后，给定输入文本，ELMo 对每一个词输出一个向量表示：

$$\text{ELMo}_k = \sum_{j=0}^{L} s_j h_{k,j}^{\text{LM}}$$

其中，s_j 是可学习的第 j 层的权重参数；对于 $h_{k,j}^{\text{LM}}$，当 $j > 0$ 时表示第 k 个词在正向、反向长短期记忆的第 j 层隐状态的拼接，当 $j = 0$ 时表示字符级 CNN 所计算的输入词的特征表示。

ELMo 所输出的词的向量表示与第 3 章介绍的静态词嵌入有本质不同。静态词嵌入是固定不变的，与词所处的上下文无关；而 ELMo 输出的词向量属于上下文相关词嵌入，同一个词在不同的上下文中具有不同的向量表示，以反映这个词在不同语境下的相应含义（见 3.3.2 节的讨论）。

ELMo 生成的上下文相关词嵌入的使用方式与静态词嵌入类似，即作为词的向量表示输入下游任务的模型。其不同之处在于，在根据下游任务进行训练时，可以同时训练下游任务模型的参数和 ELMo 的参数。这种方式往往比单纯训练下游任务模型的参数有更好的效果，当然计算开销也会更大。这种方式被称为预训练 + 微调的训练模式，其中预训练是指在一个基于大量无标注数据的通用任务（也就是语言模型）上训练词嵌入模型，微调是指对于特定的任务，将词嵌入模型和下游任务模型连接起来并且一起继续在这个任务上进行训练。

ELMo 的一个缺点是，两个单向长短期记忆语言模型将上下文分成了上文和下文两个独立的部分，没有将整个上下文进行统一表示。需要注意的是，这个问题并不能通过将两个单向长短期记忆替换为双向长短期记忆来解决，因为正如 6.3.3 节所讨论的那样，双向长短期记忆不能用于语言模型。

8.2 BERT：基于Transformer的双向编码器表示

ELMo 的缺点是没有将整个上下文进行统一表示。BERT 模型 [21] 通过将预训练任务从语言模型替换为*掩码语言模型*（masked language model，MLM）解决了这一问题，使得词嵌入能够将整个上下文统一表示。

8.2.1 掩码语言模型

给定输入文本，掩码语言模型将一定比例的词进行掩码（即替换为特殊符号“[MASK]”），然后让模型预测这些被掩码的词，例如：小明在 [MASK] 球场上踢足 [MASK]。

这里第一个“[MASK]”应被预测为“足”，第二个“[MASK]”应被预测为“球”。BERT 预训练所使用的掩码语言模型的变体更复杂一些，会随机抽取输入文本中 15% 的词让模型预测，并且对于其中每一个词：

（1）以 80% 的概率将其替换为 [MASK]；

（2）以 10% 的概率将其替换为随机的词；

（3）以10%的概率不替换这个词，保持其不变，但仍然要求模型预测这个词。

这3种情况中，第一种情况即最基本的掩码语言模型，希望模型能够学会利用上下文来预测出正确的词；第二种情况可用于增强模型的鲁棒性；第三种情况则是为了减少预训练和微调、推理等后续使用场景之间的差别，因为在微调、推理等场景中输入是完整的，不可能出现[MASK]这种特殊符号，但我们仍希望模型能够对没有掩码的词计算出很好的向量表示。

8.2.2 BERT模型

BERT基于Transformer模型，最初公开的英文模型分别为BERT-base和BERT-large。BERT-base的Transformer模型一共有12层，每层的隐层大小为768，有12个注意力头，一共包含1.1亿个参数；BERT-large的Transformer模型则一共有24层，每层的隐层大小为1024，有16个注意力头，一共包含3.4亿个参数。

BERT使用词片这一基于子词的分词方法（见2.1.4节）。对于输入文本，BERT会在开头加入一个特殊符号“[CLS]”，在句子之间和句末加入特殊符号“[SEP]”。BERT在大部分场景下使用Transformer顶层的输出作为模型最终的输出，但也有类似于ELMo那样使用多层特征表示加权平均的方式。

由于BERT使用了基于子词的分词方法，因此一个词可能会被分成多个子词（如“apple”被分为“app”和“le”两个子词）。为了得到上下文相关词嵌入，最常用的方法是以每个词所对应的第一个子词的输出向量作为该词所对应的词嵌入（如选择“app”所对应的输出向量作为“apple”的词嵌入），或者使用平均池化的方式（如将“apple”中的“app”和“le”的输出向量取平均后作为“apple”的词嵌入）。

除了词嵌入，也可以将特殊符号“[CLS]”的输出向量作为整个输入文本的表示。例如，如果输入是一个文档，则“[CLS]”的输出向量可作为文档向量表示，用于文本分类等任务；如果输入是两个待匹配的句子，则“[CLS]”的输出向量可作为两个句子之间关系的表示，用于自然语言推理等句对分类任务。

8.2.3 预训练

BERT模型的预训练方式主要基于8.2.1节介绍的掩码语言模型，即对输入句子进行掩码，并将掩码对应的输出向量经过一个前馈神经网络和softmax层来预测被掩码的子词。这种输出端试图还原输入数据的方式有时会被称为自编码模型。除此之外，最初版本的BERT预训练还会额外使用下句预测（next sentence prediction）任务，即输入两个句子，预测句2是否是句1的下一句，从而能够让模型在词级语言学知识的基础上还能学习句级语言学知识。具体而言，BERT预训练随机采样相邻或不相邻的两个句子，将它们拼接后输入模型，并将“[CLS]”的输出向量经过一个前馈神经网络来预测这两个句子的相邻关系。

英文的BERT模型主要在两个语料库上训练：BooksCorpus数据集来自大量由未出版的作者撰写的免费小说，包含1万多本图书和9亿多个词；英文维基百科数据集则是从英文维基百科上抓取的文本数据，包含25亿个词。

8.2.4 微调与提示

BERT 的微调方式与 ELMo 一样，即将 BERT 模型通过 8.2.2 节描述的词嵌入等方式与下游任务模型连接起来，一起在该任务上进行训练。由于微调过程中 BERT 部分的参数已预训练过，因此所需的学习率一般较低，而未经过训练的下游任务模型则需要相对较高的学习率。由于 BERT 对于下游任务模型最终的准确度影响很大，因此在微调过程中大都会优先选用适配 BERT 微调的学习率，此外，也可通过分别为 BERT 模型参数和下游任务模型参数设定不同学习率的方式来提高模型的效果。

除了连接下游任务模型进行微调，还有一种应用 BERT 的方式：提示学习（prompt learning）。提示学习是指除输入文本以外，额外输入一段所谓提示文本来将目标任务转化为掩码语言模型形式的过程。例如：输入一个句子“Well worth a read.”，对其进行情感分类，可以在输入句子的末尾加上“The book is [MASK].”作为提示，通过比较模型预测“[MASK]”所对应的词是“great”还是“terrible”来预测输入的情感分类。提示学习在零样本、少样本等情况下拥有非常好的效果，因为它的运作方式与预训练阶段的掩码语言模型较一致，可以直接利用预训练语言模型在预训练阶段学习到的知识，因而只需很少的训练，甚至不需要训练。相比而言，前述连接下游任务模型进行微调的方式需要从头训练下游任务模型，因此需要足够多的训练才能起效。但是，在训练样本充足时，大部分情况下基于微调的方式比提示学习的效果好。

介于提示与微调之间还有一种所谓软提示（soft prompt）的方法，即将提示中的固定文字（如“It was”）替换为一个或多个可学习的向量，根据下游任务训练这些向量（但不训练预训练语言模型）。软提示是一大类所谓参数有效微调（parameter-efficient fine-tuning）方法中最简单的一种。参数有效微调的基本思想是固定预训练语言模型的大部分或所有参数，仅对少量参数进行训练，这些进行训练的参数可以是预训练语言模型原有的少部分参数，也可以是模型之外额外引入的参数。著名的参数有效微调方法包括适配器（adapter）[22] 和低秩适配（low- rank adaptation，LoRA）[23]。

8.2.5 BERT代码演示

下面用代码展示 BERT 的基本用法。

1. 使用 BERT 预测被掩码的词

下面展示给定输入为“The capital of China is [MASK]”的情况下，模型会如何预测被掩码的词。这里输出概率最高的 5 个词。

```
"""
代码来源于GitHub项目huggingface/transformers
 (Copyright (c) 2020, The HuggingFace Team, Apache-2.0 License (见附录))
"""
from transformers import BertTokenizer, BertForMaskedLM
from torch.nn import functional as F
import torch

# 选用bert-base-uncased模型进行预测，使用相应的分词器
tokenizer = BertTokenizer.from_pretrained('bert-base-uncased')
```

```
model = BertForMaskedLM.from_pretrained('bert-base-uncased', return_dict=True)

# 准备输入句子“The capital of China is [MASK].”
text = 'The capital of China is ' + tokenizer.mask_token + '.'
# 将输入句子编码为PyTorch张量
inputs = tokenizer.encode_plus(text, return_tensors='pt')
# 定位[MASK]所在的位置
mask_index = torch.where(inputs['input_ids'][0] == tokenizer.mask_token_id)
output = model(**inputs)
logits = output.logits
# 从[MASK]所在位置的输出分布中，选择概率最高的5个词并打印
distribution = F.softmax(logits, dim=-1)
mask_word = distribution[0, mask_index, :]
top_5 = torch.topk(mask_word, 5, dim=1)[1][0]
for token in top_5:
    word = tokenizer.decode([token])
    new_sentence = text.replace(tokenizer.mask_token, word)
    print(new_sentence)
```

```
The capital of China is beijing.
The capital of China is nanjing.
The capital of China is shanghai.
The capital of China is guangzhou.
The capital of China is shenzhen.
```

可以看出，BERT 模型准确预测出了被掩码的词为 beijing，其他预测结果也是中国地名。

2. 基于 BERT 的文本分类

下面展示如何微调 BERT 用于文本分类。这里使用第 4 章的 Books 数据集。

```
"""
代码来源于GitHub项目huggingface/transformers
（Copyright (c) 2020, The HuggingFace Team, Apache-2.0 License（见附录））
"""
import sys
from tqdm import tqdm

# 导入前面实现的Books数据集
sys.path.append('../code')
from utils import BooksDataset

dataset = BooksDataset()
# 打印出类和标签ID
print(dataset.id2label)
print(len(dataset.train_data), len(dataset.test_data))

# 接下来使用分词器进行分词，并采样100条数据用于训练和测试
# 为了防止运行时间过长，此处只选用100条数据，以确保在CPU上顺利运行
from transformers import AutoTokenizer
tokenizer = AutoTokenizer.from_pretrained('bert-base-cased')

def tokenize_function(text):
    return tokenizer(text, padding='max_length', truncation=True)

def tokenize(raw_data):
    dataset = []
```

```
    for data in tqdm(raw_data):
        tokens = tokenize_function(data['en_book'])
        tokens['label'] = data['label']
        dataset.append(tokens)
    return dataset

small_train_dataset = tokenize(dataset.train_data[:100])
small_eval_dataset = tokenize(dataset.test_data[:100])
```

```
train size = 8627 , test size = 2157
{0: '计算机类', 1: '艺术传媒类', 2: '经管类'}
8627 2157

100%|██████████| 100/100 [00:00<00:00, 8225.09it/s]
100%|██████████| 100/100 [00:00<00:00, 4294.85it/s]
```

```
# 加载bert-base-cased这个预训练模型，并指定序列分类作为模型输出头
# 分类标签数为3
from transformers import AutoModelForSequenceClassification
model = AutoModelForSequenceClassification.from_pretrained(
        'bert-base-cased', num_labels=len(dataset.id2label))

# 为了在训练过程中及时地监控模型性能，定义评估函数，计算分类准确度
import numpy as np
# 可以使用如下指令安装evaluate
# conda install evaluate
import evaluate

metric = evaluate.load('accuracy')

def compute_metrics(eval_pred):
    logits, labels = eval_pred
    predictions = np.argmax(logits, axis=-1)
    return metric.compute(predictions=predictions, references=labels)

# 通过TrainingArguments这个类来构造训练所需的参数
# evaluation_strategy='epoch'指定每个epoch结束的时候计算评估指标
from transformers import TrainingArguments, Trainer
training_args = TrainingArguments(output_dir='test_trainer',
        evaluation_strategy='epoch')

# transformers这个库自带的Trainer类封装了模型训练的大量细节
# 例如数据转换、性能评测、保存模型等
# 可以调用Trainer类来非常方便地调用标准的微调流程，默认训练3个epoch
trainer = Trainer(
        model=model,
        args=training_args,
        train_dataset=small_train_dataset,
        eval_dataset=small_eval_dataset,
        compute_metrics=compute_metrics,
)
```

```
# 默认的微调流程使用wandb记录训练日志，访问wandb官网了解如何使用
# 此处通过设置WANDB_DISABLED环境变量禁用wandb，以减少不必要的网络访问
import os
os.environ["WANDB_DISABLED"] = "true"
trainer.train()
```

```
[39/39 12:20, Epoch 3/3]
```

Epoch	Training Loss	Validation Loss	Accuracy
1	No log	0.962486	0.520000
2	No log	0.852982	0.670000
3	No log	0.816384	0.680000

以上代码通过调用 Trainer 类来实现简单的微调流程，接下来展示如何自定义微调流程。

```
import torch

del model
del trainer
# 如果你使用了GPU，清空GPU缓存
torch.cuda.empty_cache()

# 使用DataLoader类为模型提供数据
from torch.utils.data import DataLoader

# 将Python列表转换为PyTorch张量
def collate(batch):
    input_ids, token_type_ids, attention_mask, labels = [], [], [], []
    for d in batch:
        input_ids.append(d['input_ids'])
        token_type_ids.append(d['token_type_ids'])
        attention_mask.append(d['attention_mask'])
        labels.append(d['label'])
    input_ids = torch.tensor(input_ids)
    token_type_ids = torch.tensor(token_type_ids)
    attention_mask = torch.tensor(attention_mask)
    labels = torch.tensor(labels)
    return {'input_ids': input_ids, 'token_type_ids': token_type_ids,
            'attention_mask': attention_mask, 'labels': labels}

train_dataloader = DataLoader(small_train_dataset, shuffle=True,
        batch_size=8, collate_fn=collate)
eval_dataloader = DataLoader(small_eval_dataset, batch_size=8,
        collate_fn=collate)

# 载入模型，准备优化器（用于优化参数）
# 以及scheduler（在训练时调整学习率，以达到更好的微调效果）
from transformers import AutoModelForSequenceClassification
model = AutoModelForSequenceClassification.from_pretrained(
        "bert-base-cased", num_labels=len(dataset.id2label))

from torch.optim import AdamW
optimizer = AdamW(model.parameters(), lr=5e-5)

from transformers import get_scheduler
num_epochs = 3
num_training_steps = num_epochs * len(train_dataloader)
lr_scheduler = get_scheduler(
        name="linear", optimizer=optimizer, num_warmup_steps=0,
        num_training_steps=num_training_steps
)
```

```
import torch
# 自动判断是否有GPU可用，如果可用，将model移动到GPU显存中
device = torch.device("cuda") if torch.cuda.is_available()
        else torch.device("cpu")
model.to(device)

# 训练流程
from tqdm.auto import tqdm
progress_bar = tqdm(range(num_training_steps))

for epoch in range(num_epochs):
    # 在每个epoch开始时将model的is_training设为True
    # 该变量将会影响dropout等层的行为（训练时开启dropout）
    model.train()
    for batch in train_dataloader:
        # 如果GPU可用，这一步将把数据转移到GPU显存中
        batch = {k: v.to(device) for k, v in batch.items()}
        outputs = model(**batch)
        loss = outputs.loss
        loss.backward()

        optimizer.step()
        lr_scheduler.step()
        # 更新参数之后清除上一步的梯度
        optimizer.zero_grad()
        progress_bar.update(1)
progress_bar.close()
import evaluate

# 训练结束时对测试集进行评估，得到模型分数
model.eval()
metric = evaluate.load("accuracy")
for batch in eval_dataloader:
    batch = {k: v.to(device) for k, v in batch.items()}
    with torch.no_grad():
        outputs = model(**batch)

    logits = outputs.logits
    predictions = torch.argmax(logits, dim=-1)
    metric.add_batch(predictions=predictions, references=batch["labels"])
acc = metric.compute()
```

其他基于 BERT 的应用示例将会在后续章节介绍。

8.2.6 BERT模型扩展

BERT 模型在提出之后出现了很多变体，它们在以下方面相比于 BERT 更具优势。

（1）mBERT 是基于 104 种语言训练的多语言 BERT 模型，拥有很强的跨语言能力。

（2）ERNIE（百度）[24] 通过对掩码语言模型进行修改，在预训练中引入了实体知识。

（3）ERNIE（清华）[25] 使用了不同的编码器分别编码文本和实体信息并进行融合。

（4）RoBERTa[26] 基于 BERT 进行了改进，与 BERT 的区别在于：使用了更大的训练数据量和更大的批次；使用了动态的掩码方法，即在训练中每次序列输入时进行随机掩码，而不像

BERT 那样在预处理时进行掩码并且训练时保持掩码不变；去除了下句预测任务；使用更长的文档句子进行训练。

（5）ALBERT[27] 使用了两种减少模型参数的方法，比 BERT 更加轻量化。

（6）XLM-RoBERTa[28] 是沿用 RoBERTa 思路训练的多语言 RoBERTa 模型，相比于 mBERT 拥有更强的跨语言能力。

（7）SpanBERT[29] 是基于跨度的 BERT 模型，即在掩码语言模型中掩码了连续多个词所形成的跨度，这使得模型对于跨度的感知和表达能力得到了强化。

8.3　GPT：基于Transformer的生成式预训练语言模型

GPT（generative pre-trained Transformer）[30] 是 OpenAI 提出的基于 Transformer 的生成式预训练语言模型。与 BERT 不同，GPT 是一个严格意义上的语言模型，因此 GPT 中的 Transformer 会使用注意力掩码，即注意力机制是从左到右单向进行的。GPT 使用语言模型作为预训练任务，即基于训练文本中每个词的前置序列预测这个词。

8.3.1　GPT模型的历史

与 BERT 不同，GPT 自提出以来已经过几次版本更迭。本节将介绍 GPT 模型的发展历史。

1. 模型大小与训练数据

OpenAI 在 2018 年就提出了 GPT-1[30]。GPT-1 拥有 1.17 亿个参数并在 5GB 的训练数据上进行训练。到了 2019 年的 GPT-2[31]，模型使用了 15 亿个参数和 40GB 的训练数据。而到了 2020 年的 GPT-3[32]，模型则拥有了 1750 亿个参数，约为 GPT-1 模型参数量的 1500 倍。GPT-3 中的 Transformer 共 96 层，包含 96 个注意力头，使用 12888 维的词嵌入，上下文窗口大小为 2048。GPT-3 的预训练则使用了 45TB 的训练数据，拥有将近 3000 亿个词元。据估算，GPT-3 预训练所需的算力需要 355 张英伟达 Tesla V100 显卡运行约一年来提供。可以看出，GPT 系列模型的模型规模、预训练数据规模和对计算资源的需求都在不断增高。

2. GPT-1 到 GPT-3 的演变

GPT-1 模型是对生成式预训练语言模型的初次试探，基于经典的预训练微调范式。GPT-2 模型相比于 GPT-1 模型并没有很大的变化，但是 OpenAI 对生成式语言模型提出了以下两个信念。

- 一个经过良好预训练的生成式语言模型可以在不进行微调的情况下完成下游任务；
- 缩放定律：更多的参数、更多的数据会带来更强大的模型。

基于这样的信念，GPT-3 在 GPT-2 的基础上使用了更多的模型参数和训练数据。随着模型大小的增加，GPT-3 呈现出了所谓上下文内学习（in-context learning）的涌现能力，8.3.3 节将会介绍这种能力。

3. InstructGPT：基于指令学习的 GPT 模型

在 GPT-3 的基础上，InstructGPT 提出了在训练过程中引入人类反馈来让模型更好地理解用户意图，这个过程被称为基于人类反馈的强化学习（reinforcement learning with human feedback，RLHF）。InstructGPT 主要分为 3 步。第一步是监督学习，即从数据集采样一些输入数据（如“任务藐视”），让人类撰写回复文本，然后收集这些包含输入输出的演示数据让模型进行监督学习。第二步是训练奖励模型，即给定每一条输入，从模型中采样多个输出，让人类标注者对这些输出进行排序，根据这个排序训练一个能够自动评价输出质量的奖励模型。第三步是采用近端策略优化（proximal policy optimization，PPO）强化学习算法优化模型，即采样大量新的输入数据，对于每一条输入，使用第一步训练的模型生成输出，使用第二步训练的奖励模型给这个输出打分，再根据打分使用 PPO 强化学习算法来更新模型。

4. ChatGPT

2022 年底，OpenAI 发布了 ChatGPT，在全球引起了轰动。ChatGPT 拥有非常惊人的自然语言理解能力和对话能力，具备充分的世界知识和常识，能够很好地遵从用户的指令，执行包括文本生成和改写、各类问答甚至代码生成和修复等各种任务。目前，OpenAI 暂时没有公布 ChatGPT 相关的技术报告，不过大部分学者认为 ChatGPT 是基于 InstructGPT 进一步训练的模型，训练中使用了更多的对话数据以及程序代码数据。

5. GPT-4

GPT-4 是一个大规模的多模态模型，可以接收图像和文本输入并产生文本输出。GPT-4 在各种专业和学术测试（如模拟律师考试）上表现出人类水平的性能。相比 ChatGPT，GPT-4 支持更先进的推理、更复杂的指令、更强的创造性以及更长的上下文。然而，关于 GPT-4 的大部分技术细节至今没有公开。

8.3.2 GPT-2训练演示

下面的代码演示了如何使用 GPT-2 进行训练。

```
"""
代码来源于GitHub项目huggingface/transformers
(Copyright (c) 2020, The HuggingFace Team, Apache-2.0 License（见附录))
"""
import sys

# 导入第3章使用的《小王子》数据集
sys.path.append('../code')
from utils import TheLittlePrinceDataset

full_text = TheLittlePrinceDataset(tokenize=False).text
# 接下来导入GPT-2模型的分词器并完成分词
from transformers import AutoTokenizer
tokenizer = AutoTokenizer.from_pretrained('gpt2')

full_tokens = tokenizer.tokenize(full_text.lower())
train_size = int(len(full_tokens) * 0.8)
train_tokens = full_tokens[:train_size]
```

```
test_tokens = full_tokens[train_size:]
print(len(train_tokens), len(test_tokens))
print(train_tokens[:10])
```

```
19206 4802
['the', 'Ġlittle', 'Ġprince', 'Ġ', 'ĊĊ', 'Ċ', 'Ċ', 'anto', 'ine', 'Ġde']
```

```
import torch
from torch.utils.data import TensorDataset

# 根据block_size将文本分成小块
block_size = 128

def split_blocks(tokens):
    token_ids = []
    for i in range(len(tokens) // block_size):
        _tokens = tokens[i*block_size:(i+1)*block_size]
        if len(_tokens) < block_size:
            _tokens += [tokenizer.pad_token] * (block_size - len(_tokens))
        _token_ids = tokenizer.convert_tokens_to_ids(_tokens)
        token_ids.append(_token_ids)
    return token_ids

train_dataset = split_blocks(train_tokens)
test_dataset = split_blocks(test_tokens)
```

```
# 创建一个DataCollator，用于在训练时把分词的结果转化为模型可以训练的张量
# 注意此时微调的任务是语言模型，而不是掩码语言模型
from transformers import DataCollatorForLanguageModeling

tokenizer.pad_token = tokenizer.eos_token
data_collator = DataCollatorForLanguageModeling(tokenizer=
        tokenizer, mlm=False)

# 导入模型，准备训练参数，调用Trainer类完成训练
from transformers import AutoModelForCausalLM, TrainingArguments, Trainer

model = AutoModelForCausalLM.from_pretrained("gpt2")

training_args = TrainingArguments(
        output_dir="test_trainer",
        evaluation_strategy="epoch",
        learning_rate=2e-5,
        weight_decay=0.01,
)

trainer = Trainer(
        model=model,
        args=training_args,
        train_dataset=train_dataset,
        eval_dataset=test_dataset,
        data_collator=data_collator,
)

trainer.train()

# 在测试集上测试得到困惑度
import math
```

```
eval_results = trainer.evaluate()
print(f"Perplexity: {math.exp(eval_results['eval_loss']):.2f}")
```

[57/57 04:51,Epoch 3/3]

Epoch	Training Loss	Validation Loss
1	No log	3.240260
2	No log	3.152012
3	No log	3.125814

[5/5 00:05]

```
Perplexity: 22.78
```

8.3.3　GPT的使用

下面用代码展示 GPT 的基本用法。

1. 文本生成

作为一个语言模型，GPT 可以很自然地通过自回归解码的方式生成文本（见第 7 章）。这里基于 HuggingFace 来展示如何使用 GPT-2 模型生成文本。

```
"""
代码来源于GitHub项目huggingface/transformers
 (Copyright (c) 2020, The HuggingFace Team, Apache-2.0 License（见附录）)
"""
import torch
from transformers import GPT2LMHeadModel, GPT2Tokenizer

tokenizer = GPT2Tokenizer.from_pretrained('gpt2')
model = GPT2LMHeadModel.from_pretrained('gpt2',
        pad_token_id=tokenizer.eos_token_id)
# 输入文本
input_ids = tokenizer.encode('I enjoy learning with this book',
        return_tensors='pt')

# 输出文本
greedy_output = model.generate(input_ids, max_length=50)
print("Output:\n" + 100 * '-')
print(tokenizer.decode(greedy_output[0], skip_special_tokens=True))

# 通过束搜索来生成句子，一旦生成足够多的句子即停止搜索
beam_output = model.generate(
        input_ids,
        max_length=50,
        num_beams=5,
        early_stopping=True
)

print("Output:\n" + 100 * '-')
print(tokenizer.decode(beam_output[0], skip_special_tokens=True))
```

```
# 输出多个句子
beam_outputs = model.generate(
        input_ids,
        max_length=50,
        num_beams=5,
        no_repeat_ngram_size=2,
        num_return_sequences=5,
        early_stopping=True
)

print("Output:\n" + 100 * '-')
for i, beam_output in enumerate(beam_outputs):
    print("{}: {}".format(i, tokenizer.decode(beam_output,skip_special_tokens=True)))
```

```
Output:
----------------------------------------------------------------------------------------------------
I enjoy learning with this book. I have been reading it for a while now and I am very
happy with it. I have been reading it for a while now and I am very happy with it.

I have been reading it for a
Output:
----------------------------------------------------------------------------------------------------
I enjoy learning with this book, and I hope you enjoy reading it as much as I do.

I hope you enjoy reading this book, and I hope you enjoy reading it as much as I do.

I hope you enjoy reading
Output:
----------------------------------------------------------------------------------------------------
0: I enjoy learning with this book, and I hope you enjoy reading it as much as I do.

If you have any questions or comments, feel free to leave them in the comments below.
1: I enjoy learning with this book, and I hope you enjoy reading it as much as I do.

If you have any questions or comments, please feel free to leave them in the comments
below.
2: I enjoy learning with this book, and I hope you enjoy reading it as much as I do.

If you have any questions or comments, feel free to leave them in the comment section
below.
3: I enjoy learning with this book, and I hope you enjoy reading it as much as I do.

If you have any questions or comments, feel free to leave them in the comments section
below.
4: I enjoy learning with this book, and I hope you enjoy reading it as much as I do.

If you have any questions or comments, feel free to leave them in the comments below!
```

2. 微调

GPT 也可以像 BERT 那样与下游任务模型连接并进行微调。与 BERT 不同的是，由于 GPT 只有最后一个词元的特征包含完整输入的信息，因此一般只将最后一个词元的特征连接下游任务模型进行句级的预测，例如将单句输入 GPT 并连接一个神经网络进行文本分类，或将两个句子分别输入 GPT 并将相应的两个输出连接一个神经网络进行文本相似度计算等。

3. 提示学习

提示学习是 GPT 更常见的使用方式，即将任务描述输入模型，让模型生成答案。

Translate English to Chinese:

natural language processing =>

这里我们期待模型会生成“自然语言处理”。我们也可以在提示中插入样例，从而更清晰地提示模型要完成什么样的任务。单试学习（one-shot learning）在任务描述和提示之间插入一个例子。

Translate English to Chinese:

machine learning => 机器学习

natural language processing =>

少试学习（few-shot learning）则在任务描述和提示之间插入多个例子。

Translate English to Chinese:

machine learning => 机器学习

computer vision => 计算机视觉

artificial intelligence => 人工智能

natural language processing =>

这都可以使模型以更大的概率输出我们想要的结果。这种在输入中提供样例的方式称为上下文内学习（in-context learning）。

基于思维链（chain of thought）的提示学习[33]相比一般的提示学习更进一步，不仅提供了样例，同时还提供了样例的求解思路，从而让模型在预测时也能够仿照样例，一步步地给出解题的思路，最终得出答案。这种方式往往比一般的提示学习能得出更加准确的答案。下面给出一个单试学习思维链的例子，输入文字中首先包含一个样例，然后是提问。

Q：小明有 5 个乒乓球。他买了 2 盒乒乓球。每盒有 3 个乒乓球。小明现在有几个乒乓球？

A：小明最开始有 5 个乒乓球。2 盒乒乓球，每盒有 3 个，一共是 6 个乒乓球。5+6=11。答案是 11 个。

Q：小明有一盒羽毛球，共 16 个，其中一半是新的，新球的一半是蓝色的。一共有几个蓝色羽毛球？

A：

下面是一个典型的模型输出：

一盒羽毛球有 16 个。一半球是新的，一共有 16/2=8 个新球。一半新球是蓝色的，一共有 8/2=4 个蓝色羽毛球。答案是 4 个。

可以看到，模型生成了解题思路，最后得到了正确答案。

更有趣的是，即使不提供样例，而仅在给出任务描述后就明确要求模型给出解题思路，也能让模型通过思维链的方式得到正确答案。

Q：小明有一盒羽毛球，共16个，其中一半是新的，新球的一半是蓝色的。一共有几个蓝色羽毛球？

A：让我们一步一步地思考。

一个典型的模型输出如下：

好的，我们一步一步来思考这个问题。

(1) 小明有一盒羽毛球，共16个；

(2) 其中一半是新的，所以有16/2=8个羽毛球是新的；

(3) 新球的一半是蓝色的，所以新球中有8/2=4个羽毛球是蓝色的。

因此，小明一共有4个蓝色羽毛球。

8.4 基于编码器-解码器的预训练语言模型

前面主要介绍了BERT和GPT这两种基于Transformer的预训练语言模型。我们可以认为BERT是一种只包含编码器的自编码预训练语言模型，而GPT是一个只包含解码器的自回归预训练语言模型。本节关注的预训练语言模型则同时包含编码器和解码器，即标准的基于Transformer的序列到序列模型。下面介绍其中两个较为著名的模型——BART和T5。

BART[34] 全称为*双向与自回归* Transformer（bidirectional and auto-regressive Transformer）模型。它结合了BERT中掩码语言模型训练方式和GPT中自回归生成方式的思路。在预训练过程中，BART允许对输入施加任意噪声并输入编码器，解码器则尝试将被噪声破坏的输入还原。BART模型在保证自然语言理解任务的性能的同时，在对话、问答和摘要等生成任务上取得了很好的效果。

T5[35] 全称为*文本到文本迁移* Transformer（text-to-text transfer Transformer）模型。它将大量监督学习和无监督学习任务的数据转换成文本到文本的形式进行训练。在使用相同的损失函数和解码方式的情况下，T5在翻译、摘要、问答、文本分类上的任务效果可以与特定任务专用模型架构的效果相当。表8-1展示了T5在翻译和摘要这两个任务上的用法。

表8-1 T5模型用法示例

任务	T5模型输入	T5模型输出
翻译	translate English to Chinese: natural language processing.	自然语言处理
摘要	summarize: The 2022 Winter Olympics, officially called the XXIV Olympic Winter Games and commonly known as Beijing 2022, was an international winter multi-sport event held from 4 to 20 February 2022 in Beijing, China, and surrounding areas with competition in selected events beginning 2 February 2022.	The 2022 Winter Olympics was held in Beijing, China, and surrounding areas.

8.5 基于HuggingFace的预训练语言模型使用

HuggingFace 是业内最流行的公开 Transformer 模型集成库，复现了很多有影响力的或最新的基于 Transformer 的模型，涵盖自然语言处理、计算机视觉、语音等诸多领域，代码清晰，结构严谨，简单易用。 HuggingFace 中集成了许多预训练语言模型，可以直接通过具体的接口调用其中某一个预训练语言模型，但这种方式相对复杂，需要对具体模型和接口有所了解。或者通过 pipeline 模块以黑箱方式使用这些模型，pipeline 模块会根据指定的任务自动分配一个合适的预训练语言模型，也可以通过参数指定一个预训练语言模型。下面演示 pipeline 模块处理不同任务的代码，读者可以在 HuggingFace 官网上了解 HuggingFace 支持哪些模型。

8.5.1 文本分类

下面以情感分类为例演示文本分类任务上预训练语言模型的使用。在 pipeline 模块中输入任务“sentiment-analysis”，pipeline 会自动返回默认的在情感分类任务上微调过的预训练语言模型“distilbert-base-uncased-finetuned-sst-2-english”，这样就得到了一个情感分类器，输入句子就能得到情感分类的结果。

零试分类（zero-shot classification）的用法类似。在 pipeline 模块中输入任务“zero-shot-classification”，pipeline 会自动返回默认的分类模型“facebook/bart-large-mnli”，这样就得到了一个新的分类器，输入句子和候选标签就能得到分类结果。

```
"""
代码来源于GitHub项目huggingface/transformers
 (Copyright (c) 2020, The HuggingFace Team, Apache-2.0 License (见附录))
"""
from transformers import pipeline

clf = pipeline('sentiment-analysis')
print(clf('Haha, today is a nice day!'))

print(clf(['The food is amazing', 'The assignment is weigh too hard',
        'NLP is so much fun']))

clf = pipeline('zero-shot-classification')
print(clf(sequences=['A helicopter is flying in the sky',
                     'A bird is flying in the sky'],
        candidate_labels=['animal', 'machine']))
```

```
No model was supplied, defaulted to distilbert-base-uncased-finetuned-sst-2-english...
No model was supplied, defaulted to facebook/bart-large-mnli...

[{'label': 'POSITIVE', 'score': 0.9998708963394165}]
[{'label': 'POSITIVE', 'score': 0.9998835325241089}, {'label': 'NEGATIVE', 'score':
0.9994825124740601}, {'label': 'POSITIVE', 'score': 0.9998630285263062}]
[{'sequence': 'A helicopter is flying in the sky', 'labels': ['machine', 'animal'],
'scores': [0.9938627481460571, 0.006137245334684849]}, {'sequence': 'A bird is
flying in the sky', 'labels': ['animal', 'machine'], 'scores': [0.9987970590591431,
0.0012029352365061 64]}]
```

8.5.2 文本生成

下面演示两种文本生成任务上预训练语言模型的使用。输入任务“text-generation”，pipeline 模块会自动返回默认的文本生成预训练语言模型“gpt2”，输入一个句子，生成器就能够自动补全。输入另一个任务“fill-mask”，pipeline 会自动返回默认的预训练掩码语言模型“distilroberta- base”，输入一个带有掩码的句子，模型就能够补全掩码。

```
"""
代码来源于GitHub项目huggingface/transformers
 (Copyright (c) 2020, The HuggingFace Team, Apache-2.0 License (见附录))
"""
generator = pipeline('text-generation')
print(generator('In this course, we will teach you how to'))

unmasker = pipeline('fill-mask')
print(unmasker('This course will teach you all about <mask> models.'))
```

```
No model was supplied, defaulted to gpt2...
No model was supplied, defaulted to distilroberta-base...
[{'generated_text': "In this course, we will teach you how to get started with the code of a given app. This way, you will build new apps that fit your needs but are still well behaved and understandable (unless you're already using Swift to understand the language"}]
[{'score': 0.1961982101202011, 'token': 30412, 'token_str': ' mathematical', 'sequence': 'This course will teach you all about mathematical models.'}, {'score': 0.040527306497097015, 'token': 38163, 'token_str': ' computational', 'sequence': 'This course will teach you all about computational models.'}, {'score': 0.033017922192811966, 'token': 27930, 'token_str': ' predictive', 'sequence': 'This course will teach you all about predictive models.'}, {'score': 0.0319414846599102, 'token': 745, 'token_str': ' building', 'sequence': 'This course will teach you all about building models.'}, {'score': 0.024523010477423668, 'token': 3034, 'token_str': ' computer', 'sequence': 'This course will teach you all about computer models.'}]
```

8.5.3 问答

输入任务“question-answering”，pipeline 模块会自动返回默认的问答预训练语言模型“distilbert- base-cased-distilled-squad”，输入问题和上下文，就能得到答案。

```
"""
代码来源于GitHub项目huggingface/transformers
 (Copyright (c) 2020, The HuggingFace Team, Apache-2.0 License (见附录))
"""
question_answerer = pipeline('question-answering')
print(question_answerer(question='Where do I graduate from?',
        context="I received my bachlor\'s degree at Shanghai"+
        "Jiao Tong University (SJTU)."))
```

```
No model was supplied, defaulted to distilbert-base-cased-distilled-squad...

{'score': 0.7787413597106934, 'start': 34, 'end': 63, 'answer': 'Shanghai Jiao Tong University'}
```

8.5.4 文本摘要

输入任务“summarization”，pipeline 模块会自动返回默认的预训练语言模型“sshleifer/distilbart- cnn-12-6”，输入一段文本，就能得到摘要。

```
"""
代码来源于GitHub项目huggingface/transformers
（Copyright (c) 2020, The HuggingFace Team, Apache-2.0 License（见附录））
"""
summarizer = pipeline('summarization')
print(summarizer(
    """
    The 2022 Winter Olympics (2022年冬季奥林匹克运动会), officially called the XXIV
    Olympic Winter Games (Chinese: 第二十四届冬季奥林匹克运动会; pinyin: Dì Èrshísì Jiè
    Dōngjì Àolínpǐkè Yùndònghuì) and commonly known as Beijing 2022 (北京2022),
    was an international winter multi-sport event held from 4 to 20 February 2022
    in Beijing, China, and surrounding areas with competition in selected events
    beginning 2 February 2022.[1] It was the 24th edition of the Winter Olympic Games.
    Beijing was selected as host city in 2015 at the 128th IOC Session in Kuala
    Lumpur, Malaysia, marking its second time hosting the Olympics, and the last of
    three consecutive Olympics hosted in East Asia following the 2018 Winter Olympics
    in Pyeongchang County, South Korea, and the 2020 Summer Olympics in Tokyo, Japan.
    Having previously hosted the 2008 Summer Olympics, Beijing became the first city
    to have hosted both the Summer and Winter Olympics. The venues for the Games were
    concentrated around Beijing, its suburb Yanqing District, and Zhangjiakou, with
    some events (including the ceremonies and curling) repurposing venues originally
    built for Beijing 2008 (such as Beijing National Stadium and the Beijing National
    Aquatics Centre). The Games featured a record 109 events across 15 disciplines,
    with big air freestyle skiing and women's monobob making their Olympic debuts as
    medal events, as well as several new mixed competitions. A total of 2,871 athletes
    representing 91 teams competed in the Games, with Haiti and Saudi Arabia making
    their Winter Olympic debut. Norway finished at the top of the medal table for the
    second successive Winter Olympics, winning a total of 37 medals, of which 16 were
    gold, setting a new record for the largest number of gold medals won at a single
    Winter Olympics. The host nation China finished third with nine gold medals and
    also eleventh place by total medals won, marking its most successful performance
    in Winter Olympics history.[4]
    """
))
```

```
No model was supplied, defaulted to sshleifer/distilbart-cnn-12-6...

[{'summary_text': " The 2022 Winter Olympics was held in Beijing, China, and
surrounding areas . It was the 24th edition of the Winter Olympic Games . The Games
featured a record 109 events across 15 disciplines, with big air freestyle skiing and
women's monobob making their Olympic debuts as medal events . Norway won 37 medals,
of which 16 were gold, setting a new record for the largest number of gold medals won
at a single Winter Olympics ."}]
```

8.6 小结

本章介绍了 ELMo、BERT、GPT 等预训练语言模型。预训练语言模型通过在大量的无标注数据上进行预训练，获得了丰富的通用语言学知识，从而大幅提高了在各类下游任务模型上的表现。ELMo 结合了两个单向长短期记忆语言模型。BERT 使用了 Transformer 的编码器架构并主要使用了掩码语言模型进行训练。GPT 使用了 Transformer 的解码器架构，是一种生成式语言模型。BART 和 T5 则同时包含编码器和解码器，是基于序列到序列的预训练语言模型。连接下游任务模型并进行微调是一种重要的预训练语言模型使用方式。提示学习作为另一种使用方式则更贴近模型的预训练方式，对于零样本或者少样本任务往往有更好的效果。

习题

（1）选择以下所有正确的叙述。

A. BERT 使用掩码语言模型和下句预测来微调，然后在下游任务（如文本分类）上预训练

B. 不同于 BERT，ELMo 生成的不是上下文相关词嵌入

C. BERT 不是一种自回归模型

D. 掩码语言模型任务是 GPT 的预训练任务之一

（2）选择以下关于提示的正确叙述。

A. 相比于微调，提示学习能更有效率地在下游任务中利用预训练模型

B. 提示是一种可学习的参数

C. 提示学习是一种用于 GPT 模型预训练的任务

D. 提示学习需要训练样本，因此无法用于零样本的情况

（3）选择以下所有正确的叙述。

A. GPT 是一种双向语言模型

B. 在编码器 - 解码器语言模型中，存在交叉注意力

C. T5 是一个类似于 GPT 的只包含解码器的预训练模型

D. 在 BERT 的掩码语言模型预训练中，所预测的词之中有 10% 的输入和输出是相同的

（4）选择以下所有正确的叙述。

A. 强化学习可以被用于预训练语言模型

B. 上下文内学习是一种预训练语言模型的任务

C. 不同于 BERT，GPT 模型能够处理任何长度的输入，这是因为 GPT 模型是生成式语言模型

D. BERT 中使用特殊符号“[CLS]”的输出向量作为句子中任意跨度的表示

第 9 章

序列标注

序列标注（sequence labeling）旨在给输入序列中的每个元素预测一个标签。假设标签集为 $\mathcal{Y}=\{y^1, y^2,\cdots,y^L\}$ ，给定输入序列 $\boldsymbol{x}=[x_1, x_2,\cdots,x_n]$，序列标注的输出为标签序列 $\boldsymbol{y}=[y_1, y_2,\cdots, y_n]$，且每个标签 $y_i \in \mathcal{Y}$ 。很多自然语言处理任务都可以转化为序列标注任务，9.1 节将介绍其中一些任务。

扫码观看视频课程

作为自然语言处理领域经典的任务之一，完成序列标注任务有很多解决方法。本章将分别介绍经典的隐马尔可夫模型、效果更好的条件随机场方法，以及基于神经网络的序列标注方法。

9.1 序列标注任务

本节介绍可以通过序列标注的方式求解的若干自然语言处理任务。

9.1.1 词性标注

顾名思义，**词性标注**（part of speech tagging，POS tagging）就是对输入文本中的每个词预测其词性。词性标签主要分为两大类：封闭类和开放类。封闭类的词承担特定的语法功能，一般在每种语言里的数量较为有限，例如英文中的冠词（如“a”“an”“the”）、代词（如“he”“she”“me”）、介词（如“on”“under”“over”），中文中的助词（如“的”“地”“得”“着”）。开放类的词则用于表示具体含义，例如名词、动词、形容词、副词，数量非常多。词性标注是一个天然的序列标注任务，图 9-1 给出了一个例子。

输出标签	NOUN	AUX	VERB	DET	NOUN
输入文本	Jim	will	take	the	box

图 9-1　词性标注示例

在传统自然语言理解流程中，词性标注往往是文本规范化之后的第一步，可以为后续许多任务提供辅助。例如，在句法分析中，词性标签可以为句法成分（如名词短语、动词短语）的检测提供重要信息；对于机器翻译，例如日文（主宾谓）到中文（主谓宾）的翻译中，词性可用于辅助确定主谓宾成分，以对其进行重排序；对于情感分类任务，形容词对于分类结果往往很重要，因此需要对输入文本中的形容词和其他词性加以区分。

9.1.2　中文分词

未经处理的中文文本是由汉字组成的序列。*中文分词*（chinese word segmentation）旨在识别出中文文本中由一个或多个汉字组合成的词，从而将中文文本转化为词的序列。然而不像英文等语言有空格这样的分词符号，中文词之间没有分词符，因此需要对文字内容进行分词。我们可以将中文分词任务看作一个序列标注问题，输入汉字序列，输出是编码了分词结果的所谓 BIES 格式的标签序列，如图 9-2 所示。BIES 格式为

- B = 词开头（beginning of a word）；
- I = 词中间部分（inside of a word）；
- E = 词末尾（end of a word）；
- S = 仅包含单个字符的词（single character word）。

最终输出		(南京路)		(上)	(的)	(行人)	
输出标签	B	I	E	S	S	B	E
输入文本	南	京	路	上	的	行	人

图 9-2　中文分词示例

9.1.3　命名实体识别

命名实体识别（named entity recognition，NER）是语义理解中的一项重要任务，它的目标是识别出文本中的专有名词，例如人名、地名、组织名等。命名实体识别可以分为预测所有命名实体的边界以及对应的类别这两个子任务。如图 9-3 所示，命名实体识别可以看作一个序列标注任务。每个标签分成两部分，用“-”隔开。第一部分是实体边界标签，使用 BIOES 格式，其与中文分词的 BIES 格式类似，但是多了一个“O”标签用以表示非实体，即对应的词不属于任何命名实体。第二部分则是实体类别标签，例如用 PER、LOC、ORG 分别表示人名、地名、组织名这 3 种类别。

最终输出	The West Lake (Location)						Hangzhou (Location)
输出标签	B-LOC	I-LOC	E-LOC	O	O	O	S-LOC
输入文本	The	West	Lake	is	located	in	Hangzhou

图 9-3　命名实体识别示例

除了 BIOES 格式，命名实体识别作为序列标注任务的另一种常见的边界标签格式为 BIO 格式，也就是没有 E 和 S 标签。对于 E 标签，可以直接用 I 标签代替，如果该标签的下一个标签不是 I 标签，就说明当前实体已到达末尾。对于 S 标签，可以直接用 B 标签代替，同理，如

果下一个标签不是 I 标签，就说明这个实体已到达末尾，因此只包含一个词元。BIO 格式是早期命名实体识别以及许多序列标注任务中最常用的标签格式，但是后续研究发现将 BIO 格式转换成 BIOES 格式更利于序列标注模型的学习和推理，以获得更高的准确度，因此目前主流的序列标注方法都会将 BIO 格式转换为 BIOES 格式。

9.1.4 语义角色标注

语义角色标注（semantic role labeling，SRL）是识别句子中的谓词及其语义角色（如施动者、受动者等）的任务，是一种浅层的语义分析任务，第 12 章将对其进行详细讨论。如图 9-4 所示，语义角色标注也可以转化为序列标注任务，转化方式与命名实体识别类似，使用 BIOES 格式的边界标签加上类别标签，其中 PRED、ARG0、ARG1 标签分别表示谓词、施动者、受动者。

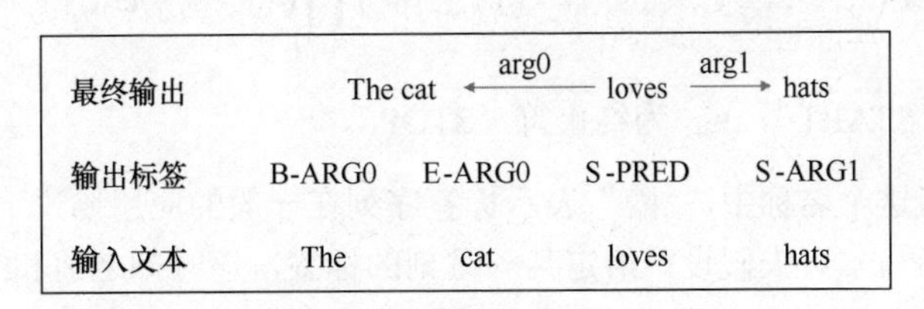

图 9-4 语义角色标注示例

9.2 隐马尔可夫模型

最简单的序列标注方法是对每个词预测其最常见的标签。虽然这个方法看起来过于简单，但在词性标注任务上已经可以达到约 90% 的准确度！然而，这个方法忽视了相邻标签之间的相关性。例如在 BIOES 格式中，连续的两个标签从“B”到“I”或者从“B”到“E”都是有可能的，但是从“B”到“O”和从“B”到“S”都是不可能的，因为“B”所标示的左边界出现后，必须以“E”所标示的右边界结尾，然后才能出现“O”或“S”。本节介绍的隐马尔可夫模型（hidden Markov model，HMM）通过显式建模相邻标签之间的关系来解决这一问题。

9.2.1 模型

隐马尔可夫模型是一种生成式模型，如图 9-5 所示。x_i 表示输入序列中的第 i 个元素（例如词），y_i 表示输出的第 i 个标签。隐马尔可夫模型主要有两组参数，一组是**转移**（transition）模型 $q(y_t|y_{t-1})$ 参数，表示给定一个标签 y_{t-1}，其下一个标签 y_t 取值的概率分布，这类似于第 6 章介绍的二元语法模型；另一组是**发射**（emission）模型 $e(x_t|y_t)$ 参数，表示给定标签 y_t，其所对应的元素 x_t 的概率分布。此外，一般还会定义一个起始模型 $P(y_1)$，即第一个标签的先验概率分布。起始模型可以通过增加一个默认的起始符“START”而并入转移模型，即 $q(y_1|\text{START}):=P(y_1)$。有时我们还会在序列的最后一个标签之后增加一个特殊的终止符“STOP”，从而建模序列终止的概率 $q(\text{STOP}|y_n)$。图 9-6 给出了转移模型和发射模型的例子。

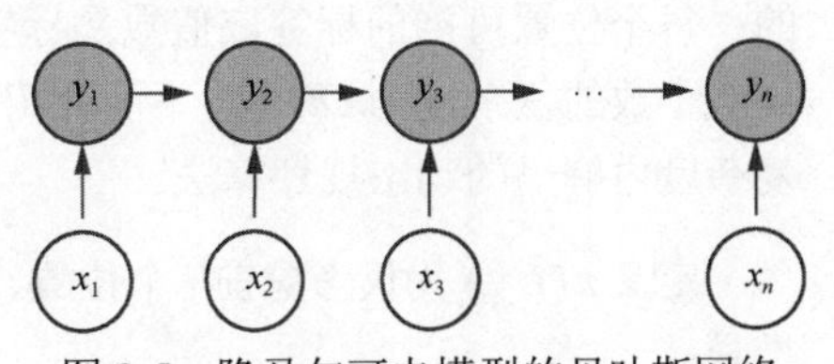

图 9-5 隐马尔可夫模型的贝叶斯网络

转移模型

y_{t-1}	$q(y_t \mid y_{t-1})$			
	Noun	Verb	Prep	…
START	0.5	0.1	0.1	…
Noun	0.4	0.3	0.1	…
Verb	0.5	0	0.3	…
Prep	0.3	0.1	0	…
…	…	…	…	…

发射模型

y_t	$e(x_t \mid y_t)$			
	"fox"	"dog"	"run"	…
Noun	0.02	0.03	0.01	…
Verb	0	0	0.05	…
Prep	0	0	0	…
…	…	…	…	…

图 9-6　隐马尔可夫模型样例（Noun：名词，Verb：动词，Prep：介词）

隐马尔可夫模型建模了输入序列 $\boldsymbol{x}$ 与标签序列 $\boldsymbol{y}$ 的联合概率分布：

$$P(x_1,\cdots,x_n,y_1,\cdots,y_{n+1}) = q(y_{n+1} \mid y_n)\prod_{t\in[1,n]} q(y_t \mid y_{t-1})e(x_t \mid y_t)$$

其中，y_0 为起始符“START”，y_{n+1} 为终止符“STOP”。

隐马尔可夫模型这个名称中，“隐”表示标签序列在一般的应用场景下是不可见的隐变量，而“马尔可夫”是指马尔可夫假设：给定某一时刻的标签，该时刻之前和之后的输入元素及标签相互独立。

以上模型的转移模型只考虑了相邻两个标签之间的关系。我们可以在转移模型中考虑更多的标签之间的关系，例如考虑连续 m 个标签之间的关系，此时转移模型定义为 $P(y_t \mid y_{t-1},\cdots,y_{t-m+1})$，类似于第 6 章介绍的 n 元语法模型，这样的模型称为高阶隐马尔可夫模型。接下来我们仅考虑最简单的 m=2 的情况，但所介绍的方法均可以扩展到 m>2 的高阶模型。

9.2.2　解码

隐马尔可夫模型的解码是指给定输入序列，找到概率最大的标签序列：

$$\hat{\boldsymbol{y}} = \arg\max_{y_1,\cdots,y_n} P(y_1,\cdots,y_{n+1} \mid x_1,\cdots,x_n) = \arg\max_{y_1,\cdots,y_n} P(x_1,\cdots,x_n,y_1,\cdots,y_{n+1})$$

理论上，只需要枚举所有可能的标签序列，为每个标签序列计算联合概率，最后选择联合概率最大的标签序列，就可以进行解码。然而，所有可能的标签序列的个数的复杂度是指数级的：每个位置可能的标签取值数是标签集大小 L，当输入文本长度为 n 时，所有可能的标签序列的个数的复杂度为 $O(L^n)$。下面介绍维特比算法（Viterbi algorithm），这是一种可以在多项式复杂度内解码的动态规划算法。

定义 $\pi(i,y_i)$ 为仅考虑前 i 个位置、末尾标签为 y_i 的标签序列的最大联合概率，并进行如下推导：

$$\begin{aligned}\pi(i,y_i) &= \max_{y_1,\cdots,y_{i-1}} P(x_1,\cdots,x_i,y_1,\cdots,y_i)\\ &= \max_{y_1,\cdots,y_{i-1}} e(x_i \mid y_i)q(y_i \mid y_{i-1})P(x_1,\cdots,x_{i-1},y_1,\cdots,y_{i-1})\\ &= e(x_i \mid y_i)\max_{y_{i-1}} q(y_i \mid y_{i-1}) \max_{y_1,\cdots,y_{i-2}} P(x_1,\cdots,x_{i-1},y_1,\cdots,y_{i-1})\\ &= e(x_i \mid y_i)\max_{y_{i-1}} q(y_i \mid y_{i-1})\pi(i-1,y_{i-1})\end{aligned}$$

通过以上推导，可以发现$\pi(i, y_i)$与$\pi(i-1, y_{i-1})$之间的递推关系，由此可以得到维特比算法。

（1）设定起始状态$\pi(0, \text{START}) = 1$，对于y_0（除START之外的其他取值），设$\pi(0, y_0) = 0$。

（2）使用上述递推公式依次计算$\pi(1, y_1),\cdots,\pi(n, y_n)$。注意，在第$i$步，$y_i$有$L$个可能的标签取值，每个取值都需要计算对应的$\pi(i, y_i)$。

（3）求解最优标签序列的联合概率：

$$
\begin{aligned}
P(\hat{\boldsymbol{y}}) &= \max_{y_1,\cdots,y_n} P(x_1,\cdots,x_n,y_1,\cdots,y_{n+1}) \\
&= \max_{y_n} q(\text{STOP} \mid y_n) \max_{y_1,\cdots,y_{n-1}} P(x_1,\cdots,x_n,y_1,\cdots,y_n) \\
&= \max_{y_n} q(\text{STOP} \mid y_n) \pi(n, y_n)
\end{aligned}
$$

通过以上算法可以计算出最优标签序列的联合概率，但如何得到最优标签序列呢？我们需要在每次调用递推公式时，记录$\max_{y_{i-1}}$步骤的最大值所对应y_{i-1}的取值。这样一来，在最终计算$P(\hat{\boldsymbol{y}})$时可知$\max_{y_n}$对应的y_n的最优取值$\hat{y}_n$，再通过之前计算$\pi(i, \hat{y}_n)$时的记录得知的y_{n-1}最优取值$\hat{y}_{n-1}$，如此不断反推，最终得到完整的最优标签序列。

下面计算维特比算法的时间复杂度。给定序列长度为n，标签数量为L，那么一共需要计算$O(nL)$个不同的$\pi(i, y_i)$，而计算每个$\pi(i, y_i)$需要$O(L)$的时间，因此最终的时间复杂度为$O(nL^2)$。

9.2.3 输入序列的边际概率

除了解码之外，隐马尔可夫模型另一个重要的推理问题是计算整个输入序列的边际概率$P(x_1, \cdots, x_n)$。

$$
P(x_1,\cdots,x_n) = \sum_{y_1,\cdots,y_n} P(x_1,\cdots,x_n,y_1,\cdots,y_{n+1})
$$

通过枚举方式计算求和项的计算复杂度同样也是指数级的，因此同样需要设计动态规划算法来进行求解。这个算法称为前向算法（forward algorithm）。

类比维特比算法，定义$\alpha(i, y_i)$为仅考虑前i个位置、末尾标签为y_i的标签序列的边际概率，并进行如下推导：

$$
\begin{aligned}
\alpha(i, y_i) = P(x_1,\cdots,x_i,y_i) &= \sum_{y_1,\cdots,y_{i-1}} P(x_1,\cdots,x_i,y_1,\cdots,y_i) \\
&= \sum_{y_1,\cdots,y_{i-1}} e(x_i \mid y_i) q(y_i \mid y_{i-1}) P(x_1,\cdots,x_{i-1},y_1,\cdots,y_{i-1}) \\
&= e(x_i \mid y_i) \sum_{y_{i-1}} q(y_i | y_{i-1}) \sum_{y_1,\cdots,y_{i-2}} P(x_1,\cdots,x_{i-1},y_1,\cdots,y_{i-1}) \\
&= e(x_i \mid y_i) \sum_{y_{i-1}} q(y_i | y_{i-1}) \alpha(i-1, y_{i-1})
\end{aligned}
$$

通过以上推导，可以发现$\alpha(i, y_i)$与$\alpha(i-1, y_{i-1})$之间的递推关系，由此可以得到前向算法。

（1）设定起始状态 $\alpha(0, \text{START})=1$，对于 y_0（除 START 之外的其他取值），设 $\alpha(0,y_0)=0$。

（2）使用上述递推公式依次计算 $\alpha(1,y_1),\cdots,\alpha(n,y_n)$。注意，在第 i 步，y_i 有 L 个可能的标签取值，每个取值都需要计算对应的 $\alpha(i, y_i)$。

（3）求解整个输入序列的边际概率：

$$\begin{aligned}P(x_1,\cdots,x_n) &= \sum_{y_1,\cdots,y_n} P(x_1,\cdots,x_n,y_1,\cdots,y_{n+1}) \\ &= \sum_{y_n} q(\text{STOP}|y_n) \sum_{y_1,\cdots,y_{n-1}} P(x_1,\cdots,x_n,y_1,\cdots,y_n) \\ &= \sum_{y_n} q(\text{STOP}|y_n)\pi(n,y_n)\end{aligned}$$

通过对比维特比算法和前向算法可以发现，两者几乎一样，主要区别在于在递推计算中维特比算法使用求最大值操作，而前向算法换成了求和操作。

9.2.4　单个标签的边际概率

我们也可以将上述算法进一步扩展，用于计算某个位置的标签 y_i 加上整个输入序列的边际概率：

$$P(x_1,\cdots,x_n,y_i) = \sum_{y_1,\cdots,y_{i-1}} \sum_{y_{i+1},\cdots,y_n} P(x_1,\cdots,x_n,y_1,\cdots,y_{n+1})$$

为了计算 $P(x_1,\cdots,x_n,y_i)$，可以将其分解成前向和后向两部分：

$$\begin{aligned}P(x_1,\cdots,x_n,y_i) &= P(x_1,\cdots,x_i,y_i)P(x_{i+1},\cdots,x_n \mid y_i,x_1,\cdots,x_i) \\ &= P(x_1,\cdots,x_i,y_i)P(x_{i+1},\cdots,x_n \mid y_i)\end{aligned}$$

其中，第二个等号可以由隐马尔可夫模型所暗含的条件独立性（即 9.2.1 节提及的马尔可夫假设）推得。公式中的第一项 $P(x_1,\cdots,x_i,y_i)$ 就是前向算法中定义的 $\alpha(i,y_i)$，可将其称为前向得分。我们把第二项 $P(x_{i+1},\cdots,x_n \mid y_i)$ 定义为 $\beta(i,y_i)$，将其称为后向得分，其递推公式推导如下：

$$\begin{aligned}\beta(i,y_i) = P(x_{i+1},\cdots,x_n \mid y_i) &= \sum_{y_{i+1},\cdots,y_n} P(x_{i+1},\cdots,x_n,y_{i+1},\cdots,y_{n+1} \mid y_i) \\ &= \sum_{y_{i+1},\cdots,y_n} e(x_{i+1} \mid y_{i+1})q(y_{i+1} \mid y_i)P(x_{i+2},\cdots,x_n,y_{i+2},\cdots,y_{n+1} \mid y_{i+1}) \\ &= \sum_{y_{i+1}} e(x_{i+1} \mid y_{i+1})q(y_{i+1} \mid y_i) \sum_{y_{i+2},\cdots,y_n} P(x_{i+2},\cdots,x_n,y_{i+2},\cdots,y_{n+1} \mid y_{i+1}) \\ &= \sum_{y_{i+1}} e(x_{i+1} \mid y_{i+1})q(y_{i+1} \mid y_i)\beta(i+1,y_{i+1})\end{aligned}$$

类比前向算法，可以得到后向算法（backward algorithm）。

（1）设定起始状态 $\beta(n,y_n)=q(\text{STOP} \mid y_n)$。注意，$y_n$ 有 L 个可能的标签取值。

（2）使用上述递推公式依次计算 $\beta(n-1,y_{n-1}),\cdots,\beta(1,y_1)$。注意，在第 i 步，y_i 有 L 个可能的标签取值，每个取值都需要计算对应的 $\beta(i,y_i)$。

在使用前向算法计算出所有的前向得分 $\alpha(i,y_i)$，使用后向算法计算出所有的后向得分 $\beta(i,y_i)$ 之后，将对应的两个得分相乘即可得 $P(x_1,\cdots,x_n,y_i)$。这个将前向算法和后向算法相结合用于计算单个标签边际概率的方法被称作前向 - 后向算法（forward-backward algorithm）。

时间复杂度上，因为 $\alpha(i,y_i)$ 和 $\beta(i,y_i)$ 均为 $O(nL)$ 个，而每步递推计算需要 $O(L)$ 的时间，因此前向算法和后向算法的时间复杂度均与维特比算法一致，为 $O(nL^2)$。

9.2.5 监督学习

给定输入序列 $\boldsymbol{x}$ 和人工标注的标签序列 $\boldsymbol{y}^*$，隐马尔可夫模型监督学习最简单的方式是最大似然估计，即最大化 $\boldsymbol{x}$ 和 $\boldsymbol{y}^*$ 的联合概率：

$$P(\boldsymbol{x},\boldsymbol{y}^*)=q(y_{n+1}^*\mid y_n^*)\prod_{i=1}^{n}e(x_i\mid y_i^*)q(y_i^*\mid y_{i-1}^*)=\prod_{o,r\in\mathcal{Y}}q(r\mid o)^{c(o,r)}\prod_{v\in\mathcal{X}}\prod_{u\in\mathcal{Y}}e(v\mid u)^{c(u,v)}$$

其中，$\mathcal{X}$ 为输入序列所包含的元素集合，$\mathcal{Y}$ 为标签集合，函数 $c()$ 表示标注数据中的共现计数，例如 $c(o,r)$ 表示标签 r 紧跟标签 o 出现的次数，$c(u,v)$ 表示标签 u 对应的输入元素是 v 的次数。经推导可得，该最大似然估计存在闭式解，其中发射模型 $e(v|u)$ 和转移模型 $q(r|o)$ 的闭式解分别是：

$$e(v\mid u)=\frac{c(u,v)}{\sum_{v'\in\mathcal{X}}c(u,v')}$$

$$q(r\mid o)=\frac{c(o,r)}{\sum_{r'\in\mathcal{Y}}c(o,r')}$$

单纯的最大似然估计常常会有数据稀疏的问题，即很多可能的发射和转移在训练数据中不存在，导致对应的概率估算为 0。请参考朴素贝叶斯（见 4.2.1 节）和 n 元语法模型（见 6.2 节）中类似问题的解决方案。

9.2.6 无监督学习

假设训练数据只包含输入序列 $\boldsymbol{x}$ 而没有标签序列 $\boldsymbol{y}^*$，这时就需要进行无监督学习。序列标注无监督学习的一个应用场景是所谓词性归纳，即在没有事先定义词性标签的情况下，自动地从文本中归纳出词性标签的集合。无监督学习的一种常见方式是要最大化输入序列的边际概率：

$$P(x_1,\cdots,x_n)=\sum_{y_1,\cdots,y_n}P(x_1,\cdots,x_n,y_1,\cdots,y_{n+1})$$

如何优化这个目标函数呢？第 5 章介绍了如何用最大期望值法来最大化数据点的边际概率，从而进行用于文本聚类的无监督学习。这里同样需要使用最大期望算法来最大化输入序列的边际概率，从而进行基于隐马尔可夫模型的序列标注无监督学习。首先初始化转移模型和发射模型的参数，例如使用随机初始化。然后反复交替进行 E 步骤和 M 步骤，直到模型收敛。

1. E 步骤

在 E 步骤中，理论上需要计算标签序列 $\boldsymbol{y}$ 在给定输入序列的条件下的概率分布，这类似于第 5 章中计算每个数据点的标签概率分布。然而，$\boldsymbol{y}$ 的所有可能取值（即所有可能的标签序列）的个数是指数级的，我们无法显式地计算出这个概率分布。因此，这里我们转而计算所谓期望计数，也就是：

$$c(S) = \mathbb{E}_{P(y_1,\cdots,y_{n+1}|x_1,\cdots,x_n)}[\text{count}(S|x_1,\cdots,x_n,y_1,\cdots,y_{n+1})]$$

其中，S 表示某一个特定的结构，例如某个标签、某个转移或某个发射；count() 函数表示给定某一组完整的输入序列和标签序列，该结构总共出现了多少次。期望计数是从标签序列概率分布中总结出来的有用信息，并且存在多项式时间复杂度内可求解的计算公式。对于标签（如 NN）、转移（如 NN → VB）和发射（如 NN → apple），其计算公式分别为

$$\begin{aligned}
c(\text{NN}) &= \sum_i P(y_i = \text{NN}|x_1,\cdots,x_n) \\
&= \sum_i \frac{P(x_1,\cdots,x_n,y_i=\text{NN})}{P(x_1,\cdots,x_n)} \\
&= \frac{\sum_i \alpha(i,y_i=\text{NN})\beta(i,y_i=\text{NN})}{P(x_1,\cdots,x_n)}
\end{aligned}$$

$$\begin{aligned}
c(\text{NN}\to\text{VB}) &= \sum_i P(y_i=\text{NN},y_{i+1}=\text{VB}|x_1,\cdots,x_n) \\
&= \sum_i \frac{P(x_1,\cdots,x_n,y_i=\text{NN},y_{i+1}=\text{VB})}{P(x_1,\cdots,x_n)} \\
&= \frac{\sum_i \alpha(i,y_i=\text{NN})q(\text{VB}|\text{NN})e(x_{i+1}|\text{VB})\beta(i+1,y_{i+1}=\text{VB})}{P(x_1,\cdots,x_n)}
\end{aligned}$$

$$\begin{aligned}
c(\text{NN}\to\text{apple}) &= \sum_{i:x_i=\text{apple}} P(y_i=\text{NN}|x_1,\cdots,x_n) \\
&= \sum_{i:x_i=\text{apple}} \frac{P(x_1,\cdots,x_n,y_i=\text{NN})}{P(x_1,\cdots,x_n)} \\
&= \frac{\sum_{i:x_i=\text{apple}} \alpha(i,y_i=\text{NN})\beta(i,y_i=\text{NN})}{P(x_1,\cdots,x_n)}
\end{aligned}$$

2. M 步骤

M 步骤的目标是通过最大化下面的对数似然期望来计算转移模型与发射模型的新参数：

$$\mathbb{E}_{Q(y_1,\cdots,y_{n+1})}[\log P(x_1,\cdots,x_n,y_1,\cdots,y_{n+1})]$$

其中，Q 指代 E 步骤的计算所基于的标签序列的概率分布。这个优化问题存在闭式解：

$$e_{new}(x|y) = \frac{c(y,x)}{c(y)}$$

$$q_{new}(y_i|y_{i-1}) = \frac{c(y_{i-1},y_i)}{c(y_{i-1})}$$

交替迭代 E 步骤和 M 步骤，直到模型收敛，我们就完成了最大期望值法。这个针对隐马尔可夫模型的最大期望值法也称 Baum-Welch 算法。

除了最大期望值法之外，其实也可以通过梯度下降的方式来最大化输入序列的边际概率。具体而言，首先通过前向算法计算边际概率 $P(x_1,\cdots,x_n)$ ，然后在前向算法的计算图上通过反向传播的方式进行转移模型与发射模型的参数学习。有趣的是，这种前向算法加反向传播的流程与前面介绍的前向 - 后向算法几乎是一致的 [36]。

9.2.7 部分代码实现

下面展示基于隐马尔可夫模型的序列标注监督学习的代码。这里以命名实体识别任务为例，所使用的数据来自 Books 数据集。为简单起见，标签序列采用 BIO 格式。首先构建数据集和标签集合：

```
import os
import json
from collections import defaultdict

class NERDataset:
    def __init__(self):
        train_file, test_file, label_file = 'train.jsonl', 'test.jsonl', 'labels.json'

        def read_file(file_name):
            with open(file_name, 'r', encoding='utf-8') as fin:
                json_list = list(fin)
            data_split = []
            for json_str in json_list:
                raw = json.loads(json_str)
                d = {'tokens': raw['tokens'], 'tags': raw['tags']}
                data_split.append(d)
            return data_split

        # 读取JSON文件，转化为Python对象
        self.train_data, self.test_data = read_file(train_file), read_file(test_file)
        self.label2id = json.loads(open(label_file, 'r').read())
        self.id2label = {}
        for k, v in self.label2id.items():
            self.id2label[v] = k
        print(self.label2id)

    # 建立词表，过滤低频词
    def build_vocab(self, min_freq=3):
        # 统计词频
        frequency = defaultdict(int)
        for data in self.train_data:
            tokens = data['tokens']
            for token in tokens:
                frequency[token] += 1

        print(f'unique tokens = {len(frequency)}, '+
              f'total counts = {sum(frequency.values())}, '+
              f'max freq = {max(frequency.values())}, '+
              f'min freq = {min(frequency.values())}')
```

```
        # 由于词与标签一一对应，不能随便删除字符
        # 因此加入<unk>用于替代未登录词，加入<pad>用于批量训练
        self.token2id = {'<pad>': 0, '<unk>': 1}
        self.id2token = {0: '<pad>', 1: '<unk>'}
        total_count = 0
        # 将高频词加入词表
        for token, freq in sorted(frequency.items(), key=lambda x: -x[1]):
            if freq > min_freq:
                self.token2id[token] = len(self.token2id)
                self.id2token[len(self.id2token)] = token
                total_count += freq
            else:
                break
        print(f'min_freq = {min_freq}, '
              f'remaining tokens = {len(self.token2id)}, '
              f'in-vocab rate = {total_count / sum(frequency.values())}')

    # 将文本输入转化为词表中对应的索引
    def convert_tokens_to_ids(self):
        for data_split in [self.train_data, self.test_data]:
            for data in data_split:
                data['token_ids'] = []
                for token in data['tokens']:
                    data['token_ids'].append(self.token2id.get(token, 1))

dataset = NERDataset()
```

```
{'B-NAME': 1, 'I-ORG': 2, 'B-PRO': 3, 'B-EDU': 4, 'I-NAME': 5, 'B-LOC': 6, 'B-TITLE':
7, 'B-RACE': 8, 'I-TITLE': 9, 'I-RACE': 10, 'I-PRO': 11, 'B-CONT': 12, 'I-EDU': 13,
'I-LOC': 14, 'I-CONT': 15, 'B-ORG': 16, 'O': 0}
```

接下来建立词表，将词元转换为索引，并将数据转化为适合训练的格式。

```
# 截取一部分数据以便更快训练
dataset.train_data = dataset.train_data[:1000]
dataset.test_data = dataset.test_data[:200]

dataset.build_vocab(min_freq=0)
dataset.convert_tokens_to_ids()
print(dataset.train_data[0]['token_ids'])
print([dataset.id2token[token_id] for token_id in dataset.train_data[0]['token_ids']])

def collect_data(data_split):
    X, Y = [], []
    for data in data_split:
        assert len(data['token_ids']) == len(data['tags'])
        X.append(data['token_ids'])
        Y.append(data['tags'])
    return X, Y

train_X, train_Y = collect_data(dataset.train_data)
test_X, test_Y = collect_data(dataset.test_data)
```

```
unique tokens = 2454, total counts = 182068, max freq = 5630, min freq = 1
min_freq = 0, remaining tokens = 2456, in-vocab rate = 1.0
[595, 510, 353, 263, 424, 225, 764, 637, 353, 65, 80, 47, 41, 74, 53, 41, 141, 23,
74, 7, 259, 27, 135, 47, 31, 74, 67, 25, 1605, 815, 1157, 225, 595, 1158, 738, 688,
353, 1025, 65, 234, 27, 135, 316, 41, 31, 7, 80, 41, 42, 31, 47, 27, 528, 41, 141,
```

```
27, 135, 67, 1005, 1606, 363, 19, 677, 294, 37, 678, 1756, 604, 873, 1006, 1005, 353,
33, 30, 9, 113, 5, 45, 11, 82, 60, 21, 26, 5, 186, 153, 100, 565, 873, 353, 424,
1993, 387, 346, 250, 13, 5, 102, 214, 25, 11, 82, 60, 21, 26, 5, 186, 2, 7, 459, 97,
89, 147, 140, 139, 69, 46, 21, 12, 2, 7, 964, 98, 240, 677, 59, 9, 103, 11, 82, 60,
335, 200, 76, 26, 6, 110, 20, 9, 15, 4, 122, 539, 241, 99, 621, 40, 200, 57, 82, 156,
25, 11, 82, 381, 371, 91, 202, 6, 52, 2, 7, 670, 100, 84, 204, 53, 120, 27, 42, 3,
56, 1159, 3, 329, 31, 265, 31, 3, 56, 394, 394, 3, 84, 357, 84, 7, 25, 397, 7, 41, 7,
74, 7, 135, 7, 31, 7, 87, 7, 259, 7, 31, 7, 74, 7, 41, 7, 131, 7, 28, 289, 385, 4]
['阿', '里', '斯', '提', '德', '·', '波', '拉', '斯', '（', 'A', 'r', 'i', 's', 't',
'i', 'd', 'e', 's', ' ', 'B', 'o', 'u', 'r', 'a', 's', '）', '和', '卢', '卡', '雅', '
·', '阿', '伊', '纳', '罗', '斯', '托', '（', 'L', 'o', 'u', 'k', 'i', 'a', ' ', 'A',
'i', 'n', 'a', 'r', 'o', 'z', 'i', 'd', 'o', 'u', '）', '夫', '妇', '二', '人', '均', '
拥', '有', '希', '腊', '比', '雷', '埃', '夫', '斯', '技', '术', '教', '育', '学', '院', '
计', '算', '机', '工', '程', '学', '位', '以', '及', '色', '雷', '斯', '德', '谟', '克', '
利', '特', '大', '学', '电', '子', '和', '计', '算', '机', '工', '程', '学', '位', '，',
' ', '都', '从', '事', '过', '软', '件', '开', '发', '工', '作', '，', ' ', '且', '目', '
前', '均', '为', '教', '授', '计', '算', '机', '相', '关', '课', '程', '的', '高', '中', '
教', '师', '。', '他', '们', '写', '了', '很', '多', '关', '于', '算', '法', '和', '计', '
算', '思', '维', '方', '面', '的', '书', '，', ' ', '涉', '及', 'P', 'y', 't', 'h', 'o',
'n', '、', 'C', '#', '、', 'J', 'a', 'v', 'a', '、', 'C', '+', '+', '、', 'P', 'H',
'P', ' ', '和', 'V', ' ', 'i', ' ', 's', ' ', 'u', 'a', 'l', ' ', 'B', ' ',
'a', ' ', 's', ' ', 'i', ' ', 'c', ' ', '等', '语', '言', '。']
```

然后实现隐马尔可夫模型，使用最大似然估计得到模型参数，使用维特比算法进行解码。

```
import numpy as np

class HMM:
    def __init__(self, n_tags, n_tokens):
        self.n_tags = n_tags
        self.n_tokens = n_tokens

    # 使用最大似然估计计算模型参数
    def fit(self, X, Y):
        Y0_cnt = np.zeros(self.n_tags)
        YY_cnt = np.zeros((self.n_tags, self.n_tags))
        YX_cnt = np.zeros((self.n_tags, self.n_tokens))
        for x, y in zip(X, Y):
            Y0_cnt[y[0]] += 1
            last_y = y[0]
            for i in range(1, len(y)):
                YY_cnt[last_y, y[i]] += 1
                last_y = y[i]
            for xi, yi in zip(x, y):
                YX_cnt[yi, xi] += 1
        self.init_prob = Y0_cnt / Y0_cnt.sum()
        self.transition_prob = YY_cnt
        self.emission_prob = YX_cnt
        for i in range(self.n_tags):
            # 为了避免训练集过小时除以0
            yy_sum = YY_cnt[i].sum()
            if yy_sum > 0:
                self.transition_prob[i] = YY_cnt[i] / yy_sum
            yx_sum = YX_cnt[i].sum()
            if yx_sum > 0:
                self.emission_prob[i] = YX_cnt[i] / yx_sum

    # 模型参数已知的条件下，使用维特比算法解码得到最优标签序列
```

```
    def viterbi(self, x):
        assert hasattr(self, 'init_prob') and hasattr(self,
            'transition_prob') and hasattr(self, 'emission_prob')
        Pi = np.zeros((len(x), self.n_tags))
        Y = np.zeros((len(x), self.n_tags), dtype=np.int32)
        # 初始化
        for i in range(self.n_tags):
            Pi[0, i] = self.init_prob[i] * self.emission_prob[i, x[0]]
            Y[0, i] = -1
        for t in range(1, len(x)):
            for i in range(self.n_tags):
                tmp = []
                for j in range(self.n_tags):
                    tmp.append(self.transition_prob[j, i] * Pi[t-1, j])
                best_j = np.argmax(tmp)
                # 维特比算法递推公式
                Pi[t, i] = self.emission_prob[i, x[t]] * tmp[best_j]
                Y[t, i] = best_j
        y = [np.argmax(Pi[-1])]
        for t in range(len(x)-1, 0, -1):
            y.append(Y[t, y[-1]])
        return np.max(Pi[len(x)-1]), y[::-1]

    def decode(self, X):
        Y = []
        for x in X:
            _, y = self.viterbi(x)
            Y.append(y)
        return Y

hmm = HMM(len(dataset.label2id), len(dataset.token2id))
hmm.fit(train_X, train_Y)
```

最后验证模型效果。类比 4.3 节介绍的精度、召回和 F1 值，这里我们定义基于实体的精度、召回和 F1 值。给定人工标注的真实实体集合 $\mathcal{E}^*$ 和模型预测的实体集合 $\hat{\mathcal{E}}$，定义各评价指标如下：

$$\text{Prec} = \frac{|\mathcal{E}^* \cap \hat{\mathcal{E}}|}{|\hat{\mathcal{E}}|}$$

$$\text{Rec} = \frac{|\mathcal{E}^* \cap \hat{\mathcal{E}}|}{|\mathcal{E}^*|}$$

$$F_1 = \frac{2 \times \text{Prec} + \text{Rec}}{\text{Prec} + \text{Rec}}$$

```
def extract_entity(labels):
    entity_list = []
    entity_start = -1
    entity_length = 0
    entity_type = None
    for token_index, label in enumerate(labels):
        if label.startswith('B'):
            if entity_start != -1:
                # 遇到了一个新的B，将上一个实体加入列表
                entity_list.append((entity_start, entity_length, entity_type))
            # 记录新实体
```

```
                entity_start = token_index
                entity_length = 1
                entity_type = label.split('-')[1]
            elif label.startswith('I'):
                if entity_start != -1:
                    # 上一个实体未关闭，遇到了一个新的I
                    if entity_type == label.split('-')[1]:
                        # 若上一个实体与当前类型相同，长度+1
                        entity_length += 1
                    else:
                        # 若上一个实体与当前类型不同
                        # 将上一个实体加入列表，重置实体
                        entity_list.append((entity_start, entity_length, entity_type))
                        entity_start = -1
                        entity_length = 0
                        entity_type = None
            else:
                if entity_start != -1:
                    # 遇到了一个新的O，将上一个实体加入列表
                    entity_list.append((entity_start, entity_length, entity_type))
                # 重置实体
                entity_start = -1
                entity_length = 0
                entity_type = None
        if entity_start != -1:
            # 将上一个实体加入列表
            entity_list.append((entity_start, entity_length, entity_type))
        return entity_list

    def compute_metric(Y, P):
        true_entity_set = set()
        pred_entity_set = set()
        for sent_no, labels in enumerate(Y):
            labels = [dataset.id2label[x] for x in labels]
            for ent in extract_entity(labels):
                true_entity_set.add((sent_no, ent))
        for sent_no, labels in enumerate(P):
            labels = [dataset.id2label[x] for x in labels]
            for ent in extract_entity(labels):
                pred_entity_set.add((sent_no, ent))
        if len(true_entity_set) > 0:
            recall = len(true_entity_set & pred_entity_set) / len(true_entity_set)
        else:
            recall = 0
        if len(pred_entity_set) > 0:
            precision = len(true_entity_set & pred_entity_set) / len(pred_entity_set)
        else:
            precision = 0
        if precision > 0 and recall > 0:
            f1 = 2 * precision * recall / (precision + recall)
        else:
            f1 = 0
        return precision, recall, f1

    train_P = hmm.decode(train_X)
    p, r, f = compute_metric(train_Y, train_P)
    print(f'precision = {p}, recall = {r}, f1 = {f}')
    test_P = hmm.decode(test_X)
```

```
p, r, f = compute_metric(test_Y, test_P)
print(f'precision = {p}, recall = {r}, f1 = {f}')
```

```
precision = 0.45762149610217284, recall = 0.3289222699093944, f1 = 0.38274259554692375
precision = 0.4189636163175303, recall = 0.23270055113288426, f1 = 0.2992125984251969
```

为了进一步提升效果，可以使用更好的分词、更多的训练数据，也可以筛选一部分实体类别以降低问题难度。

9.3 条件随机场

回顾本章介绍的两个方法，一个是最简单的方式：给定每个词，计算最有可能的标签。这种方式会有两个问题：它不考虑上下文的信息；它不考虑相邻标签的关系。另一个是隐马尔可夫模型，通过转移模型建模了相邻标签之间的关系，但是隐马尔可夫模型的一个重要缺点在于，它的发射模型将输入序列中的每个元素独立建模。在很多场景下，一些输入元素会具有歧义性，其标签依赖它在序列中的上下文，因此独立建模每个元素无法很好地消歧。例如词性标注任务中，很多词有多个可能的词性，需要靠上下文来判断其实际词性（如“中奖”和“中文”的“中”字分别是动词和名词）。本节将介绍基于线性链条件随机场（linear-chain conditional random field）的序列标注模型，它是一种判别式模型，既能建模相邻标签之间的关系，又能够充分考虑每个输入元素的上下文信息。线性链条件随机场下文简称条件随机场（conditional random field，CRF）。

9.3.1 模型

与隐马尔可夫模型类似，条件随机场也会建模相邻标签之间的关系。但是，条件随机场基于马尔可夫随机场（Markov random field），也称马尔可夫网络（Markov network）这类无向图模型，而非隐马尔可夫模型所采用的贝叶斯网络这类有向图模型。这意味着相邻标签之间的关系不再通过转移概率建模，而是使用所谓打分函数来评价任意两个标签相邻的合理性（打分函数取幂就是马尔可夫随机场中的势函数）。使用打分函数替代转移概率建模的好处在于避免所谓标签偏差问题（label bias problem），关于具体细节这里不再展开讨论。条件随机场的另一个重要特点是以输入序列作为条件建模标签序列，也就是说建模相邻标签之间关系的打分函数也需要同时考虑整个输入序列。通过这种方式，条件随机场可以充分考虑每个标签对应的输入元素的完整上下文信息，而不像隐马尔可夫模型那样，转移模型与输入无关并且发射模型仅考虑单个输入元素。条件随机场的模型结构如图 9-7 所示，这种无向图模型也称为因子图（factor graph）。

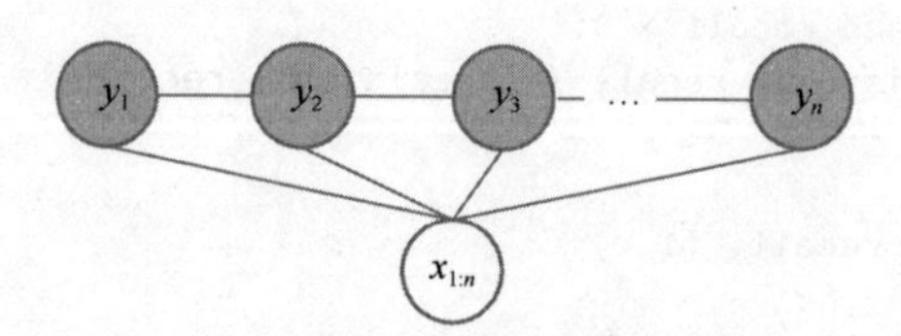

图 9-7　条件随机场的模型结构

条件随机场建模了给定输入序列时标签序列的条件概率：

$$P(\boldsymbol{y} \mid \boldsymbol{x}) = \frac{\prod_{i=1}^{n+1} \exp(s(y_{i-1}, y_i, \boldsymbol{x}))}{Z(\boldsymbol{x})}$$

其中，$Z(\boldsymbol{x})$ 是归一化项，用以保证计算结果是合法的概率值，即所有标签序列的条件概率和为 1：

$$Z(\boldsymbol{x}) = \sum_{\boldsymbol{y}'} \prod_{i=1}^{n+1} \exp(s(y'_{i-1}, y'_i, \boldsymbol{x}))$$

$Z(\boldsymbol{x})$ 也常被称为配分函数（partition function）。$s(y_{i-1}, y_i, \boldsymbol{x})$ 是打分函数，有时会将其分解成发射得分和转移得分：

$$s(y_{i-1}, y_i, \boldsymbol{x}) = s_e(y_i, \boldsymbol{x}) + s_q(y_{i-1}, y_i)$$

其中，转移得分 $s_q(y_{i-1}, y_i)$ 一般表示为一个转移矩阵，或者使用一个以标签嵌入（即标签的稠密向量表示）作为输入的神经网络计算得到。发射得分在过去一般将输入序列和标签 y_i 的各种人工定义的特征值（例如 y_i 是否是标签“B”、对应的词是否是名词等）进行加权求和得到，但现在的标准做法是使用神经网络计算得到，详见 9.4 节。

9.3.2 解码

条件随机场的解码同样是指给定输入序列，找到概率最大的标签序列：

$$\begin{aligned}
\hat{\boldsymbol{y}} &= \arg\max_{y_1,\cdots,y_n} \frac{\prod_{i=1}^{n+1} \exp(s(y_{i-1}, y_i, \boldsymbol{x}))}{Z(\boldsymbol{x})} \\
&= \arg\max_{y_1,\cdots,y_n} \prod_{i=1}^{n+1} \exp(s(y_{i-1}, y_i, \boldsymbol{x})) \\
&= \arg\max_{y_1,\cdots,y_n} \exp\left(\sum_{i=1}^{n+1} (s(y_{i-1}, y_i, \boldsymbol{x}))\right) \\
&= \arg\max_{y_1,\cdots,y_n} \sum_{i=1}^{n+1} (s(y_{i-1}, y_i, \boldsymbol{x}))
\end{aligned}$$

我们可以把上面公式最后一行的求和项看作标签序列的得分 $s(\boldsymbol{y})$：

$$s(\boldsymbol{y}) := \sum_{i=1}^{n+1} s(y_{i-1}, y_i, \boldsymbol{x})$$

与隐马尔可夫模型类似，我们同样需要使用维特比算法进行动态规划求解。定义 $\pi(i, y_i)$ 为仅考虑前 i 个位置、末尾标签为 y_i 的标签序列的最大得分，并推导出如下递推公式：

$$\begin{aligned}
\pi(i, y_i) &= \max_{y_1,\cdots,y_{i-1}} \sum_{t=1}^{i} s(y_{t-1}, y_t, \boldsymbol{x}) \\
&= \max_{y_{i-1}} s(y_{t-1}, y_t, \boldsymbol{x}) \max_{y_1,\cdots,y_{i-2}} \sum_{t=1}^{i-1} s(y_{t-1}, y_t, \boldsymbol{x}) \\
&= \max_{y_{i-1}} s(y_{t-1}, y_t, \boldsymbol{x}) + \pi(i-1, y_{i-1})
\end{aligned}$$

基于这个递推公式，我们可以运行维特比算法（起始状态设为 $\pi(0, \text{START})=0$）。

9.3.3 监督学习

条件随机场监督学习的一个常见优化目标是最小化人工标注的标签序列 $\boldsymbol{y}^*$ 的负对数条件似然：

$$\begin{aligned}\mathcal{L} &= -\log P(\boldsymbol{y}^* \mid \boldsymbol{x}) \\ &= -\log \frac{\prod_{i=1}^{n+1} \exp(y_{i-1}^*, y_i^*, \boldsymbol{x}))}{Z(\boldsymbol{x})} \\ &= -\sum_{i=1}^{n+1} s(y_{i-1}^*, y_i^*, \boldsymbol{x}) + \log Z(\boldsymbol{x})\end{aligned}$$

其中，配分函数 $Z(\boldsymbol{x})$ 表示所有可能的标签序列的得分取幂求和，这可以用前向算法来计算。这个目标函数可以通过梯度下降进行优化。若手动推导梯度，可发现该目标函数的梯度包含期望计数，这可以使用前向-后向算法来计算。当然，我们也可以使用自动求导工具通过反向传播计算梯度。

除了负对数条件似然之外，另一个常见的优化目标是如下所示的基于边际（margin）的损失函数，使用该损失函数的方法常被称为结构化支持向量机（structured support vector machine，SSVM）。

$$\mathcal{L} = \max_{\boldsymbol{y}}(s(\boldsymbol{y}) + \Delta(\boldsymbol{y}, \boldsymbol{y}^*) - s(\boldsymbol{y}^*))$$

其中，$\Delta(\boldsymbol{y}, \boldsymbol{y}^*) \geqslant 0$ 表示模型预测是 $\boldsymbol{y}$ 但实际目标是 $\boldsymbol{y}^*$ 时产生的损失。显然，如果预测正确则损失为 0，即 $\Delta(\boldsymbol{y}^*, \boldsymbol{y}^*) = 0$。当 Δ 可以按位置分解时，$\max_{\boldsymbol{y}}$ 可以使用维特比算法计算，例如以下 $\Delta()$ 函数的定义：

$$\Delta(\boldsymbol{y}, \boldsymbol{y}^*) = \sum_{i=1}^{n} \mathbb{1}(y_i \neq y_i^*)$$

其中，$\mathbb{1}()$ 函数当括号内条件成立时返回 1，否则返回 0。由于这个公式将总的损失定义为每个位置的损失和，因此可以将每个位置的损失加到 $s(\boldsymbol{y})$ 中每个位置的发射得分里，从而可使用维特比算法计算 $\max_{\boldsymbol{y}}$。

基于边际的损失函数的一个优点在于将预测错误导致损失的衡量方式 $\Delta()$ 考虑在内。此外，不难看出，当任何错误标签序列 $\boldsymbol{y}$ 的得分都小于正确序列 $\boldsymbol{y}^*$ 的得分，并且两者得分之差大于或等于 $\Delta(\boldsymbol{y}, \boldsymbol{y}^*)$（即所谓边际）时，该损失函数就取得了理论上的最小值 0。因此，基于边际的损失函数的另一个优点在于当正确标签序列的得分足够大时，就达到了优化目标，而不像负对数条件似然那样，需要无止境地提升正确标签序列的得分并且降低错误标签序列的得分。

注意，基于边际的损失函数并非处处可微，我们可以使用次梯度（subgradient）方法或者二次规划（quadratic programming）进行优化。

9.3.4 无监督学习

给定只包含输入序列而没有标签序列的无监督训练数据，条件随机场无法像隐马尔可夫模型那样计算输入序列的边际概率，不过我们可以通过条件随机场自编码器（conditional random field autoencoder，CRF-AE）[37] 这个新方法进行无监督学习。在条件随机场自编码器中，编码器是一个线性链条件随机场，而解码器则是简单地通过每个标签来预测其所对应的输入元素（记为 $\hat{x}_i$），如图 9-8 所示。

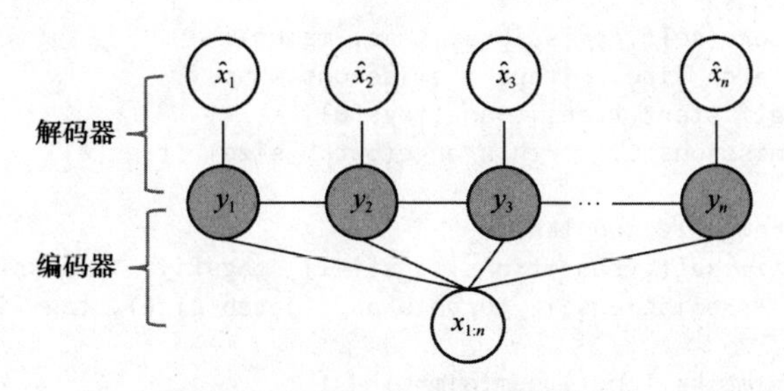

图 9-8 CRF-AE 的模型结构

CRF-AE 的训练目标是使得解码器输出的预测与实际输入尽可能一致，其损失函数定义为

$$\begin{aligned}\mathcal{L} &= -\log P(\hat{\boldsymbol{x}} \mid \boldsymbol{x}) = -\log \sum_{\boldsymbol{y}} P(\boldsymbol{y} \mid \boldsymbol{x}) P(\hat{\boldsymbol{x}} \mid \boldsymbol{y}) \\ &= -\log \sum_{\boldsymbol{y}} \frac{1}{Z(\boldsymbol{x})} \prod_{i=1}^{n+1} \exp(s(y_{i-1}, y_i, \boldsymbol{x})) P(\hat{x}_i \mid y_i)\end{aligned}$$

可以看到解码器的预测概率是按位置分解的，因此可以将其乘入每个位置的发射得分，从而可以通过前向算法来计算损失函数中的求和项。配分函数 $Z(\boldsymbol{x})$ 同样使用前向算法计算。我们依然可以使用梯度下降来优化这个损失函数。

9.3.5 部分代码实现

下面展示基于条件随机场的序列标注模型。

```
"""
代码修改自GitHub项目kmkurn/pytorch-crf
 (Copyright (c) 2019, Kemal Kurniawan, MIT License (见附录))
"""
import torch
from torch import nn

class CRFLayer(nn.Module):
    def __init__(self, n_tags, n_features):
        super().__init__()
        self.n_tags = n_tags
        self.n_features = n_features
        # 定义模型参数
        self.transitions = nn.Parameter(torch.empty(n_tags, n_tags))
        self.emission_weight = nn.Parameter(torch.empty(n_features, n_tags))
        self.start_transitions = nn.Parameter(torch.empty(n_tags))
        self.end_transitions = nn.Parameter(torch.empty(n_tags))
```

```
        self.reset_parameters()

    # 使用 (-0.1,0.1)区间的均匀分布初始化参数
    def reset_parameters(self):
        nn.init.uniform_(self.transitions, -0.1, 0.1)
        nn.init.uniform_(self.emission_weight, -0.1, 0.1)
        nn.init.uniform_(self.start_transitions, -0.1, 0.1)
        nn.init.uniform_(self.end_transitions, -0.1, 0.1)

    # 使用动态规划计算得分
    def compute_score(self, emissions, tags, masks):
        seq_len, batch_size, n_tags = emissions.shape
        score = self.start_transitions[tags[0]] +
                emissions[0, torch.arange(batch_size), tags[0]]

        for i in range(1, seq_len):
            score += self.transitions[tags[i-1], tags[i]] * masks[i]
            score += emissions[i, torch.arange(batch_size), tags[i]] * masks[i]

        seq_ends = masks.long().sum(dim=0) - 1
        last_tags = tags[seq_ends, torch.arange(batch_size)]
        score += self.end_transitions[last_tags]
        return score

    # 计算配分函数
    def computer_normalizer(self, emissions, masks):
        seq_len, batch_size, n_tags = emissions.shape
        # batch_size * n_tags, [起始得分 + y_0为某标签的发射得分 ...]
        score = self.start_transitions + emissions[0]

        for i in range(1, seq_len):
            # batch_size * n_tags * 1 [y_{i-1}为某标签的总分]
            broadcast_score = score.unsqueeze(2)
            # batch_size * 1 * n_tags [y_i为某标签的发射得分]
            broadcast_emissions = emissions[i].unsqueeze(1)
            # batch_size * n_tags * n_tags [任意y_{i-1}到y_i的总分]
            next_score = broadcast_score + self.transitions + broadcast_emissions
            # batch_size * n_tags [对y_{i-1}求和]
            next_score = torch.logsumexp(next_score, dim=1)
            # masks为True则更新，否则保留
            score = torch.where(masks[i].unsqueeze(1), next_score, score)

        score += self.end_transitions
        return torch.logsumexp(score, dim=1)

    def forward(self, features, tags, masks):
        """
        features: seq_len * batch_size * n_features
        tags/masks: seq_len * batch_size
        """
        _, batch_size, _ = features.size()
        emissions = torch.matmul(features, self.emission_weight)
        masks = masks.to(torch.bool)

        score = self.compute_score(emissions, tags, masks)
        partition = self.computer_normalizer(emissions, masks)

        likelihood = score - partition
```

```
        return likelihood.sum() / batch_size

    def decode(self, features, masks):
        # 与computer_normalizer类似，sum变为max
        emissions = torch.matmul(features, self.emission_weight)
        masks = masks.to(torch.bool)

        seq_len, batch_size, n_tags = emissions.shape
        score = self.start_transitions + emissions[0]
        history = []

        for i in range(1, seq_len):
            broadcast_score = score.unsqueeze(2)
            broadcast_emission = emissions[i].unsqueeze(1)

            next_score = broadcast_score + self.transitions + broadcast_emission
            next_score, indices = next_score.max(dim=1)

            score = torch.where(masks[i].unsqueeze(1), next_score, score)
            history.append(indices)

        score += self.end_transitions
        seq_ends = masks.long().sum(dim=0) - 1
        best_tags_list = []

        for idx in range(batch_size):
            _, best_last_tag = score[idx].max(dim=0)
            best_tags = [best_last_tag.item()]

            for hist in reversed(history[:seq_ends[idx]]):
                best_last_tag = hist[idx][best_tags[-1]]
                best_tags.append(best_last_tag.item())

            best_tags.reverse()
            best_tags_list.append(best_tags)

        return best_tags_list
```

```
class CRF(nn.Module):
    def __init__(self, vocab_size, hidden_size, n_tags):
        super().__init__()
        self.embedding = nn.Embedding(vocab_size, hidden_size)
        self.crf = CRFLayer(n_tags, hidden_size)

    def forward(self, input_ids, masks, labels):
        """
        input_ids/masks/labels: batch_size * seq_len
        """
        # 将输入序列转化为词嵌入序列
        # batch_size * seq_len * embed_size
        embed = self.embedding(input_ids)
        embed = torch.transpose(embed, 0, 1)
        masks = torch.transpose(masks, 0, 1)
        labels = torch.transpose(labels, 0, 1)
        # 隐状态和标签、掩码输入条件随机场计算损失
        llh = self.crf(embed, labels, masks)
        return -llh
```

```
    def decode(self, input_ids, masks):
        embed = self.embedding(input_ids)
        embed = torch.transpose(embed, 0, 1)
        masks = torch.transpose(masks, 0, 1)
        # 调用CRFLayer()进行解码
        return self.crf.decode(embed, masks)
```

```
import numpy as np
from torch.utils.data import Dataset, DataLoader
from torch.optim import SGD, Adam
from copy import deepcopy

# 将数据适配为PyTorch数据集
class SeqLabelDataset(Dataset):
    def __init__(self, tokens, labels):
        self.tokens = deepcopy(tokens)
        self.labels = deepcopy(labels)

    def __getitem__(self, idx):
        return self.tokens[idx], self.labels[idx]

    def __len__(self):
        return len(self.labels)

    # 将每个批次转化为PyTorch张量
    @classmethod
    def collate_batch(cls, inputs):
        input_ids, labels, masks = [], [], []
        max_len = -1
        for ids, tags in inputs:
            input_ids.append(ids)
            labels.append(tags)
            masks.append([1] * len(tags))
            max_len = max(max_len, len(ids))
        for ids, tags, msks in zip(input_ids, labels, masks):
            pad_len = max_len - len(ids)
            ids.extend([0] * pad_len)
            tags.extend([0] * pad_len)
            msks.extend([0] * pad_len)
        input_ids = torch.tensor(np.array(input_ids), dtype=torch.long)
        labels = torch.tensor(np.array(labels), dtype=torch.long)
        masks = torch.tensor(np.array(masks), dtype=torch.uint8)
        return {'input_ids': input_ids, 'masks': masks, 'labels': labels}

# 准备数据
train_dataset = SeqLabelDataset(train_X, train_Y)
test_dataset = SeqLabelDataset(test_X, test_Y)

from tqdm import tqdm, trange
import matplotlib.pyplot as plt

def train(model, batch_size, epochs, learning_rate):
    train_dataloader = DataLoader(train_dataset, batch_size=batch_size, shuffle=True,
            collate_fn=SeqLabelDataset.collate_batch)
    optimizer = Adam(model.parameters(), lr=learning_rate)
    model.zero_grad()
    tr_step = []
    tr_loss = []
```

```
    global_step = 0

    with trange(epochs, desc='epoch', ncols=60) as pbar:
        for epoch in pbar:
            model.train()
            for step, batch in enumerate(train_dataloader):
                global_step += 1
                loss = model(**batch)
                loss.backward()
                optimizer.step()
                model.zero_grad()
                pbar.set_description(f'epoch-{epoch}, '+ f'loss={loss.item():.2f}')

                if epoch > 0:
                    tr_step.append(global_step)
                    tr_loss.append(loss.item())

    # 打印损失曲线
    plt.plot(tr_step, tr_loss, label='train loss')
    plt.xlabel('training steps')
    plt.ylabel('loss')
    plt.legend()
    plt.show()

vocab_size = len(dataset.token2id)
hidden_size = 32
n_tags = len(dataset.label2id)
crf = CRF(vocab_size, hidden_size, n_tags)
batch_size = 128
epochs = 20
learning_rate = 1e-2
train(crf, batch_size, epochs, learning_rate)
```

```
epoch-19, step_loss=54.49: 100%|██████████| 20/20 [04:53<00:00, 14.68s/it]
```

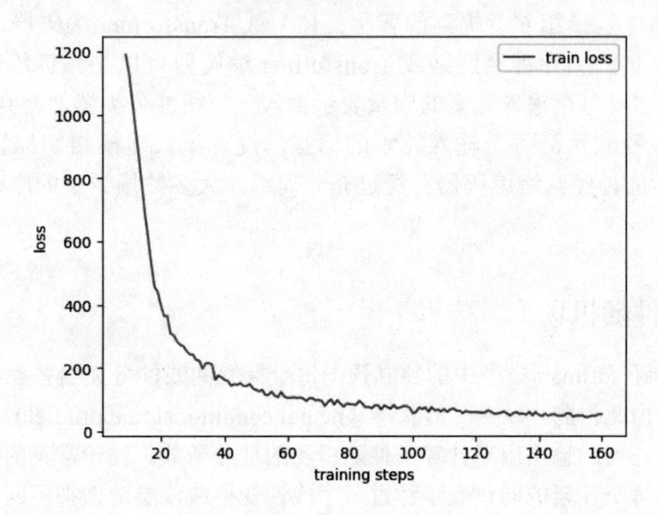


```
# 验证效果

def evaluate(X, Y, model, batch_size):
    dataset = SeqLabelDataset(X, Y)
```

```
    dataloader = DataLoader(dataset, batch_size=batch_size,
            collate_fn=SeqLabelDataset.collate_batch)
    model.eval()
    with torch.no_grad():
        P = []
        for batch in dataloader:
            preds = model.decode(batch['input_ids'], batch['masks'])
            P.extend(preds)

    p, r, f = compute_metric(Y, P)
    print(f'precision = {p}, recall = {r}, f1 = {f}')

evaluate(train_X, train_Y, crf, batch_size)
evaluate(test_X, test_Y, crf, batch_size)
```

```
precision = 0.547465912014407, recall = 0.2536957558416786, f1 = 0.3467209775967413
precision = 0.4881450488145049, recall = 0.21432945499081446, f1 = 0.29787234042553196
```

这里只展示条件随机场的监督学习（基于梯度下降）与解码，9.4 节将详细讲解神经条件随机场模型的实现过程。

9.4 神经序列标注模型

相比于传统方法，基于神经网络的序列标注方法往往具有更好的效果。本节介绍两种最常见的神经序列标注模型。

9.4.1 神经softmax

神经 softmax 模型也称为神经最大熵（max entropy）模型。首先，它将输入序列通过一个循环神经网络（包括第 6 章提到的各种变体）或 Transformer 编码器，得到每个输入元素的向量表示，这里的循环神经网络或 Transformer 编码器可以是预训练过的，例如 ELMo 或 BERT。然后，它将每个输入元素的向量表示输入一个线性分类器，得到对应的标签预测。神经 softmax 模型独立预测每个输入元素的标签，没有显式建模相邻标签之间的关系，但如果使用非常强大的神经网络编码器并经过充分训练，大多数场景下的序列标注效果已足够精确。

9.4.2 神经条件随机场

我们可以将神经 softmax 模型中的独立预测每个标签的线性分类器替换为建模相邻标签关系的条件随机场，由此得到神经条件随机场（neural conditional random field）。在神经条件随机场中，神经网络编码器的输出用于计算条件随机场的打分函数。比较常见的做法是使用神经网络编码器所计算的每个元素的向量表示经过一个线性变换或浅层前馈神经网络计算该元素的发射得分，而转移得分则不使用神经网络计算。神经条件随机场的推理和学习同样使用 9.3 节介绍的方法。

9.4.3 代码实现

这里介绍基于双向长短期记忆 - 条件随机场（BiLSTM-CRF）结构的代码实现。

```
import torch
from torch import nn

# 定义模型，将长短期记忆的输出输入条件随机场
# 利用条件随机场计算损失和解码
class LSTM_CRF(nn.Module):
    def __init__(self, vocab_size, hidden_size, num_layers, dropout, n_tags):
        super().__init__()
        self.embedding = nn.Embedding(vocab_size, hidden_size)
        self.lstm = nn.LSTM(input_size=hidden_size,
                            hidden_size=hidden_size,
                            num_layers=num_layers,
                            batch_first=False,
                            dropout=dropout,
                            bidirectional=True)
        self.crf = CRFLayer(n_tags, hidden_size * 2)

    def forward(self, input_ids, masks, labels):
        """
        input_ids/masks/labels: batch_size * seq_len
        """
        # 将输入序列转化为词嵌入序列
        # batch_size * seq_len * embed_size
        embed = self.embedding(input_ids)
        embed = torch.transpose(embed, 0, 1)
        masks = torch.transpose(masks, 0, 1)
        labels = torch.transpose(labels, 0, 1)
        # 输入长短期记忆得到隐状态
        hidden_states, _ = self.lstm(embed)
        # 隐状态和标签、掩码输入条件随机场计算损失
        llh = self.crf(hidden_states, labels, masks)
        return -llh

    def decode(self, input_ids, masks):
        # 输入长短期记忆得到隐状态
        embed = self.embedding(input_ids)
        embed = torch.transpose(embed, 0, 1)
        masks = torch.transpose(masks, 0, 1)
        hidden_states, _ = self.lstm(embed)
        # 调用条件随机场进行解码
        return self.crf.decode(hidden_states, masks)
```

```
# 准备优化器和模型
vocab_size = len(dataset.token2id)
hidden_size = 32
n_layers = 1
dropout = 0
n_tags = len(dataset.label2id)
batch_size = 128
epochs = 20
learning_rate = 1e-2

lstm_crf = LSTM_CRF(vocab_size, hidden_size, n_layers, dropout, n_tags)
train(lstm_crf, batch_size, epochs, learning_rate)
```

```
epoch-19, step_loss=39.05: 100%|██████████| 20/20 [06:13<00:00, 18.69s/it]
```

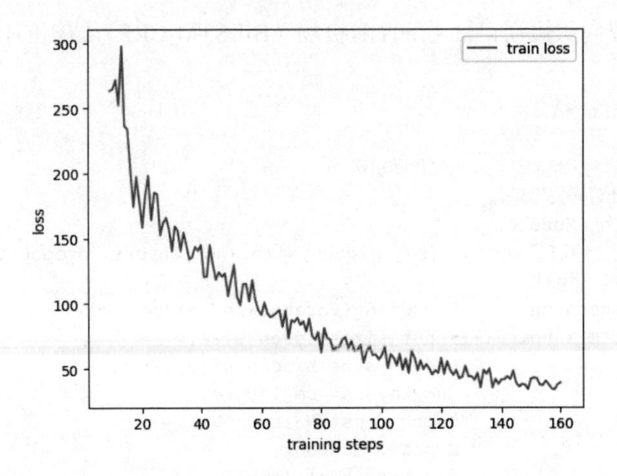


```
evaluate(train_X, train_Y, lstm_crf, batch_size)
evaluate(test_X, test_Y, lstm_crf, batch_size)
```

```
precision = 0.5911611785095321, recall = 0.40665236051502146, f1 = 0.4818477186043227
precision = 0.5263653483992468, recall = 0.3423147581139008, f1 = 0.4148423005565863
```

9.5 小结

本章介绍了序列标注任务和方法。很多自然语言处理任务，如词性标注、中文分词、命名实体识别和语义角色标注，均可以转化为序列标注任务。本章介绍的第一个序列标注方法是隐马尔可夫模型。隐马尔可夫模型使用维特比算法进行解码，使用前向和后向算法计算边际概率。隐马尔可夫模型的监督学习基于最大似然估计，而无监督学习使用最大期望值法或梯度下降优化训练数据的边际概率。第二个序列标注方法是条件随机场。条件随机场的推理也使用维特比、前向和后向算法。条件随机场的监督学习基于条件似然或者基于边际的损失函数，而无监督学习则基于条件随机场自编码器。值得一提的是，隐马尔可夫模型和条件随机场分别属于生成式模型和判别式模型，类比于第 4 章介绍的朴素贝叶斯和逻辑斯谛回归。最后，我们介绍了神经序列标注模型，包括神经 softmax 和神经条件随机场。

习题

（1）选择以下所有正确的叙述。

A. Baum-Welch 算法是最大期望值算法的一个特例，可以被用于隐马尔可夫模型的无监督学习

B. 如果使用 Baum-Welch 算法训练一个隐马尔可夫模型，它在足够多次数的迭代之后最终会收敛到全局最优

C. 前向 - 后向算法和维特比算法有相同的时间复杂度和空间复杂度

（2）选择以下所有正确的叙述。

A. 条件随机场中的打分函数的输出并非概率

B. 在条件随机场训练中，基于边际的损失和负对数条件似然损失都用到了前向算法来计算配分函数

C. 条件随机场不能使用无监督学习

D. 神经条件随机场使用神经网络来计算条件随机场的打分函数

（3）表 9-1 和表 9-2 分别给出了一个隐马尔可夫模型的转移模型和发射模型。假设所有隐状态转移到终止符“STOP”的概率相同。对于序列“我爱 NLP”，请选择正确的最优序列。

表 9-1 隐马尔可夫模型的转移模型

y_{t-1}	$P(y_t \mid y_{t-1})$	
	H_0	H_1
START	0.6	0.4
H_0	0.2	0.8
H_1	0.8	0.2

表 9-2 隐马尔可夫模型的发射模型

y_t	$P(x_t \mid y_t)$		
	我	爱	NLP
H_0	0.4	0.3	0.3
H_1	0.3	0.2	0.5

A. (H_1, H_0, H_1)　　B. (H_1, H_1, H_1)　　C. (H_1, H_0, H_0)　　D. (H_0, H_0, H_1)

（4）下列哪个关于序列标注的叙述是错误的？

A. 封闭类的词通常是虚词，开放类的词通常是实词

B. 考虑一个标签序列 $[\cdots, y_i, y_{i+1}, \cdots]$，在 BIOES 标注格式中，$y_i$ 和 y_{i+1} 可以是 {B, I, O, E, S} 中的任何标签

C. 循环神经网络模型可以被用于序列标注

D. Transformer 模型可以被用于序列标注

第三部分

结构

第10章 成分句法分析

句法（syntax）研究自然语言句子背后的结构，即一系列的词是如何相互连接组合并最终形成句子的。句法分析（parsing）[1]则是指给定一个句子，找出其句法结构。句法只关乎句子的结构而不关注句子的意思，因此存在合乎句法但无意义的句子（如“无色的绿色想法愤怒地沉睡”）。与此同时，不同句法结构的句子也可以用于表示同一个意思（如“一只狗在追一只猫”和“一只猫在被一只狗追赶”）。

句法结构在传统自然语言处理中起着非常重要的角色，可作为额外输入信息辅助完成多种自然语言处理任务，例如语法检查（无法找到句法结构的句子很可能存在句法错误）、机器翻译（翻译前后的句子一般句法结构相近）、语义分析（句子的语义一般可以遵照句法结构从词的语义递归组合而得）等。但是，在深度学习被引入自然语言处理以来，用于很多任务的神经网络方法无须显式建模句法结构就能取得很好的效果，因此句法研究在自然语言处理中的重要性大为降低。尽管如此，一些研究人员仍然认为，句法结构作为自然语言所固有的特性，将其在自然语言处理方法（包括神经网络方法）中加以利用理应是有益的。事实上，基于句法结构的神经网络方法在诸如组合泛化性（compositional generalization）等评价指标上也确实显现出了比常规神经网络方法更好的性能。因此，如何将句法结构与当代神经网络方法更好地融合是一个重要的研究方向。

常见的句法结构分为成分结构（constituency structure）和依存结构（dependency structure）两种形式，本章将主要介绍成分句法分析（constituency parsing），第 11 章则主要介绍依存句法分析（dependency parsing）。本章首先介绍成分结构的基本概念，接着对成分句法分析进行概述，然后介绍 3 种成分句法分析方法，分别是基于跨度、基于转移、基于上下文无关文法的方法。

10.1 成分结构

一个句子的成分结构是一个树形结构，因而经常被称为一棵成分句法树，其中的叶节点对应这个句子的词，非叶节点则对应这个句子所包含的短语，也就是所谓成分（constituent）。成分可以定义为句子中具有独立功能的部分，一般可以根据其内部结构和外部关联进行分类。例

① 有歧义时会写为syntactic parsing，也称syntax analysis。

如名词短语（noun phrase，NP）是英语中最常见的一类成分，其内部结构一般为一个名词或代词加上可能的前缀（如冠词、形容词）和后缀（如定语从句），而其外部关联则体现在名词短语经常出现在动词左边作为其主语，或出现在动词右边作为其宾语。除了名词短语之外，还有动词短语（verb phrase，VP）、介词短语（prepositional phrase，PP）等常见的成分类型。完整的句子或从句也是一类成分，一般用 S 表示。一棵成分句法树的根节点一般是类型为 S 的成分。此外，有时我们会将词性也作为成分，对应仅包含一个词的短语。

接下来我们以“去上海的航班之前有哪些去深圳的航班？”这句话为例展示成分句法树，如图 10-1 所示。这棵成分句法树的非叶节点标注了成分类型（例如“去上海的航班”是名词短语，“有哪些去深圳的航班”是动词短语）以及词性（例如“去”是其他动词（other verb，VV），“深圳”是专有名词（proper noun，NR））。成分句法树的树形结构意味着相邻的词或成分可以组合形成更大的成分，例如，动词“去”和专有名词“深圳”组合形成了动词短语“去深圳”，名词短语“去上海的航班”和方位词（localizer，LC）“之前”组合形成了方位词短语（localizer phrase，LCP）“去上海的航班之前”。

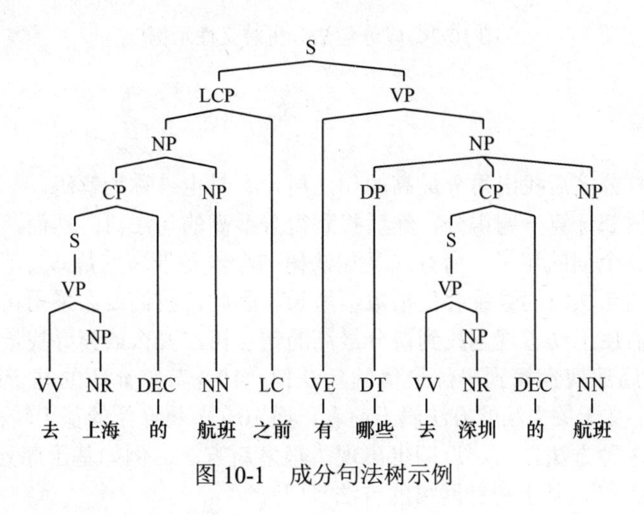

图 10-1 成分句法树示例

10.2 成分句法分析概述

句法分析的目标是找出一个句子的句法结构。本节的概述主要针对成分句法分析，即找出句子的成分结构，但所讨论的大部分内容同样适用于依存句法分析。

10.2.1 歧义性与打分

歧义性是句法分析面临的最严重的问题，即一个句子可能有多棵不同的成分句法树。图 10-2 给出了一个例子：第一棵句法树中，“两个”用于修饰“学校”；而第二棵句法树中，“两个”修饰的是“学校的学生”。

为了消除歧义，即找出一个句子最合理的句法树，需要引入打分机制，为不同的句法树计算各自的得分来衡量其合理性。例如在图 10-2 中，如果第一棵句法树得分是 0.7，第二棵句法树得分是 0.3，那么可以认为第一棵句法树更有可能是正确的成分句法树。最常见的打分方式是将一棵句法树分成多个部分，对每个部分分别进行打分，最终计算所有部分得分的和或者乘积。例如，后续 10.3 节介绍的基于跨度的成分句法分析方法会对一棵句法树中的每个节点分别进行打分，然后求和得到该句法树的得分。

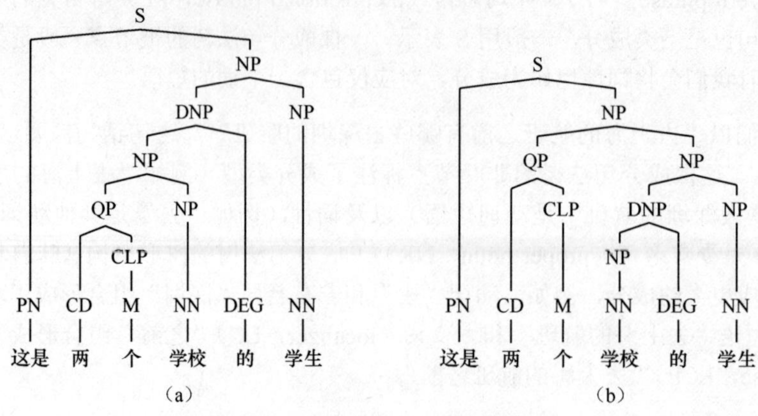

图 10-2 成分句法分析歧义性示例

10.2.2 解码

句法分析是指打分之后找出得分最高的句法树，有时也被称为解码。一个最直接的办法是将所有可能的句法树都计算一遍得分，然后找到得分最高的句法树。然而，这种方法是行不通的。对于一个包含 n 个词的句子，所有二叉句法树的个数是卡塔兰数 C_{n-1}。这意味着随着句子长度的增加，可能的句法树的数量会呈指数级增长。因此，我们要么采用句法树各部分打分相互独立的假设，然后使用动态规划找到得分最高的句法树，要么放弃寻找最优解，转而采用非独立的打分并通过局部搜索找到局部最优的句法树。10.3 节将介绍的基于跨度的方法和 10.5 节将介绍的基于上下文无关文法的方法属于前者，而 10.4 节将介绍的基于转移的方法属于后者。除了将要介绍的这 3 种方法之外，近期也出现了很多新方法，例如基于序列到序列的方法 [38]、基于序列标注的方法 [39]、基于指针网络的方法 [40] 等。

10.2.3 学习

给定一个训练语料库，我们希望从中学习出一个句法分析器。常见的学习方式有两种。第一种是监督学习的方式，即训练语料库中的所有句子都包含人工标注的句法树，这种语料库一般称为*树库*（tree bank）。宾州树库（Penn tree bank，PTB）和宾州中文树库（Chinese Penn tree bank，CTB）是成分句法分析中最有名的树库，分别对应英文和中文的树库。PTB 由宾夕法尼亚大学维护，语料主要来自《华尔街日报》（*The Wall Street Journal*）的文章和布朗语料库（Brown corpus），词的数量超过 300 万个。CTB 相继由宾夕法尼亚大学、科罗拉多大学、布兰迪斯大学维护，包含新华社新闻稿、杂志文章、广播新闻、广播对话、新闻组和网络日志、论坛等多种类型的语料，共有 200 多万个词。第二种学习方式是无监督学习的方式，即训练语料库里只有句子，不包含句法树标注。无监督地从训练语料库中学习句法分析器也称为*文法归纳*（grammar induction）。10.3 节～10.5 节会主要介绍监督学习的方式，而无监督学习的方式仅在 10.5 节简述。

10.2.4 评价指标

我们可以基于树库评价一个句法分析器的质量。对于树库里的每个句子，使用句法分析器得到它的句法树，并将这棵句法树转化为一个三元组的集合 $\hat{\mathcal{C}}=\{(l_1,i_1,j_1), \cdots,(l_n,i_n,j_n)\}$，其中每个三元组 (l_k, i_k, j_k) 表示句法树中的第 k 个节点，l_k 表示节点的标签，i_k 表示这个节点对应短语的起始位置，j_k 表示对应短语的终止位置。同时，可以从树库中得到这个句子的人工标注句法树，用同样的方式转化为一个三元组的集合 $\mathcal{C}^*$。然后，参照 4.3 节的方式计算这两个集合之间的精度、召回和 F1 值，作为句法分析器在这个句子上的评价指标：

$$\text{Prec}=\frac{|\mathcal{C}^*\cap\hat{\mathcal{C}}|}{|\hat{\mathcal{C}}|}$$

$$\text{Rec}=\frac{|\mathcal{C}^*\cap\hat{\mathcal{C}}|}{|\mathcal{C}^*|}$$

$$F_1=\frac{2\times\text{Prec}\times\text{Rec}}{\text{Prec}+\text{Rec}}$$

图 10-3 给出了一个例子，句法分析器预测的句法树（图 10-3（a））对应的三元组集合为 {(S, 1, 6), (NP, 1, 2), (NP, 1, 3), (VP, 4, 6), (NP, 5, 6)}，而人工标注的句法树（图 10-3（b））对应的三元组集合为 {(S, 1, 6), (NP, 2, 3), (VP, 4, 6), (NP, 5, 6)}。两个集合的交集为 {(S, 1, 6), (VP, 4, 6), (NP, 5, 6)}。因此这个句法分析器的精度是 $\frac{3}{5}$，召回是 $\frac{3}{4}$，F1 值是 $\frac{2}{3}$。

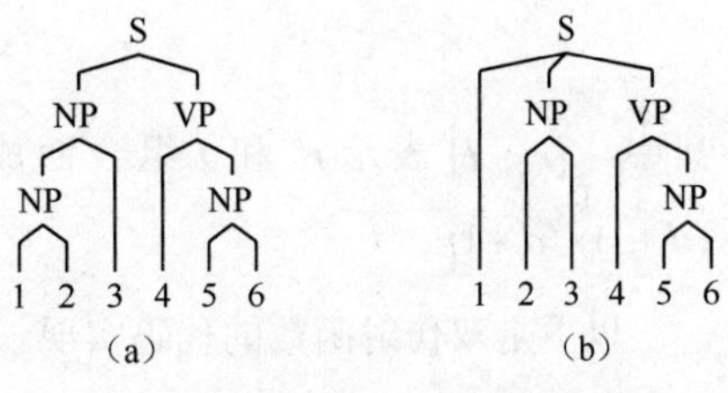

图 10-3 成分句法分析预测句法树和人工标注句法树的对比

在树库中的每个句子上计算评价指标后，有两种方式得到这个句法分析器最终的评价：将所有句子的预测集合和标注三元组集合分别求并集，再根据这两个集合求精度、召回和 F1 值（微平均），或是对所有句子的评价指标（如 F1 值）直接求平均（宏平均）。对于成分句法分析器，最常见的评价指标是微平均 F1 值。

10.3 基于跨度的成分句法分析

基于跨度的成分句法分析将输入句子解析为二叉树形式的成分句法树。一棵句法树的得分被定义为树中所有节点得分之和，对每个节点都独立打分。句法树的每个节点对应句子的一个跨度（span），也就是句子的一个子串。由于我们并不知道最好的句法树包含输入句子的哪些跨度，因此需要对所有的跨度进行打分（见 10.3.1 节），然后通过动态规划算法找出得分最高的句法树（见 10.3.2 节）。我们还将讨论基于跨度的成分句法分析器的监督学习（见 10.3.3 节），这同样涉及动态规划算法。

10.3.1　打分

假设输入句子的长度为 n，我们需要对所有 $\frac{n(n+1)}{2}$ 个跨度进行打分。由于句法树的节点带有成分类型标签，因此实际上需要对每个跨度与标签的组合进行打分，即 $s(i, j, l)$，其中 i 为跨度的起点，j 为跨度的终点，l 为标签。

$s(i, j, l)$ 的计算方法有很多种，接下来介绍基于 BERT 和双仿射函数的打分方法。输入句子 $\boldsymbol{x}$ 在经过 BERT 模型后得到所有词的上下文相关词嵌入 $\boldsymbol{h}_1,\cdots,\boldsymbol{h}_n$。接下来，以每个词作为跨度左边界和右边界分别计算一个向量表示：

$$\boldsymbol{r}_i^a = \mathrm{MLP}_a(\boldsymbol{h}_i)$$
$$\boldsymbol{r}_i^b = \mathrm{MLP}_b(\boldsymbol{h}_i)$$

其中，$\boldsymbol{r}_i^a$ 和 $\boldsymbol{r}_i^b$ 分别表示第 i 个词作为左边界和右边界时的特征，维度为 d。

然后，使用双仿射（biaffine）函数计算最终得分：

$$s(i,j,l) = [\boldsymbol{r}_j^b;\boldsymbol{1}]^\top \boldsymbol{W}_l[\boldsymbol{r}_i^a;\boldsymbol{1}]$$

其中，$[\boldsymbol{r}_j^b; \boldsymbol{1}]$ 表示 $\boldsymbol{r}_j^b$ 和 $\boldsymbol{1}$ 组合而成的新向量，$[\boldsymbol{r}_j^a; \boldsymbol{1}]$ 同理。$\boldsymbol{W}_l$ 为可学习的参数，大小为 $(d+1)\times(d+1)$。

以下是双仿射函数的代码实现。

```
# 代码来源于GitHub项目Alibaba-NLP/ACE
# （Copyright (c) 2020, Xinyu Wang, MIT License（见附录））
import torch
import torch.nn as nn

class Biaffine(nn.Module):
    def __init__(self, n_in, n_out=1, bias_x=True, bias_y=True, diagonal=False):
        super(Biaffine, self).__init__()
        # n_in：输入特征大小
        # n_out：输出的打分数量（边预测为1，标签预测即为标签数量）
        # bias_x：为输入x加入线性层
        # bias_y：为输入y加入线性层
        self.n_in = n_in
        self.n_out = n_out
        self.bias_x = bias_x
        self.bias_y = bias_y
        self.diagonal = diagonal
        # 对角线化参数，让原本的参数矩阵变成对角线矩阵
        # 从而大幅减小运算复杂度，一般在计算标签的得分时会使用
        if self.diagonal:
            self.weight = nn.Parameter(torch.Tensor(n_out, n_in + bias_x))
        else:
            self.weight = nn.Parameter(torch.Tensor(n_out, n_in + bias_x, n_in + bias_y))
        self.reset_parameters()

    def reset_parameters(self):
        nn.init.normal_(self.weight)

    def forward(self, x, y):
```

```
        # 当bias_x或bias_y为True时，为输入x或y的向量拼接额外的1
        if self.bias_x:
            x = torch.cat((x, torch.ones_like(x[..., :1])), -1)
        if self.bias_y:
            y = torch.cat((y, torch.ones_like(y[..., :1])), -1)

        # PyTorch中的einsum可以很简单地实现矩阵运算
        # 思路是为输入的张量的每个维度分别定义一个符号
        # （例如输入x、y的第一维是批大小，定义为b）
        # 并且定义输出的张量大小，这个函数会自动地根据
        # 前后的变化计算张量乘法、求和的过程
        # 例如下面的einsum函数中的bxi,byi,oi->boxy
        # 表示的是输入的3个张量大小分别为b * x * i、b * y * i和o * i
        # 输出则是b * o * x * y
        # 根据这个式子，可以看出3个张量都有i这个维度
        # 在输出时被消除了
        # 因此3个张量的i维通过张量乘法（三者按位相乘然后求和）进行消除
        # 这个算法的好处是相比于手动实现
        # einsum可以更容易地避免运算过程中出现很大的张量大幅占用显存
        # 同时也避免了手动实现的流程
        # 具体使用方法请参考PyTorch文档
        if self.diagonal:
            s = torch.einsum('bxi,byi,oi->boxy', x, y, self.weight)
        else:
            s = torch.einsum('bxi,oij,byj->boxy', x, self.weight, y)
        # 当n_out=1时，将第一维移除
        s = s.squeeze(1)

        return s
```

现在我们举一个简单的例子来看双仿射函数是如何进行打分的：

```
biaffine = Biaffine(4)
# 假设批大小为1，句子长度为2，词数量为4
x=torch.randn(1,2,4)
y=torch.randn(1,2,4)
scores = biaffine(x,y)
print(scores)
```

```
tensor([[[0.7518, 4.9461],
    [2.2237, 1.5331]]], grad_fn=<SqueezeBackward1>)
```

10.3.2 解码

本节介绍基于跨度的 Cocke-Kasami-Younger（CKY，也称 CYK）句法分析算法。这是一个动态规划算法，可以在多项式时间复杂度内找到得分最高的句法树。

首先进行预处理，对于除了最长跨度 $(1, n)$ 之外的每个跨度，将其得分最高的标签作为该跨度的默认标签，因此可以定义跨度得分 $s(i,j)$ 如下：

$$s(i,j) = \max_{l \in \mathcal{L}} s(i,j,l)$$

其中，$\mathcal{L}$ 是标签集合。这样做的原因是，如果得分最高的句法树包含某个跨度，该跨度的标签必定是其得分最高的标签，否则就可以通过替换标签得到得分更高的句法树，也就是说在进行句法分析时，对于每个跨度，可以只考虑得分最高的标签而忽略其他标签。

对应整个句子的最长跨度 (1, n) 的标签必须是 S，即完整的成分句法树的根节点类型，因此定义：

$$s(1, n) = s(i, j, \mathrm{S})$$

接下来介绍 CKY 算法。任何一个动态规划算法都定义了一系列重叠子问题，而这里的子问题是每一个跨度 (i, j) 上的最优句法树的得分 $s_{\text{best}}(i, j)$。首先是 CKY 算法的初始化，考虑长度为 1 的跨度。这样的跨度只包含一个词，因此只有一棵可能的句法树，即仅包含该词的高度为 1 的树，我们有：

$$s_{\text{best}}(i, i) = s(i, i)$$

接下来是 CKY 算法的递推公式。对于跨度 (i, j) 长度大于 1 的情况，在句法树中这个跨度必然由两个更小的跨度 (i, k) 和 $(k+1, j)$ 组合而成，但我们并不知道分割点 k 在哪里。因此，我们枚举所有可能的 k 值并取最大值，从而得到跨度 (i, j) 上最优句法树的得分：

$$s_{\text{best}}(i, j) = s(i, j) + \max_{i \leqslant k \leqslant j-1} (s_{\text{best}}(i, k) + s_{\text{best}}(k+1, j))$$

通过在由短到长的跨度上递归计算，最终可以得到整个句子上最优句法树的得分 $s_{\text{best}}(1, n)$。但是如何得到这个得分所对应的最优句法树呢？注意，在每一次递归计算时，我们都会枚举所有可能的分割点并取最大值，因此可以记录取得最大值时的最优分割方式。根据这些记录，可以自顶向下重构出最优句法树，方法如下。首先构建句法树的根节点 S，对应整个句子。然后，从最后一次递归（即跨度为整个句子）所记录的最优分割方式可获知根节点的两个孩子节点分别对应哪两个跨度，并从这两个跨度的默认标签得知两个孩子节点的标签。接下来，通过同样的方式，可以分别得知这两个孩子节点各自的孩子节点，以此类推，自顶向下进行递归，最终抵达句法树的叶节点也就是词，从而构建出完整的最优句法树。整个算法的时间复杂度为 $O(n^3)$。

下面以一个简单的句子为例来展示 CKY 算法的计算过程。在图 10-4 中，行对应跨度的起点，列对应跨度的终点：

	1	2	3
1	N(3)	NP(1)	S(2)
2		V(3)	VP(2)
3			N(5)

（a）I love NLP

	1	2	3
1	N(3)		
2		V(3)	
3			N(5)

（b）I love NLP

	1	2	3
1	N(3)	NP(7)	
2		V(3)	
3			N(5)

（c）I love NLP

	1	2	3
1	N(3)	NP(7)	
2		V(3)	VP(10)
3			N(5)

（d）I love NLP

	1	2	3
1	N(3)	NP(7)	S(15)
2		V(3)	VP(10)
3			N(5)

（e）I love NLP

图 10-4　CKY 算法计算过程

图 10-4 中每一步骤的解释如下。

（a）预处理得到的默认标签和跨度得分 $s(i,j)$。

（b）使用 $s(i,j)$ 初始化 $s_{\text{best}}(i,i)$。

（c）计算 $s_{\text{best}}(1,2)$ 如下，并记录跨度 $(1,2)$ 的最优分割方式为 $(1,1)$ 和 $(2,2)$。

$$s_{\text{best}}(1,2) = s(1,2) + s_{\text{best}}(1,1) + s_{\text{best}}(2,2) = 1 + 3 + 3 = 7$$

（d）计算 $s_{\text{best}}(2,3)$ 如下，并记录跨度 $(2,3)$ 的最优分割方式为 $(2,2)$ 和 $(3,3)$。

$$s_{\text{best}}(2,3) = s(2,3) + s_{\text{best}}(2,2) + s_{\text{best}}(3,3) = 2 + 3 + 5 = 10$$

（e）计算 $s_{\text{best}}(1,3)$ 如下，并根据最大值的取值记录跨度 $(1,3)$ 的最优分割方式为 $(1,1)$ 和 $(2,3)$。

$$s_{\text{best}}(1,3) = s(1,3) + \max(s_{\text{best}}(1,2) + s_{\text{best}}(3,3), s_{\text{best}}(1,1) + s_{\text{best}}(2,3)) = 2 + n$$

我们可以得知最优句法树的得分是 15。根据递归计算时的记录可知，跨度 $(1,3)$ 的最优分割方式是 $(1,1)$ 和 $(2,3)$，而跨度 $(2,3)$ 的最优分割方式是 $(2,2)$ 和 $(3,3)$。最终构建出的最优句法树结构如图 10-5 所示。

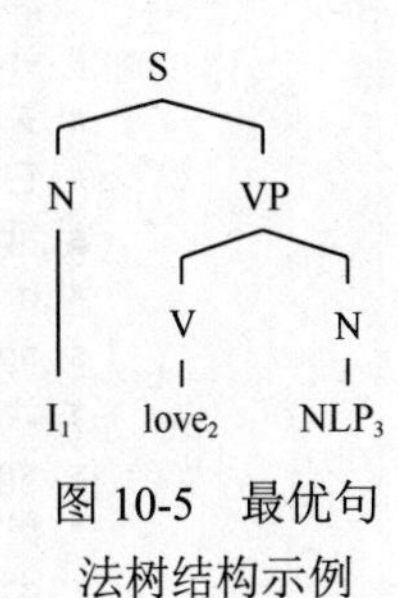

图 10-5 最优句法树结构示例

下面给出 CKY 算法的具体实现。

```
# 代码来源于GitHub项目yzhangcs/crfpar
# (Copyright (c) 2020, Yu Zhang, MIT License (见附录))
import torch

def cky(scores, mask):
    '''
    scores：大小为批大小 * 序列长度 * 序列长度
    每个位置表示跨度的得分，例如scores[0,1,2]就表示
    第0个输入样例上跨度(1,2)的得分（跨度(i,j)不包括j位置
    因此跨度(1,2)对应只有1个词的跨度的得分）

    mask：与scores的大小一样，表示对得分的掩码
    根据句子长度的不同，掩码大小不同。假设句子0长度为5
    那么mask[0,:5,:5]中的所有值都为1，mask[0]上的其余位置为0
    '''
    # 通过对掩码求和的方式找到每个句子的长度
    lens = mask[:, 0].sum(-1).long()
    # 批大小 * 序列长度 * 序列长度 -> 序列长度 * 序列长度 * 批大小
    # 方便后续运算
    scores = scores.permute(1, 2, 0)
    seq_len, seq_len, batch_size = scores.shape

    # 复制一个与scores大小相同的新的张量，其中s表示新计算出的跨度得分
    # p表示得分最高的位置（也就是max k），位置信息用long()表示
    s = scores.new_zeros(seq_len, seq_len, batch_size)
    p = scores.new_zeros(seq_len, seq_len, batch_size).long()

    # 设w为跨度，从小跨度到大跨度进行遍历
    for w in range(1, seq_len):
        # 通过seq_len - w可以计算出当前长度有多少长度为w的跨度
        n = seq_len - w
        # 根据n生成0～n的列表
```

```
        starts = p.new_tensor(range(n)).unsqueeze(0)

        # 当跨度w为1的时候，没有中间值k
        # 直接将结果赋值到s中作为max score
        if w == 1:
            # diagonal(w)表示抽取对角线，w的大小为偏置
            # 当偏置为0时，直接为对角线
            # 当偏置大于0时，对角线上移（也就是(0,1),(1,2),……)
            # 关于具体细节请查看PyTorch文档
            s.diagonal(w).copy_(scores.diagonal(w))
            continue

        # 计算跨度为w的情况下，s_best(i,k)+s_best(k,j)的值
        # 关于strip()函数下面会介绍
        # 它每次取出大小为n * w-1 * batch_size的矩阵
        s_span = stripe(s, n, w-1, (0, 1)) + stripe(s, n, w-1, (1, w), 0)
        # n * w-1 * batch_size -> batch_size * n * w-1
        s_span = s_span.permute(2, 0, 1)
        # 计算max(s_best(i,k)+s_best(k,j))以及对应的k值
        s_span, p_span = s_span.max(-1)
        # 更新s_best(i,j) = s(i,j)+max(s_best(i,k)+s_best(k,j))
        s.diagonal(w).copy_(s_span + scores.diagonal(w))
        # 保留最大的k值，由于p_span并不对应在原来矩阵中的位置
        # 因此需要加上starts+1来还原
        p.diagonal(w).copy_(p_span + starts + 1)

    def backtrack(p, i, j):
        # 通过分治法找到之前所有得分最大的跨度
        if j == i + 1:
            return [(i, j)]
        split = p[i][j]
        ltree = backtrack(p, i, split)
        rtree = backtrack(p, split, j)
        return [(i, j)] + ltree + rtree

    p = p.permute(2, 0, 1).tolist()
    # 从最大的跨度(0,length)开始，逐渐找到中间最大的k值，还原整个成分
    trees = [backtrack(p[i], 0, length)
             for i, length in enumerate(lens.tolist())]

    return trees


def stripe(x, n, w, offset=(0, 0), dim=1):
    r'''Returns a diagonal stripe of the tensor.
    Parameters:
        x: 输入的超过两维的张量
        n: 输出的斜对角矩阵的长度
        w: 输出的斜对角矩阵的宽度
        offset: 前两个维度的偏置
        dim: 其为0则抽取纵向斜对角矩阵；为1则抽取横向斜对角矩阵
    例子:
    >>> x = torch.arange(25).view(5, 5)
    >>> x
    tensor([[ 0,  1,  2,  3,  4],
```

```
            [ 5,  6,  7,  8,  9],
            [10, 11, 12, 13, 14],
            [15, 16, 17, 18, 19],
            [20, 21, 22, 23, 24]])
    >>> n = 2
    >>> w = 3
    >>> stripe(x, n, w-1, (0, 1))
    tensor([[ 1,  2],
            [ 7,  8]])
    >>> stripe(x, n, w-1, (1, w) dim=0)
    tensor([[  8,  13],
            [ 14,  19]])
    可以看出，当跨度长度为3时
    两个矩阵的第一行分别表示跨度为：
    [(0,1),(0,2)]和[(1,3),(2,3)]
    可以看出枚举对于跨度为(0,3)有两种跨度组合：
    s(0,1)+s(1,3)
    s(0,2)+s(2,3)
    '''
    x, seq_len = x.contiguous(), x.size(1)
    # 根据x的形状创建步长列表，numel为批大小
    stride, numel = list(x.stride()), x[0, 0].numel()
    # 设置行和列的步长，假设当前位置为(i,j)
    # stride[0]会取出(i+1,j+1)的值，作为输出矩阵的下一行的值
    stride[0] = (seq_len + 1) * numel
    # 假设当前位置为(i,j)，stride[1]会取出(i+1,j)的值，作为下一列的值
    stride[1] = (1 if dim == 1 else seq_len) * numel
    return x.as_strided(size=(n, w, *x.shape[2:]), stride=stride,
        storage_offset=(offset[0]*seq_len+offset[1])*numel)
```

给定一个句子“learning probalistic grammar is difficult”，为每个跨度打分（为简单起见，这里没有考虑标签），并调用 CKY 算法得到句法树：

```
# 句子“learning probalistic grammar is difficult”一共有5个词
# 额外加上根节点后，score的张量大小为1 * 6 * 6
# score是一个上三角矩阵，其余部分用-999代替

score = torch.Tensor([
        [ -999,  1,  -1,  1,  -1, 1],
        [ -999,  -999,  1,  1,  -1, -1],
        [ -999, -999, -999, 1, -1, -1],
        [ -999, -999, -999, -999, 1, 1],
        [ -999, -999, -999, -999, -999, 1],
        [ -999, -999, -999, -999, -999, -999]]
    ).unsqueeze(0)

# mask应该是一个上三角矩阵
mask = torch.ones_like(score)
mask = torch.triu(mask,diagonal=1)

print(mask)

trees=cky(score,mask)
print(trees)
```

```
tensor([[[0., 1., 1., 1., 1., 1.],
         [0., 0., 1., 1., 1., 1.],
         [0., 0., 0., 1., 1., 1.],
         [0., 0., 0., 0., 1., 1.],
         [0., 0., 0., 0., 0., 1.],
         [0., 0., 0., 0., 0., 0.]]])
[[(0, 5), (0, 3), (0, 1), (1, 3), (1, 2), (2, 3), (3, 5), (3, 4), (4, 5)]]
```

现在绘出这棵成分句法树。这里使用 supar 代码包来绘制成分句法树。supar 是一个开源且易用的句法、成分、语义分析工具包。我们没有为标签进行打分，因此这里使用空标签。

```
from supar.models.const.crf.transform import Tree
draw_tree=[(i,j,'|') for i,j in trees[0]]
Tree.build(['learning', 'probalistic', 'grammar', 'is',
        'difficult'],draw_tree,root='TOP').pretty_print()
```

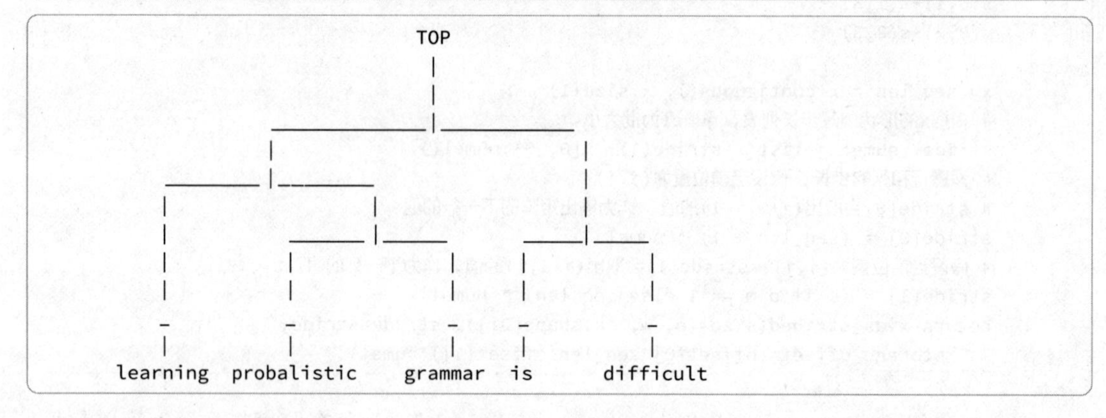

10.3.3　学习

监督学习的训练语料库中，每个句子都包含人工标注的句法树。假设句子 $\boldsymbol{x}$ 的人工标注句法树为 T^*。监督学习的常用损失函数为负对数条件似然：

$$\mathcal{L} = -\log P(T^* \mid \boldsymbol{x})$$

$$P(T^* \mid \boldsymbol{x}) = \frac{\exp s(T^*)}{\sum_{T' \in \mathcal{T}(x)} \exp s(T')}$$

其中，$\mathcal{T}(\boldsymbol{x})$ 为句子 $\boldsymbol{x}$ 所有可能的句法树集合。上式的分子是对人工标注的句法树 T^* 进行打分（即对树中所有节点的得分求和）并取幂。上式的分母则比较麻烦，需要遍历所有可能的句法树。但如前所述，所有可能的句法树的数量是呈指数级的，那么计算分母时如何避免指数级复杂度呢？第 9 章介绍了利用前向算法来对所有可能的标签序列求和，而对于基于跨度的成分句法分析而言，与其类似的算法是*内向算法*（inside algorithm），用于对所有可能的句法树求和。内向算法是一个自底向上的动态规划算法。定义内向变量 $\alpha(i, j)$ 来表示对跨度 (i, j) 上所有句法树的得分取幂求和。在内向算法的初始化步骤中，我们考虑长度为 1 的跨度。这样的跨度上的句法树只包含一个节点，因此遍历这个节点可能的标签即可计算内向变量：

$$\alpha(i,i)=\sum_{l}\exp s(i,i,l)$$

内向算法的递归公式针对跨度 (i,j) 长度大于 1 的情况，在句法树中这个跨度必然由两个更小的跨度 (i,k) 和 $(k+1,j)$ 组合而成，但我们并不知道分割点 k 在哪里，因此枚举所有可能的 k 值并求和。此外，我们同样需要遍历这个跨度上的句法树的根节点类型，即该跨度所有可能的标签。

$$\begin{aligned}\alpha(i,j)&=\sum_{k=i}^{j-1}\sum_{l}\exp s(i,j,l)\times\alpha(i,k)\times\alpha(k+1,j)\\&=\left(\sum_{l}\exp s(i,j,l)\right)\times\left(\sum_{k=i}^{j-1}\alpha(i,k)\times\alpha(k+1,j)\right)\end{aligned}$$

我们在由小到大的跨度上递归计算，最终计算 $\alpha(1,n)$ 时，对于跨度 $(1,n)$ 只考虑标签 S，即完整的成分句法树的根节点类型，这样可以在 $O(n^3)$ 的时间复杂度内求得 $\alpha(1,n)$ 的值，即我们所要求的分母。

通过上述方式，可以在多项式时间内计算监督学习的损失函数。可以通过梯度下降优化这个损失函数。

除了负对数条件似然，也可以使用 9.3.3 节介绍的基于边际的损失函数，关于具体细节这里不再展开。

可以看到内向算法与 CKY 算法十分相似，主要区别在于将 CKY 算法中的所有取最大值操作都变成了求和操作，同时由于对得分取幂，因此将 CKY 算法中的所有求和操作都变成了乘积操作。因此，内向算法的实现和 CKY 算法类似。下面是具体的实现代码。

```
# 代码来源于GitHub项目yzhangcs/crfpar
# （Copyright (c) 2020 Yu Zhang, MIT License（见附录））
def inside(scores, mask):
    # 大部分内容与cky()函数相同，对于相同部分不再重述
    batch_size, seq_len, _ = scores.shape
    scores, mask = scores.permute(1, 2, 0), mask.permute(1, 2, 0)
    # 我们会对得分取幂，因此
    s = torch.full_like(scores, float('-inf'))

    for w in range(1, seq_len):
        n = seq_len - w
        if w == 1:
            s.diagonal(w).copy_(scores.diagonal(w))
            continue
        s_span = stripe(s, n, w-1, (0, 1)) + stripe(s, n, w-1, (1, w), 0)
        s_span = s_span.permute(2, 0, 1)
        # 防止数据出现nan
        if s_span.requires_grad:
            s_span.register_hook(lambda x: x.masked_fill_(torch.isnan(x), 0))
        # 这里使用PyTorch中的logsumexp()函数实现指数求和的过程
        # logsumexp()函数可以有效防止exp操作后数据溢出的情况
        s_span = s_span.logsumexp(-1)
        s.diagonal(w).copy_(s_span + scores.diagonal(w))

    return s
```

下面是计算损失函数的过程。首先计算人工标注句法树的得分，也就是将该树的所有跨度得分求和，然后对通过内向算法得出的所有可能的树的得分取幂之和，最终计算损失函数值。

```
# 代码来源于GitHub项目yzhangcs/crfpar
# (Copyright (c) 2020 Yu Zhang, MIT License (见附录))
@torch.enable_grad()
def crf(scores, mask, target=None):
    lens = mask[:, 0].sum(-1).long()
    total = lens.sum()
    batch_size, seq_len, _ = scores.shape
    # 训练过程中需要保证scores能够返回梯度
    training = scores.requires_grad
    # 计算内向算法，求得可能的树的得分和
    s = inside(scores.requires_grad_(), mask)
    logZ = s[0].gather(0, lens.unsqueeze(0)).sum()
    # (scores * target * mask).sum()可以求出目标树的得分和
    # 与logZ相减后求平均损失
    loss = (logZ - (scores * target * mask).sum()) / total
    return loss
```

接下来计算以下实际的损失函数：

```
# score是一个上三角矩阵，其余部分用-999代替

score = torch.Tensor([
                    [ -999,  1,  -1,  1,  -1, 1],
                    [ -999,  -999,  1,  1,  -1, -1],
                    [ -999, -999, -999, 1, -1, -1],
                    [ -999, -999, -999, -999, 1, 1],
                    [ -999, -999, -999, -999, -999, 1],
                    [ -999, -999, -999, -999, -999, -999]]).unsqueeze(0)

# mask应该是一个上三角矩阵
mask = torch.ones_like(score)
mask = torch.triu(mask,diagonal=1).long()

# 在本例子中，假设score预测树与训练的目标树target一样
target = torch.Tensor([
                    [ 0,  1,  0,  1,  0, 1],
                    [ 0,  0,  1,  1,  0, 0],
                    [ 0, 0, 0, 1, 0, 0],
                    [ 0, 0, 0, 0, 1, 1],
                    [ 0, 0, 0, 0, 0, 1],
                    [ 0, 0, 0, 0, 0, 0]]).unsqueeze(0)

print('目标矩阵：',target)

s=inside(score,mask)
logZ = s[0].gather(0, lens.unsqueeze(0)).sum()

print('内部函数计算结果(即所有可能的成分树分数和)：',logZ)

loss = crf(score,mask,target)
print('loss：',loss)
```

```
目标矩阵:  tensor([[[0, 1, 0, 1, 0, 1],
                 [0, 0, 1, 1, 0, 0],
                 [0, 0, 0, 1, 0, 0],
                 [0, 0, 0, 0, 1, 1],
                 [0, 0, 0, 0, 0, 1],
                 [0, 0, 0, 0, 0, 0]]])
内部函数计算结果(即所有可能的成分树分数和):  tensor(9.4121)
loss:  (tensor(0.0824, grad_fn=<DivBackward0>),)
```

10.4 基于转移的成分句法分析

基于转移的成分句法分析方法是使用一个转移序列来表示一棵成分句法树，通过预测转移序列来生成句法树。一棵句法树的概率是所对应的转移序列中所有转移动作的概率之积。相比基于跨度的方法，基于转移的方法的时间复杂度是线性的，因此速度会更快。然而，基于转移的方法一般使用贪心搜索或者束搜索等局部搜索算法，因此并不能像基于跨度的方法那样找到最优句法树。尽管如此，基于转移的方法在计算转移动作的概率时，并没有像基于跨度的方法那样做出对各部分独立打分的假设，因此如果使用表达能力强大的打分模型，基于转移的方法的句法分析准确度并不会显著逊于基于跨度的方法。

基于转移的成分句法分析方法有很多种，整体流程类似，主要区别在于转移动作的设计。本节主要介绍一种自顶向下的基于转移的成分句法分析方法[41]。

10.4.1 状态与转移

基于转移的句法分析定义了一组状态和这些状态之间的转移动作。一个状态包含一个栈（stack）和一个*缓存*（buffer）。栈用来存储当前已构造的不完整的句法树结构，缓存是一个队列（queue），用来存储输入句子中待处理的词序列。给定一个输入句子，初始时栈为空，缓存包含整个句子。在句法分析的每一步，对当前状态应用一个转移动作，将其变为一个新的状态。我们定义 3 类转移动作。

（1）**NT-X** 在栈的顶部加入一个“开放节点”，表示句法树中的一个非叶节点，其孩子节点尚待构造。X 对应开放节点的成分类型标签，例如 NT-VP 表示新加的开放节点的标签是 VP。一般用左括号加标签表示开放节点，如“(VP”，其中左括号用来表示这个节点是一棵（待构造的）子树的根节点。开放节点通过 REDUCE 操作形成完整的子树结构。

（2）**SHIFT** 将缓存最前面的词移出，将其压入栈的顶部。

（3）**REDUCE** 不断地从栈中弹出完整的子树或词，直到遇到一个开放节点。将这个开放节点也从栈中弹出，将前面弹出的子树或词作为开放节点的孩子节点，构造出一棵新的子树，并将其压入栈。我们可以用一个右括号表示一个 REDUCE 操作，与对应开放节点的左括号相匹配，以表示一棵完整的子树。

最终，在执行完一系列转移动作之后，缓存为空，栈中仅包含一棵完整的句法树，如图 10-6 所示。

序号	栈	缓存	动作
0		The cat loves fish	NT - S
1	(S S	The cat loves fish	NT - NP
2	(S (NP  S → NP	The cat loves fish	SHIFT
3	(S (NP The S → NP → The 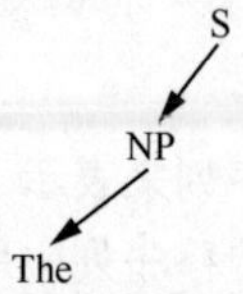	cat loves fish	SHIFT
4	(S (NP The cat 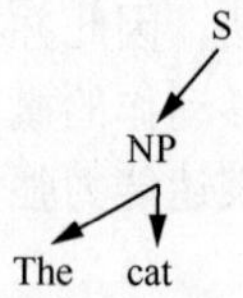 S → NP → The cat	loves fish	REDUCE
5	(S (NP The cat) S → NP → The cat 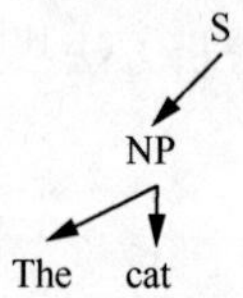	loves fish	SHIFT
…	…	…	…

图 10-6　状态与转移示例

10.4.2　转移的打分

给定输入句子 $\boldsymbol{x}$，我们将句法树 $\boldsymbol{y}$ 的概率定义为所对应的转移序列 $\boldsymbol{a}_{\boldsymbol{xy}}$ 中所有转移动作的概率之积。

$$P(\boldsymbol{y} \mid \boldsymbol{x}) = \prod_{t=1}^{|\boldsymbol{a}_{\boldsymbol{xy}}|} P(a_t \mid \boldsymbol{a}_{<t})$$

其中，a_t 表示 t 时刻的动作，$\boldsymbol{a}_{<t}$ 表示 t 时刻之前的动作序列。动作概率有很多种不同的计算方式，这里介绍其中一种 [41]。

$$P(a_t \mid \boldsymbol{a}_{<t}) = \frac{\exp(\boldsymbol{r}_{a_t}^{\top} \boldsymbol{u}_t + b_{a_t})}{\sum_{a' \in \mathcal{A}_t} \exp(\boldsymbol{r}_{a'}^{\top} \boldsymbol{u}_t + b_{a'})}$$

其中，$\boldsymbol{r}_a$ 和 b_a 分别是动作 a 对应的向量和偏置参数，$\mathcal{A}_t$ 表示 t 时刻可能的动作集合。最后，$\boldsymbol{u}_t$ 是 t 时刻的状态表示，由 t 时刻缓存的向量表示 $\boldsymbol{o}_t$、栈的向量表示 $\boldsymbol{s}_t$、动作历史 $\boldsymbol{a}_{<t}$ 的向量表示 $\boldsymbol{h}_t$ 三者拼接后计算而得：

$$\boldsymbol{u}_t = \tanh(\boldsymbol{W}[\boldsymbol{o}_t;\boldsymbol{s}_t;\boldsymbol{h}_t]+\boldsymbol{c})$$

其中，$\boldsymbol{W}$ 和 $\boldsymbol{c}$ 是可学习的参数。$\boldsymbol{o}_t$、$\boldsymbol{s}_t$ 和 $\boldsymbol{h}_t$ 都可被看作序列结构，可以使用循环神经网络或 Transformer 计算向量表示。其中栈里的每个元素有可能是一棵子树，而对于树结构的向量表示一般会使用更复杂的模型，例如递归神经网络（recursive neural network）。简而言之，可以把递归神经网络看作循环神经网络的扩展，会对树中的每个节点计算一个隐状态向量表示，父节点的隐状态由父节点本身的信息加上其所有孩子节点的隐状态通过聚合计算而得。关于具体细节这里不再展开。

10.4.3 解码

给定打分模型，可以通过贪心搜索算法生成输入句子的句法树，即每一步取概率最大的动作 $\arg\max_{a_t \in \mathcal{A}_t} P(a_t \mid \boldsymbol{a}_{<t})$，从而得到完整的动作序列 $\boldsymbol{a}_{xy}$ 并构造出句法树。也可以采用束搜索，在每一步保留 k 个概率最大的动作，最后选取概率之积最大的动作序列，得到其对应的句法树。这与 7.3 节所讨论的贪心解码和束搜索解码是一样的。

下面我们提供一套代码来展示在基于转移的句法分析过程中，如何根据转移动作的打分对栈和缓存进行操作。如果读者想要运行该代码，需自行定义 model。

```
# 部分代码参考了GitHub项目kmkurn/pytorch-rnng
# (Copyright 2017 Kemal Kurniawan, MIT License (见附录))
# 假设当模型预测的SHIFT 操作ID为0, REDUCE操作ID为1
# 非终极符的标签为其他大于1的值
SHIFT_ID=0
REDUCE_ID=1

# 这里假设只有3个标签
label_set = {2: 'S', 3: 'NP', 4: 'VP'}

class element:
    # word_id: 一个存储成分结构的列表, 例如(S (NP 1 2) 3)
    # 这棵树表示为[S [NP 1 2] 3]
    def __init__(self,word_id,is_open_nt):
        self.is_open_nt=is_open_nt
        if self.is_open_nt:
            self.word_id=[word_id]
        else:
            self.word_id=word_id


def decode(words,model):
    # words: 每个元素为(word_idx, word_id)的元组
    # word_idx为句子中的位置, word_id则为词表中的id
    # model: 这里不具体构建模型, 仅作为一个示例
    # 缓存buffer初始化, 将words反转, 以确保pop()操作能够从前往后进行
    buffer = words[::-1]
    # 栈stack初始化
    stack = []
    # 保存操作历史
    history = []
    # 统计当前栈中开放的非终极符数量
    num_open_nt = 0
    # 循环转移迭代
```

```
        while 1:
            # 模型通过buffer、stack和history计算下一步操作的打分
            log_probs = model(buffer,stack,history)
            # 得到得分最高的操作id
            action_id = torch.max(log_probs)[1]
            # 当action_id为0、1和大于1时
            # 分别为其做SHIFT、REDUCE和push_nt操作
            if action_id == SHIFT_ID:
                buffer,stack = shift(buffer,stack)
            elif action_id == REDUCE_ID:
                stack = reduce(buffer,stack)
                num_open_nt -= 1
            else:
                stack = push_nt(stack,action_id)
                num_open_nt += 1
            # 将当前操作记录到历史中
            history.append(action_id)
            # 当缓存为空，栈中只有一个元素且它不是开放的非终极符时，退出
            if num_open_nt == 0 and len(buffer) == 0 and len(stack) == 1
                    and stack[0].is_open_nt == False:
                break
        # 返回操作历史和整棵树
        return history, stack[0]

    def shift(buffer,stack):
        # 将buffer中的词移到栈顶
        word_id=buffer.pop()
        stack.append(element(word_id,False))
        return buffer, stack

    def reduce(stack):
        children = []
        # 重复地从栈中弹出完整的子树或终极符，直到遇到一个开放的非终极符
        while len(stack) > 0 and stack[-1].is_open_nt == False:
            children.append(stack.pop())
        # 循环pop()过程会将顺序颠倒，这里将其变回原来的顺序
        children = children[::-1]
        # 这些节点的word_id将成为当前开放的非终极符的子节点
        # 我们将这些节点取出，生成一个新的列表
        children_ids = [child.word_id for child in children]
        # 将子节点放入非终极符的word_id中
        stack[-1].word_id+=children_ids
        # 将非终极符关闭
        stack[-1].is_open_nt = False

        return stack

    def push_nt(stack,action_id):
        # 将action_id转换为具体的标签，压入栈顶
        stack.append(element(label_set[action_id],False))
        return stack
```

10.4.4　学习

在监督学习中，每个训练句子都包含人工标注的句法树。我们需要将每个句子 $\boldsymbol{x}$ 和其人工标注句法树 T^* 转化为对应的转移序列 $\boldsymbol{a}_{xy}^*$。对于本节描述的方法，我们可以通过深度优先遍历

的方式将任意句法树转换成唯一的转移序列，其中：

- 每次访问一个新的非叶节点对应一个 NT(X) 动作，其中 X 是该节点的成分类型标签；
- 每次访问一个叶节点（即词）对应一个 SHIFT 动作；
- 每次结束对一个非叶节点的访问对应一个 REDUCE 动作。

学习基于转移的句法分析器的核心是学习一个动作分类器，即根据当前状态计算所有可能动作的概率。学习的损失函数是负对数条件似然。也就是说，我们希望最大化每一步正确动作 a_t^* 的概率。

$$\begin{aligned}\mathcal{L} &= -\log P(T^* \mid \boldsymbol{x}) \\ &= -\sum_{t=1}^{|\boldsymbol{a}_{xy}^*|} \log P(a_t^* \mid \boldsymbol{a}_{<t}^*)\end{aligned}$$

注意，以上方法是在最大化 $P(a_t^* \mid \boldsymbol{a}_{<t}^*)$，也就是在给定正确的历史动作序列 $\boldsymbol{a}_{<t}^*$ 的条件下最大化正确动作 a_t^* 的概率。这样做的一个潜在缺陷是，动作分类器只学会了正确状态下的动作选择。而实际进行句法分析时，一旦预测错了一个动作，就会导致句法分析器进入一个训练时从未见过的错误状态，此时动作分类器的预测会相当随机，从而导致错上加错，以至于句法分析器越加偏离正确的转移序列，最终导致很低的句法分析准确度。这其实就是 7.2 节介绍的曝光偏差问题。弥补这个缺陷的方法叫作动态谕示（dynamic oracle），其基本思想是：在训练时的转移序列中随机做出一些错误动作，使得动作分类器有机会见到错误的状态；对于一个错误状态，找出可以让其最快回到正确转移序列上的动作（即可以最小化最终得到的句法树与人工标注句法树之间的差异），并以此训练动作分类器。如何找出错误状态下的最佳动作是各类动态谕示的关键所在，这里不展开讨论。

10.5 基于上下文无关文法的成分句法分析

基于上下文无关文法的方法是传统成分句法分析的主流方法，但随着神经网络方法的兴起，一些更简单的方法（如前面介绍的基于跨度和基于转移的方法）也能取得与其相当乃至更好的成分句法分析效果。尽管如此，基于上下文无关文法的方法在某些场景（如无监督学习）下仍有用武之地。本节将简述基于上下文无关文法的成分句法分析的基本思想。

10.5.1 上下文无关文法

上下文无关文法（context-free grammar，CFG）是一种形式文法，包含 4 个部分。

- 一个终极符（terminal）集合，每个终极符对应一个词。
- 一个非终极符（nonterminal）集合，每个非终极符对应一个成分类型。
- 一个特殊的非终极符：起始符 S，对应整个句子。
- 一个产生式规则（production rule）集合，每条规则表示一个非终极符可以生成的终极符和 / 或非终极符序列。

表 10-1 是一个上下文无关文法的例子。

表 10-1　上下文无关文法示例

文法规则	解释	示例
S → NP VP	一个句子可以由一个名词短语和一个动词短语组合而成	I+play football
NP → Pronoun	一个名词短语可以是一个代词	I
NP → Proper-Noun	一个名词短语可以是一个专有名词	Shanghai
NP → Det Nominal	一个名词短语可以由一个定语和一个名词性短语组合而成	a man
VP → Verb	一个动词短语可以是一个动词	play
VP → Verb NP	一个动词短语可以由一个动词和一个名词短语组合而成	play+football
……	……	……

给定一个上下文无关文法，我们可以用它来生成句子：

（1）创建一个只包含起始符“S”的字符串；

（2）反复应用产生式规则来改写字符串中的非终极符，例如根据规则“S → NP VP”将“S”改写为“NP VP”，根据“Pronoun → 我”将“Pronoun”改写为“我”；

（3）当字符串只包含终极符（即词）时停止。

不难看出，如果把所有改写步骤都记录下来，那么通过这个生成过程可以自顶向下地构造出一棵成分句法树。

我们可以给所有的产生式规则赋予一个概率，其表示给定规则左边的非终极符，生成规则右边的终极符和 / 或非终极符序列的条件概率。这样就得到了*概率上下文无关文法*（probabilistic context-free grammar, PCFG）。一棵句法树的概率定义为其所包含的所有产生式规则的概率之积。与基于跨度的方法对句法树的每个节点独立打分不同，概率上下文无关文法是建模规则的概率，也就是对句法树中的每个非叶节点和它所有的孩子节点一起打分。这种方式可以更好地建模节点之间的共现关系。

10.5.2　解码和学习

给定一个上下文无关文法，我们可以将其进行二分化，使其仅包含 A → BC 形式的二元规则和 A → w 形式的一元规则，其中 A、B、C 是非终极符，w 是终极符。经过这样的二分化之后的上下文无关文法称为*乔姆斯基范式*（Chomsky normal form，CNF）。二分化过程主要涉及以下两个步骤。

- 消除链式的一元规则，例如 A → B，B → C 这两条规则可以简化为 A → C 。
- 对于产生多于两个符号的产生式规则，引入新的非终极符，将这个规则拆分成多个二元规则。例如 S → A B C 这样的规则可以拆分为 S → X C 和 X → A B 两条二元规则，其中 X 是一个没有在其他地方出现过的新的非终极符。

在得到乔姆斯基范式的上下文无关文法后，可以使用 CKY 算法进行句法分析。算法流程与 10.3.2 节介绍的 CKY 算法大致相同，但由于跨度不再是独立打分，因此这里的 CKY 算法会更为复杂一些。对于每一个跨度 (i, j)，我们希望递归计算该跨度上根节点标签为 X 的最优

句法树的概率 $p(i,j,X)$。初始化公式为

$$p(i,i,X) = P(X \to w_i)$$

其中，$P(X \to w_i)$ 表示由非终极符 X 生成第 i 个词 w_i 的一元规则的概率。

递归公式为

$$p(i,j,A) = \max_{B,C,k\in[i,j)} p(A \to BC) \times p(i,k,B) \times p(k+1,j,C)$$

其中，$p(A \to BC)$ 表示二元规则 A → BC 的概率。 在由短到长的跨度上递归计算后，我们可以得到整个句子上的最优句法树得分 $p(1, n, S)$。然后可以通过递归时的最优分割方式记录，自顶向下地构建出最优句法树。

基于上下文无关文法的成分句法分析器可以通过 10.3.3 节介绍的方法进行监督学习，关于具体方法这里不再详细描述。与前面介绍的基于跨度和基于转移的方法不同的是，上下文无关文法作为一种生成式文法，也可以较为方便地进行无监督学习，即在不包含句法树标注的句子上进行训练。上下文无关文法的无监督学习主要分成两个任务。

（1）结构搜索：尝试找到最优的终极符集合和产生式规则集合。

（2）参数学习：给定一个上下文无关文法（即终极符集合和产生式规则集合均已给定），学习每条规则的概率。

已有的结构搜索方法大都基于启发式规则和局部搜索，在真实的自然语言数据上的效果很差。与之相比，现有的参数学习方法的效果要好很多。 参数学习除了给定上下文无关文法这个设定之外，一个更一般的设定是只给定终极符的个数，然后枚举所有可能的二元规则和一元规则作为产生式规则集合。最常见的参数学习方法是最大化训练句子的边际概率，优化方法包括最大期望值法和梯度下降法，基本思想类似于 9.2.5 节介绍的隐马尔可夫模型的无监督学 习，关于具体技术细节这里不再介绍。值得一提的是，句子边际概率的计算需要用到上下文无关文法的内向算法，与 10.3.3 节提到的内向算法类似。

10.6 小结

本章介绍了成分句法分析。首先定义了成分结构，并介绍了成分句法分析的几个要素：打分、解码、学习以及评价指标。接下来详细介绍了 3 种成分句法分析方法。一是基于跨度的方法：一棵成分句法树的得分是树中所有节点得分之和，而节点得分基于每个跨度的独立打分，解码基于 CKY 算法，监督学习基于条件似然，需用到内向算法来计算条件似然。二是基于转移的方法：用一个转移序列来表示一棵成分句法树，解码基于贪心搜索或束搜索，监督学习则需要将人工标注句法树转化为转移序列，并最大化每一步的条件似然。三是基于上下文无关文法的方法：一棵句法树的概率是其所包含的产生式规则的概率之积，解码基于 CKY 算法，除了进行监督学习，还可以较为方便地进行无监督学习。

习题

（1）人工标注的句法树对应三元组集合 {(S,0,11), (NP,0,2), (VP,2,9), (VP,3,9), (NP,4,6), (PP,6,9), (NP,7,9), (NP,9,10)}，预测的句法树对应三元组集合 {(S,0,11), (NP,0,2), (VP,2,10), (VP,3,10), (NP,4,6), (PP,6,10), (NP,7,10)}，请计算F1值。

（2）选择以下所有正确的叙述。

A. 上下文无关文法包含 3 个部分，分别是终极符集合、非终极符集合和一个特殊的非终极符 S

B. 内向算法的时间复杂度为 $O(n^3)$，其中 n 是句子长度

C. CKY 算法在用于基于跨度和基于上下文无关文法的成分句法分析时，所使用的计算公式是不同的

D. CKY 算法与内向算法具有完全一样的时间复杂度

（3）选择以下所有正确的叙述。

A. 在基于跨度的成分句法分析中，CKY 算法是一种自底向上的动态规划算法

B. 在基于跨度的成分句法分析中，每个跨度所对应的预测标签是得分最高的标签

C. 在基于跨度的成分句法分析中包含栈和缓存，分别用于存储不完整的句法树结构和待处理的词序列

D. 基于跨度的成分句法分析器需要为输入句子的每个跨度计算一个打分

（4）选择以下所有正确的叙述。

A. 如果一个基于转移的成分句法分析器只在正确的数据上进行训练，那么当它预测错误时，它在后续步骤上就有可能会做出一些相当随机的预测

B. 基于转移的成分句法分析的时间复杂度与序列长度呈线性关系

C. 可以用束搜索来提升基于转移的成分句法分析器的准确度

D. 一个正确的转移序列的最后一个动作必定为 REDUCE 操作

第11章

依存句法分析

常见的句法结构分为成分结构和依存结构。第 10 章介绍了成分结构，本章将介绍依存结构。首先介绍*依存结构*（dependency structure）的基本概念，其次概述*依存句法分析*（dependency parsing），然后介绍两种主流的依存句法分析方法，分别是基于图和基于转移的方法。

11.1 依存结构

与成分结构一样，一个句子的依存结构也是树形结构，一般被称为依存句法树。但是，与成分句法树不同，依存句法树的节点与这个句子的词一一对应[①]。树中连接两个词的边称作*依存边*（dependency edge），表示这两个词之间的依存关系。依存边通常是有向的，在依存句法树中从一个父节点指向一个孩子节点，其中父节点称作*中心词*（head），孩子节点称作*依存词*（dependent）。依存边一般是带标签的，表示依存关系的类型，部分常用依存关系类型如表 11-1 所示。为了标示依存句法树的根节点，通常会添加一个额外的根节点（通常标为 ROOT），其唯一的出边指向依存句法树真正的根节点。

表 11-1　部分常用依存关系类型

依存关系	英文全称	中文含义
nsubj	nominal subject	名义主语
csubj	clausal subject	从句主语
dobj	direct object	直接宾语
iobj	indirect object	间接宾语
pobj	object of preposition	介词宾语
tmod	temporal modifier	时间修饰语
appos	appositional modifier	并列修饰语
det	determiner	定语
pmod	prepositional modifier	介词修饰语

① 不过也存在例外，对于一些复杂的语言（如西班牙语、捷克语、泰米尔语等），会将部分词拆解成词干和词缀作为节点。

下面以“去上海的航班之前有哪些去深圳的航班？”这句话为例展示依存句法树，如图 11-1 所示。

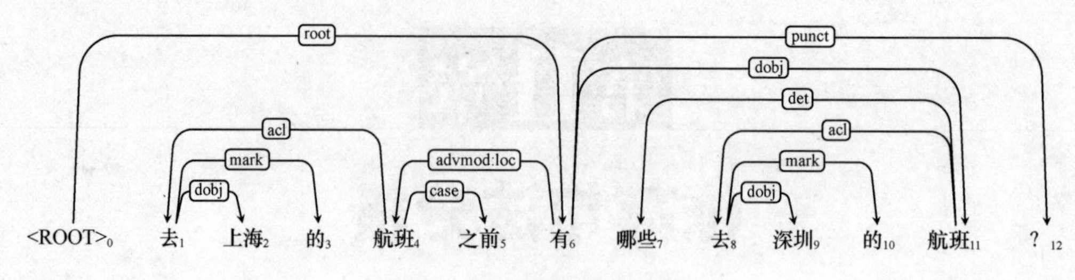

图 11-1 依存句法树示例

以图中“去”和“上海”之间的依存边为例，其中心词是“去”，依存词是“上海”，边的类型是“dobj”，表示两个词之间是直接宾语的关系。

相比于成分结构，依存结构的一个优点在于能够更方便地处理形态丰富且词序相对自由的语言，如捷克语和土耳其语。此外，依存句法分析可以使用一套统一的规则来总结大部分语言的句法规律，参见 Universal Dependencies（UD）项目[42]。与之相比，成分句法分析往往需要为不同词序的语言分别制定单独的句法规则。 但是，依存结构也有其缺点，即存在多种不同的标准，而不像成分结构那样具有相对统一的标准。

11.1.1 投射性

投射性（projectivity）为依存句法树增加了一个额外约束：将所有依存边绘制在句子上方而不产生相互交叉的依存边。大部分自然语言句子的依存句法树具有投射性，但存在一些句法现象更适合使用不具有投射性的依存句法树建模。图 11-1 所示的依存句法树具有投射性，而图 11-2 所示的依存句法树不具有投射性。

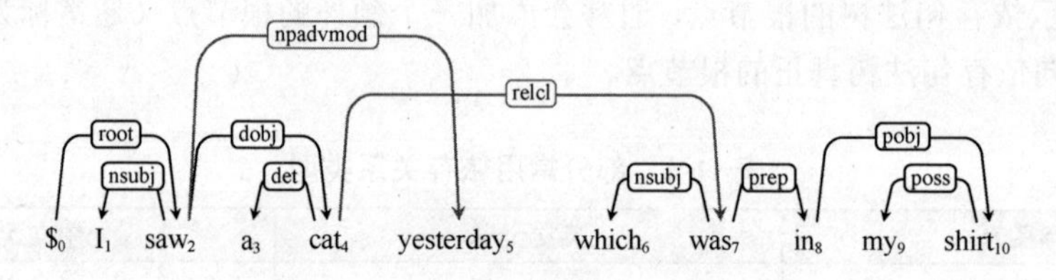

图 11-2 依存句法树的非投射性示例

在本章将要介绍的依存句法分析方法中，11.3.3 节将介绍的 Eisner 算法和 11.4 节将介绍的基于转移的方法只能解码出具有投射性的依存句法树，而 11.3.4 节将介绍的 MST 算法则没有投射性约束。

11.1.2 与成分结构的关系

一棵具有投射性的依存句法树可以很方便地转化为一棵无标签的成分句法树：依存句法树上以任意一个节点为根节点的子树，其所有节点恰好对应句子的一个连续子串，因而可以作为一个成分；而依存句法树的所有节点所构造出来的成分，其相互之间是嵌套关系，可以构成一棵无标签的成分句法树。一棵不具有投射性的依存句法树则无法转化为成分句法树，但可以转化为所谓不连续成分树（discontinuous constituency tree），这里不展开介绍。

一棵成分句法树可以转化为一棵具有投射性的依存句法树。事实上，在依存句法分析研究的早期，缺乏人工标注的依存句法树，很多英文的依存句法树库是从成分句法树库转化而来的。我们可以通过以下步骤将成分句法树转换成依存句法树[43]。

（1）对于成分句法树中的每一个非叶节点，使用适当的中心词规则在其孩子节点中找到一个中心节点。中心节点是最重要的孩子节点，例如对于“S → NP VP”（一个句子由一个名词短语和一个动词短语组成），一般认为 VP（动词短语）是句子中更为重要的信息，因此中心节点是 VP。

（2）将成分句法树进行词化（lexicalization），即根据所有非叶节点的中心节点，自底向上递归地找出每个非叶节点的中心词：

- 对于树中的产生式规则 $X \rightarrow w$，w 是词，X 的中心词即 w；
- 对于树中的产生式规则 $X \rightarrow Y_1,\cdots, Y_n$，$X$ 的中心词是其中心节点的中心词。

（3）对于树中的产生式规则 $X \rightarrow Y_1,\cdots, Y_n$，假设 Y_h 是其中心节点，添加 n-1 条依存边，分别从 Y_h 的中心词指向其他每一个孩子节点的中心词。

（4）根据一组基于成分句法树局部模式的匹配规则，为每一条依存边加上标签。此外，对于成分句法树根节点 S 的中心词，添加一条从 ROOT 指向该词的依存边。

图 11-3 展示了一棵成分句法树转化为依存句法树的例子。

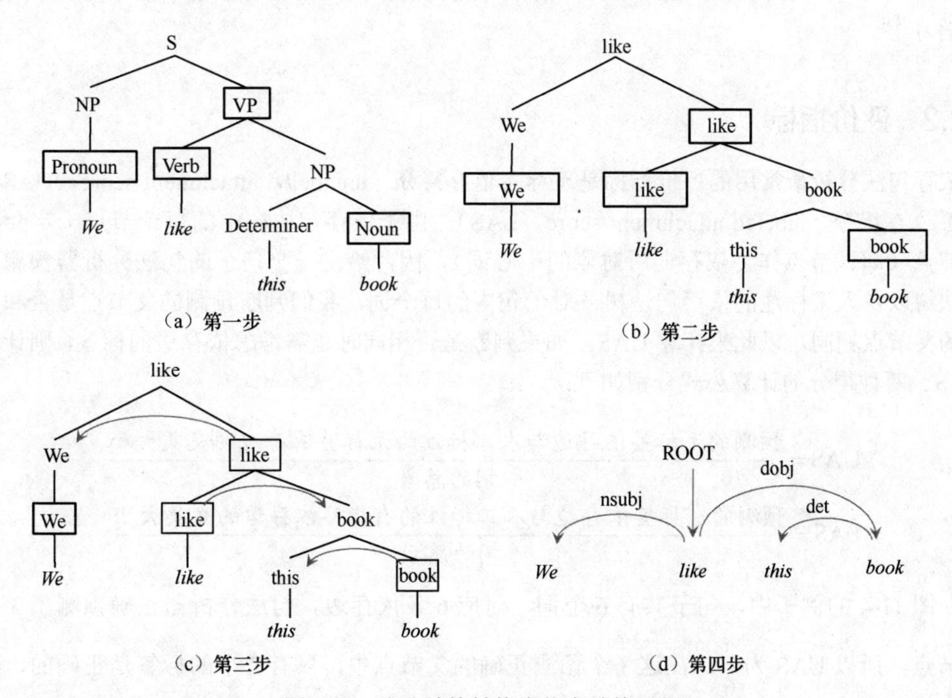

图 11-3 成分结构转换为依存结构示例

11.2 依存句法分析概述

本节对依存句法分析，即找出一个句子的依存结构进行概述。10.2 节对于成分句法分析的打分、解码和学习的大部分讨论，对于依存句法分析而言同样适用。

11.2.1 打分、解码和学习

对于打分，依存句法分析的常见打分方式同样是将一棵句法树分成多个部分，将各部分的得分求和或者求积。

对于解码，同样主要有两种方式：各部分独立打分并寻找全局最优解；非独立打分并寻找局部最优解。11.3 节将介绍的基于图的方法属于前者，而 11.4 节将介绍的基于转移的方法属于后者。除了这两种比较经典的方法之外，近几年也出现了一些新方法，例如基于序列标注的方法 [44]，其特点是可充分并行解码、速度更快，以及基于带中心词跨度（headed span）的方法 [45]，其特点是更充分地利用跨度信息。

依存句法分析的监督学习同样需要基于树库。有些依存句法树库经过语言学专家标注而成，例如 11.1 节提到的 UD 项目，包含 100 多种不同语言的树库；另一些则从成分句法树库转换而来，例如目前常用的中英文依存句法树库转换自 PTB 和 CTB 两个成分句法树库。11.3 节和 11.4 节主要介绍监督学习的方式。对于无监督学习，最经典的方法是使用 10.5 节介绍的上下文无关文法来表示依存句法分析器，并使用上下文无关文法的参数学习方法进行无监督学习（见 10.5.2 节）[46,47]；此外，9.3.4 节介绍的条件随机场自编码器也可以用于依存句法分析的无监督学习 [48]。

11.2.2 评价指标

依存句法分析最常用的评价指标是*无标签依存得分*（unlabeled attachment score，UAS）和*有标签依存得分*（labeled attachment score，LAS）。由于依存句法树中的每个节点一定会有一个父节点（即该节点作为依存词所对应的中心词），因此给定一个句子的句法分析器预测的依存句法树以及人工标注的依存句法树，对于句内的每个词，我们判断预测的父节点是否和人工标注的父节点相同，以此来计算 UAS。如果判断是否相同时还需考虑依存边的标签，则计算的是 LAS。两种得分的计算公式分别如下：

$$\text{UAS} = \frac{\text{预测的无标签依存边与人工标注的无标签依存边的交集大小}}{\text{词的总数}}$$

$$\text{LAS} = \frac{\text{预测的有标签依存边与人工标注的有标签依存边的交集大小}}{\text{词的总数}}$$

在图 11-4 的例子中，句子共有 6 个词，对应 6 条依存边。句法分析器正确预测了 3 个词的父节点，所以 UAS 为 $\frac{3}{6}$。在这 3 个预测正确的父节点中，只有 2 个的标签是正确的，所以 LAS 为 $\frac{2}{6}$。

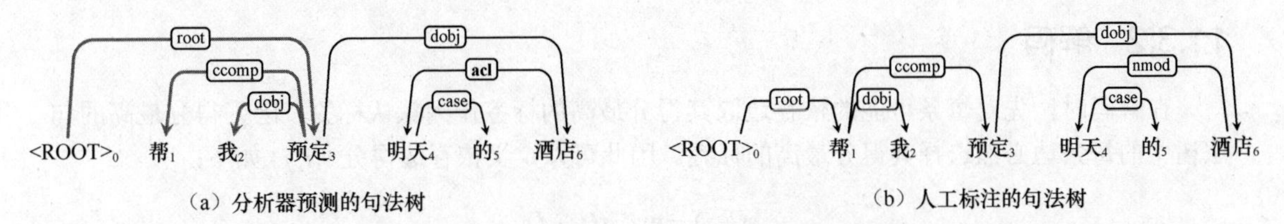

图 11-4 依存句法分析器预测结果和人工标注对比。对于句法分析器预测的部分（图（a）），加粗的线表示预测错误的边，加粗的标签表示预测错误的标签

我们同样可以使用微平均和宏平均聚合多个句子的得分，其中微平均是最常见的方式。

此外，如果对于特定依存标签较为关注（例如关注直接宾语 dobj 标签，因为可以通过它抽取动词的宾语），也可以单独计算这个标签的精度和召回，再计算 F1 值来衡量这类标签的预测准确性。

11.3 基于图的依存句法分析

给定一个句子，基于图的依存句法分析考虑由所有词以及所有可能的依存边所构成的全相连的图，从中找出最优的生成树。本节首先介绍基于图的一阶方法的打分和解码算法等，然后介绍高阶方法，最后介绍监督学习。

11.3.1 打分

给一棵句法树 $\mathcal{T}$ 打分的一个最简单的方法是对树中的依存边分别打分并求和：

$$s(\mathcal{T}) = \sum_{(i,j,l)\in\mathcal{T}} s(i,j,l)$$

其中，$(i,j,l)\in\mathcal{T}$ 表示句法树 $\mathcal{T}$ 所包含的第 i 个词到第 j 个词的标签为 l 的依存边，$s(i,j,l)$ 为这条边的得分。我们用位置 0 来表示 ROOT 节点。

接下来介绍基于双仿射函数的依存边打分方式[49]。首先，使用两个单层前馈神经网络来分别计算每个词作为中心词的向量表示 $\boldsymbol{r}_i^{(\text{head})}$ 和作为依存词的向量表示 $\boldsymbol{r}_i^{(\text{dep})}$，维度均为 d：

$$\boldsymbol{r}_i^{(\text{head})} = \text{MLP}^{(\text{head})}(\boldsymbol{h}_i)$$
$$\boldsymbol{r}_i^{(\text{dep})} = \text{MLP}^{(\text{dep})}(\boldsymbol{h}_i)$$

其中，$\boldsymbol{h}_i$ 是第 i 个词的上下文相关词嵌入。我们会在输入句子的位置 0（即句首）额外加入一个特殊词元 <ROOT>，因此 $\boldsymbol{h}_0$ 对应 ROOT 节点的词嵌入。

然后，利用双仿射函数来计算 $s(i,j,l)$：

$$s(i,j,l) = [\boldsymbol{r}_i^{(\text{dep})};\boldsymbol{1}]^\top \boldsymbol{U}_l [\boldsymbol{r}_j^{(\text{head})};\boldsymbol{1}]$$

其中，$\boldsymbol{U}_l$ 为可学习的参数，大小是 $(d+1)\times(d+1)$。我们要求一条依存边的标签为 ROOT 当且仅当这条边是 ROOT 节点的出边，因此将不符合该要求的依存边得分设为负无穷。

11.3.2 解码

在解码时，先对每条可能的依存边取其得分最高的标签作为默认标签，因为得分最高的句法树中的每条边必然选择其得分最高的标签。因此可以定义依存边得分 $s(i,j)$ 如下：

$$s(i,j)=\max_{l\in\mathcal{L}} s(i,j,l)$$

其中，$\mathcal{L}$ 是标签集合。

给定所有的 $s(i,j)$，一个非常简单的解码方法叫作中心词选择（head selection）：既然每个词在树中有且只有一条入边，那么在所有指向该词的依存边中选择得分最高的边。选择入边等同于选择父节点，即这条入边的中心词，这也是这个方法被称为中心词选择的原因。这个方法的缺点在于，无法保证所选择的依存边能够构成一棵树，因为可能存在环和不连通分量。但神奇的是，如果使用足够强大的神经网络打分模型并进行充分的监督学习，中心词选择解码方法往往能够以极大概率产生树结构。

如果我们加入解码为树结构的约束，那么依存句法分析可以看作一个最大生成树形图（maximum spanning arborescence）问题，即给定所有可能的依存边所构成的全相连的图，从中找出依存边得分之和最大的树形图。下面将分别介绍两个树结构解码算法：有投射性约束的 Eisner 算法和没有投射性约束的 MST 算法。

11.3.3 Eisner算法

针对依存句法树的投射性，Eisner 等人提出了 Eisner 算法[50]。Eisner 算法是一种动态规划算法，通过不断合并相邻子串的不完整子树得到整个句子的句法树。Eisner 算法递归地计算两类结构的得分：完整跨度（complete span），用三角形表示；不完整跨度（incomplete span），用梯形表示。两类跨度（分左右两个方向）如图 11-5 所示，解释如下。

- 完整跨度：跨度 (h, d) 或 (d, h) 上的一棵子树，其根节点是 x_h，且树中除 x_h 之外的节点在跨度之外没有孩子节点（所以这棵子树是完整的）。
- 不完整跨度：跨度 (h, c) 或 (c, h) 上的一棵子树，x_c 是 x_h 的孩子节点，并且 x_c 在其所在的跨度这一侧之外仍可能有孩子节点（所以这棵子树是不完整的）。
- 在所有情况下，跨度内部的词都是 x_h 在子树中的子孙节点，x_h 在跨度之外仍可能有孩子节点。

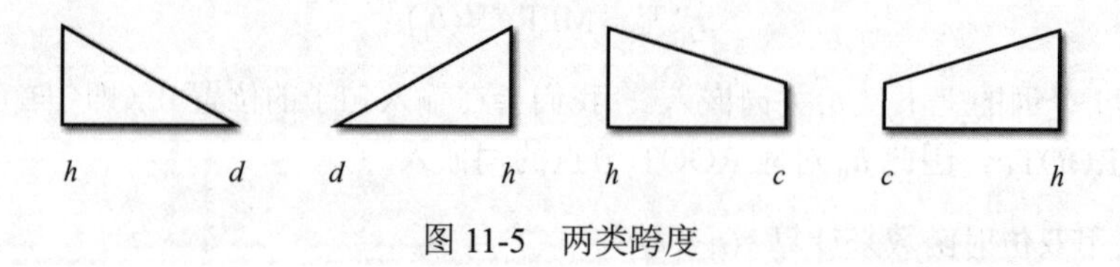

图 11-5　两类跨度

我们用 $(i, j, dir, comp)$ 表示一个跨度，用 $s(i, j, dir, comp)$ 表示该跨度的得分，其中 i, j 是跨度范围，$dir\in\{L,R\}$ 是跨度方向，$comp\in\{C,I\}$ 表示跨度完整与否。

初始化时，为每个词构建向左和向右长度为 1 的完整跨度，其得分均为 0（因为不涉及任何依存边），如图 11-6 所示。

$$s(i,i,L,C)=0$$
$$s(i,i,R,C)=0$$

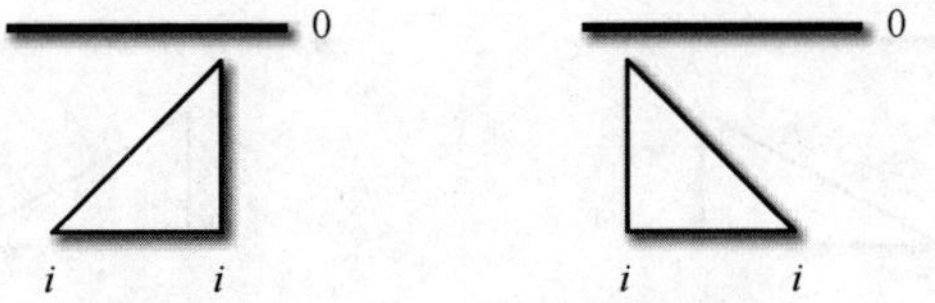

图 11-6 跨度的初始化（横线表示一个演绎步骤，其上下方分别是演绎的前提和结论，横线右边是该步骤跨度的得分）

算法的递归步骤将相邻的两个跨度合并成更大的跨度，分为两种情况。在第一种情况中，有两个相邻的、方向相反的完整跨度 (i, j, R, C) 和 $(j+1, k, L, C)$，其中 $i \leqslant j < j+1 < k$。通过添加 x_k 到 x_i 的依存边，可以构建更大的跨度 (i, k, L, I)（图 11-7（a））。由于节点 x_i 可能有更多的左孩子节点，因此此时的跨度 (i, k, L, I) 是不完整跨度。类似地，若添加 x_i 到 x_k 的依存边，则形成不完整跨度 (i, k, R, I)（图 11-7（b））。根据 j 的不同选择，可以有多个得到 (i, k, L, I) 和 (i, k, R, I) 的方式，应选择其中得分最高的方式。同时，由于添加了依存边，需要将其得分计入，因此跨度得分递归公式如下：

$$s(i,k,L,I)=\max_{j\in[i,k)}[s(i,j,R,C)+s(j+1,k,L,C)]+s(k,i)$$
$$s(i,k,R,I)=\max_{j\in[i,k)}[s(i,j,R,C)+s(j+1,k,L,C)]+s(i,k)$$

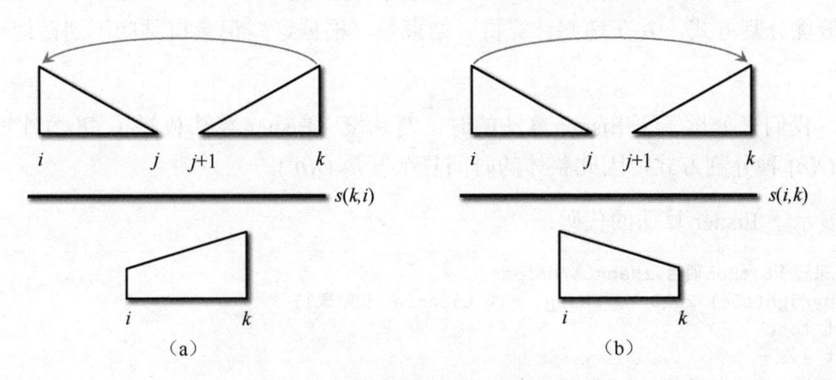

图 11-7 递归步骤（第一种情况）

接下来考虑第二种情况：有一个向左的不完整跨度 (j, k, L, I) 和一个向左的完整跨度 $(i, j, L, C)(i<j<k)$。这两个跨度共享了同一个词 x_j，且 x_j 是 x_k 的孩子节点，根据两类跨度的性质可推得，i 到 k 之间所有的词都是 x_k 的后代，且 x_i 在左侧没有更多的孩子节点。因此，可以将两个跨度合并成一个更大的完整跨度 (i, k, L, C)，如图 11-8（a）所示。同样，我们也可以合并一个向右的不完整跨度 (i, j, R, I) 和一个向右的完整跨度 $(j, k, R, C)(i<j<k)$ 得到一个更大的完整跨度 (i, k, R, C)，如图 11-8（b）所示。根据 j 的不同选择，可以有多个得到 (i, k, R, C) 和 (i, k, L, C) 的方式，应选择其中得分最高的方式。跨度得分递归公式如下：

$$s(i,k,L,C)=\max_{j\in[i,k)}[s(i,j,L,C)+s(j,k,L,I)]$$
$$s(i,k,R,C)=\max_{j\in(i,k]}[s(i,j,R,I)+s(j,k,R,C)]$$

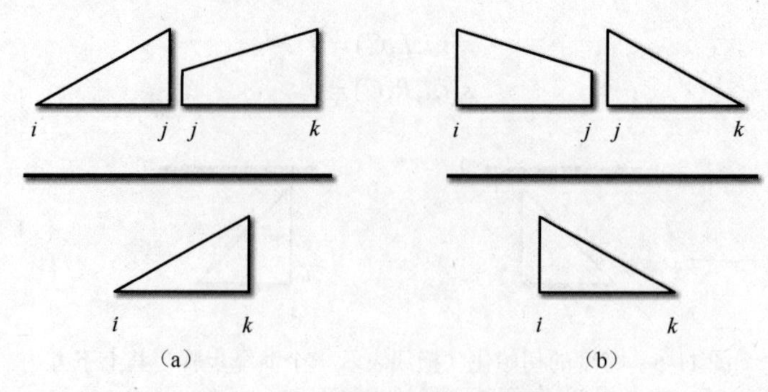

（a）　　（b）

图 11-8　递归步骤（第二种情况）

从初始跨度出发，Eisner 算法在由短到长的跨度上递归计算，直到达到最长的跨度，即整个句子。最后，我们考虑词 x_i 作为完整句法树的根节点的情况，即两个背靠背的完整跨度合并为一棵完整的句法树，如图 11-9 所示。同样，需要考虑所有 i 的选择，并计入 x_i 作为根节点的得分，然后取得分最高的方式，找到最优句法树的得分 s_{tree}。计算公式如下：

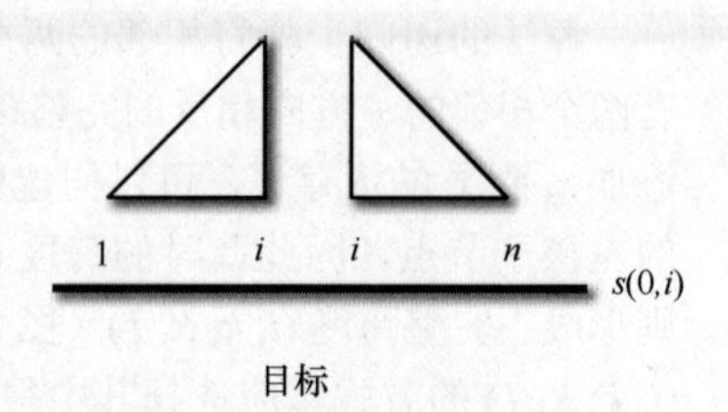

图 11-9　跨度的最终目标

$$s_{tree} = \max_{i \in [1,n]}[s(1,i,L,C) + s(i,n,R,C) + s(0,i)]$$

与 10.3.2 节介绍的 CKY 算法类似，为了得到最优句法树，需要在递归计算时记录下取得最大值的最优分割方式，并在递归计算得分结束后，根据这些记录自顶向下递归地重构出最优句法树。

最后，我们来分析一下 Eisner 算法的时间复杂度。Eisner 算法枚举了 $O(n^2)$ 个跨度，每个跨度都有 $O(n)$ 种分割方式，因此整体的时间复杂度是 $O(n^3)$。

下面展示了 Eisner 算法的代码：

```
# 代码来源于GitHub项目yzhangcs/crfpar
# (Copyright (c) 2020 Yu Zhang, MIT License (见附录))
import torch
import sys
sys.path.append('../code')
from utils import stripe, pad
def eisner(scores, mask):
    '''
    scores: 大小为批大小 * 序列长度 * 序列长度
    每个位置表示依存关系的打分
    例如scores[0,1,2]表示第0个输入样例上
    边2->1的打分，2为中心词，1为依存词

    mask: 批大小 * 序列长度，掩码长度与句子长度相同
    '''
    # 获取输入的基本信息
    lens = mask.sum(1)-1
    batch_size, seq_len, _ = scores.shape
    # 将scores矩阵从(batch,dep,head)形式转换成(head,dep,batch)形式
    # 方便并行计算
    scores = scores.permute(2, 1, 0)
```

```
# 初始化不完整跨度情况下的打分
s_i = torch.full_like(scores, float('-inf'))
# 初始化完整跨度情况下的打分
s_c = torch.full_like(scores, float('-inf'))
# 保存两种情况下的最大化j的位置
p_i = scores.new_zeros(seq_len, seq_len, batch_size).long()
p_c = scores.new_zeros(seq_len, seq_len, batch_size).long()
# 初始化完整跨度下长度为0的打分
s_c.diagonal().fill_(0)

for w in range(1, seq_len):
    # 通过seq_len - w可以计算出当前长度有多少长度为w的跨度
    n = seq_len - w
    # 根据n生成0到n的列表
    starts = p_i.new_tensor(range(n)).unsqueeze(0)

    # ---计算不完整跨度s(i,k,R,I)和s(i,k,L,I)的得分与最大值---

    # 计算s(i,j,R,C)+s(j+1,k,L,C)的值
    # 对于s(i,k,R,I)和s(i,k,L,I)的计算过程，这部分相同
    ilr = stripe(s_c, n, w) + stripe(s_c, n, w, (w, 1))
    # n * w * batch_size -> batch_size * n * w
    il = ir = ilr.permute(2, 0, 1)
    # 在s(i,k,L,I)中，计算max(s(i,j,R,C)+s(j+1,k,L,C))的值
    # 以及相应的位置
    il_span, il_path = il.max(-1)
    # 在求s_{ki}的过程时，我们的计算过程与第10章成分句法分析
    # 中的基于跨度的方法类似
    # 不同的是由于k>i，因此diagonal命令需要用-w，让对角线下移
    # 具体细节请查看PyTorch文档
    s_i.diagonal(-w).copy_(il_span + scores.diagonal(-w))
    # 保留最大的j值
    p_i.diagonal(-w).copy_(il_path + starts)

    # 在s(i,k,R,I)中，计算max(s(i,j,R,C)+s(j+1,k,L,C))的值
    # 以及相应的位置
    ir_span, ir_path = ir.max(-1)
    # 求s_{ik}，此时对角线上移
    # 与此同时，这种方式可以保证s_i保存的方向为L的值与
    # 方向为R的值互相不冲突，下同
    s_i.diagonal(w).copy_(ir_span + scores.diagonal(w))
    # 保留最大的j值
    p_i.diagonal(w).copy_(ir_path + starts)


    # ---计算不完整跨度s(i,k,R,C)和s(i,k,L,I)的得分与最大值---

    # 计算 s(i,j,L,C)+s(j,k,L,I)
    cl = stripe(s_c, n, w, (0, 0), 0) + stripe(s_i, n, w, (w, 0))
    cl_span, cl_path = cl.permute(2, 0, 1).max(-1)
    # 将最高的得分进行保存
    s_c.diagonal(-w).copy_(cl_span)
    # 将最高的得分的位置进行保存
    p_c.diagonal(-w).copy_(cl_path + starts)

    # 计算 s(i,j,R,I)+s(j,k,R,C)
    cr = stripe(s_i, n, w, (0, 1)) + stripe(s_c, n, w, (1, w), 0)
    cr_span, cr_path = cr.permute(2, 0, 1).max(-1)
```

```
        # 将最高的得分进行保存
        s_c.diagonal(w).copy_(cr_span)
        # 将句子长度不等于w的(0,w)得分置为负无穷
        # 因为其在结构上不可能存在
        s_c[0, w][lens.ne(w)] = float('-inf')
        # 将最高的得分的位置进行保存
        p_c.diagonal(w).copy_(cr_path + starts + 1)

    def backtrack(p_i, p_c, heads, i, k, complete):
        # 通过分治法找到当前跨度的最优分割方式
        if i == k:
            return
        if complete:
            # 如果当前跨度是完整跨度，取出得分最高的位置
            j = p_c[i, k]
            # 分别追溯s(i,j,I)和s(j,k,C)的最大值
            backtrack(p_i, p_c, heads, i, j, False)
            backtrack(p_i, p_c, heads, j, k, True)
        else:
            # 由于当前跨度是不完整跨度，因此根据定义，k的父节点一定是i
            j, heads[k] = p_i[i, k], i
            i, k = sorted((i, k))
            # 追溯s(i,j,C)和s(j+1,k,C)的最大值
            backtrack(p_i, p_c, heads, i, j, True)
            backtrack(p_i, p_c, heads, k, j + 1, True)

    preds = []
    p_c = p_c.permute(2, 0, 1).cpu()
    p_i = p_i.permute(2, 0, 1).cpu()
    # 追溯最终生成的每个词的父节点
    for i, length in enumerate(lens.tolist()):
        heads = p_c.new_zeros(length + 1, dtype=torch.long)
        backtrack(p_i[i], p_c[i], heads, 0, length, True)
        preds.append(heads.to(mask.device))

    return pad(preds, total_length=seq_len).to(mask.device)
```

给定输入句子“she learns the book hands-on-NLP”，我们来看最终输出结果：

```
score = torch.Tensor([
                    [ -1,  -1,  -1,  -1,  -1, -1],
                    [ -1,  -1,  1,  -1,  -1, -1],
                    [ 1, -1, -1, -1, -1, -1],
                    [ -1, -1, -1, -1, -1, 1],
                    [ -1, -1, -1, -1, -1, 1],
                    [ -1, -1, 1, -1, -1, -1]]).unsqueeze(0)

mask = torch.ones_like(score[:,:,0]).long()

deps=eisner(score,mask)
# deps 中第0位为根节点
print(deps)
tensor([[0, 2, 0, 5, 5, 2]])
```

现在，我们来绘制这棵依存句法树。这里使用 HanLP 代码包来绘制这棵依存句法树。由于没有为标签进行打分，因此这里只给根节点打上 ROOT 标签，其余依存边无标签。

```
# !pip install -e hanlp_common
from hanlp_common.document import Document
# from document import Document

tokens = ["she","learns","the","book","hands-on-NLP"]
dependencies = [[x.item(), '' if x.item()!=0 else "ROOT"] for x in deps[0,1:]]
doc = Document(tok=tokens,dep=dependencies)
doc.pretty_print()
```

```
Dep Tre      Token         Rela
────────     ────────      ────
   ┌──►      she
┌──┴──       learns        ROOT
│  ┌──►      the
│  │┌─►      book
└─►└┴──      hands-on-NLP
```

11.3.4 MST算法

Eisner 算法假设每个跨度内部的词都是跨度边界上的词的子孙节点。然而对于不具投射性的依存句法树来说，由于一个词的父节点可以是句中除其自身之外的任何一个词，因此无法定义这样的跨度。也就是说，Eisner 算法并不能用于不具投射性的依存句法分析。11.3.2 节提到过，依存句法分析本质上是一个最大生成树形图问题。因此，可以利用最大生成树形图算法 [51,52] 将其用于依存句法分析 [53]。这个算法一般被称为 MST 算法或者 Chu-Liu-Edmonds 算法。

MST 算法分成收缩和扩展两个阶段。

1. 收缩阶段

（1）从一个空图开始，对于每个非根节点 v，选择其得分最高的入边添加进图，设其为 bestInEdge[v]。

（2）如果第（1）步所构建的图内没有环，则这个图是一个树状图，那么已完成了算法的目标，退出。

（3）如果图内有环 C 形成，那么需要选择其中一条边进行删除，为此，将环 C 内所有节点收缩为一个新的超节点 v_c，并且将：

- 所有从环 C 外节点指向环 C 内节点的边转换成指向 v_c 的边；
- 所有从环 C 内节点指向环 C 外节点的边转换成从 v_c 指向该环外节点的边；
- 对于从环 C 外节点指向 $v \in C$ 的每条边 e，更新其得分 $s_e^{\text{edge}} \leftarrow s_e^{\text{edge}} - s_{\text{bestInEdge}[v]}^{\text{edge}}$，并且记录 e.kickout ← bestInEdge[v]，这一步的含义是，如果在图中加入边 e，那么为了保证 v 只有一条入边，需要从环 C 中删除指向 v 的边（从而打破了环 C），这么做会导致整个图的得分相应变化，我们用这个得分变化值替代边 e 原先的打分。

（4）现在我们得到一个新图。返回第（1）步并重复。

2. 扩展阶段

在收缩阶段完成之后的树状图中，每个超节点 v 恰好有一条入边，选择这条边会导致超节点 v 所表示的环中的一条边被删除，从而打破这个环。因此，以与添加顺序相反的顺序遍历图

中的每条边 e。

（1）删除 e.kickout 这条边，从而打破 e 所指向的超节点 v 所表示的环。

（2）将超节点 v 重新展开，暴露出被其隐藏的节点和边。

整个算法完成后，我们会得到一棵最优树状图。注意，根据依存句法树的定义，ROOT 节点必须有且只有一条出边，但 MST 算法本身并不能保证这一点，因此需要使用一些额外技巧来满足这一约束 [54]。

MST 算法的简单实现方式的时间复杂度为 $O(n^3)$，但经过优化后可以达到 $O(n^2+n\log n)$ 的时间复杂度。

以下是 MST 算法的代码实现。

```
# 代码来源于GitHub项目tdozat/Parser-v1
# (Copyright (c) 2016 Timothy Dozat, Apache-2.0 License (见附录))
import numpy as np
from tarjan import Tarjan

def MST_inference(parse_probs, length, mask, ensure_tree = True):
    # parse_probs: 模型预测的每个词的父节点的概率分布
    # 大小为 length * length, 顺序为(孩子节点,父节点)
    # length: 当前句子长度
    # mask: 与parse_probs大小一致, 表示这句话的掩码
    if ensure_tree:
        # 根据mask大小, 生成单位矩阵
        I = np.eye(len(mask))
        # 去除不合理元素, 其中, 通过(1-I)将对角线上的元素去除
        # 因为句法树不可能存在自环
        parse_probs = parse_probs * mask * (1-I)
        # 求出每个位置上概率最大的父节点
        parse_preds = np.argmax(parse_probs, axis=1)
        tokens = np.arange(1, length)
        # 确认目前的根节点
        roots = np.where(parse_preds[tokens] == 0)[0]+1
        # 当没有根节点时, 保证至少有一个根节点
        if len(roots) < 1:
            # 当前每个位置对根节点的概率
            root_probs = parse_probs[tokens,0]
            # 当前每个位置对概率最大的节点的概率
            old_head_probs = parse_probs[tokens, parse_preds[tokens]]
            # 计算根节点与概率最大节点的比值, 作为选取根节点的相对概率
            new_root_probs = root_probs / old_head_probs
            # 选择可能性最大的根节点
            new_root = tokens[np.argmax(new_root_probs)]
            # 更新预测结果
            parse_preds[new_root] = 0
        # 当根节点数量超过1时, 让根节点数量变为1
        elif len(roots) > 1:
            # 当前父节点的概率
            root_probs = parse_probs[roots,0]
            # 让当前所有依存于根节点的位置 (roots)归零
            parse_probs[roots,0] = 0
            # 获得新的潜在的父节点及其概率
            new_heads = np.argmax(parse_probs[roots][:, tokens], axis=1)+1
            new_head_probs = parse_probs[roots, new_heads] / root_probs
```

```
            # 选择roots的潜在的新的父节点中概率最小的位置
            # 将其父节点作为根节点
            new_root = roots[np.argmin(new_head_probs)]
            # 更新预测结果
            parse_preds[roots] = new_heads
            parse_preds[new_root] = 0
        # 在通过贪心的方式获得所有位置的父节点后
        # 使用Tarjan算法找到当前图中的强连通分量
        # 使用MST算法将其中的环解除并且重新进行连接
        tarjan = Tarjan(parse_preds, tokens)
        # 当前的强连通分量（环）
        cycles = tarjan.SCCs
        for SCC in tarjan.SCCs:
            # 如果强连通分量里的节点数量超过1个，那么说明其有环
            if len(SCC) > 1:
                dependents = set()
                to_visit = set(SCC)
                # 将环内所有的节点以及它们所连接的外部节点
                # 都加入孩子节点中
                while len(to_visit) > 0:
                    node = to_visit.pop()
                    if not node in dependents:
                        dependents.add(node)
                        # 将当前节点指向的节点（孩子节点）
                        # 加入要访问的队列中
                        to_visit.update(tarjan.edges[node])
                # 参与循环的节点的位置
                cycle = np.array(list(SCC))
                # 当前父节点的概率
                old_heads = parse_preds[cycle]
                old_head_probs = parse_probs[cycle, old_heads]
                # 为了计算环里每个节点的新的父节点
                # 这些节点的孩子节点是这些节点的父节点显然是不可能的
                # 因此需要将它们的概率置为0
                non_heads = np.array(list(dependents))
                parse_probs[np.repeat(cycle, len(non_heads)), np.repeat([non_heads],
                        len(cycle), axis=0).flatten()] = 0
                # 新的概率分布下，求得环内所有节点新的
                # 潜在父节点及其概率
                new_heads = np.argmax(parse_probs[cycle][:, tokens], axis=1)+1
                # 计算与旧的父节点的比例
                new_head_probs = parse_probs[cycle, new_heads] / old_head_probs
                # 选择最有可能的变化，这样对于树的整体概率
                # 影响最小，同时能将当前的环解除
                change = np.argmax(new_head_probs)
                changed_cycle = cycle[change]
                old_head = old_heads[change]
                new_head = new_heads[change]
                # 更新预测结果
                parse_preds[changed_cycle] = new_head
                tarjan.edges[new_head].add(changed_cycle)
                tarjan.edges[old_head].remove(changed_cycle)
        return parse_preds
    else:
        # 当不强制要求树结构时，直接将预测结果返回
        parse_probs = parse_probs * mask
        parse_preds = np.argmax(parse_probs, axis=1)
        return parse_preds
```

下面我们设计一个使用 11.3.2 节介绍的中心词选择解码会导致有环的情况，来看看 MST 算法的运行结果：

```
# 第5个词的得分最高的中心词为第4个词，形成4->5 5->4的环
score = np.array([
                  [ -1,  -1,  -1,  -1,  -1, -1],
                  [ -1,  -1,  1,  -1,  -1, -1],
                  [ 1, -1, -1, -1, -1, -1],
                  [ -1, -1, -1, -1, -1, 1],
                  [ -1, -1, -1, -1, -1, 1],
                  [ -1, -1, 1, -1, 1.1, -1]])

mask = np.ones_like(score)
# 可以看出直接预测最大值会有环形成
print('不使用MST算法得到的依存关系为：',np.argmax(score,1))
deps=MST_inference(score,len(mask),mask)
print('使用MST算法得到的依存关系为：',deps)
```

```
不使用MST算法得到的依存关系为：  [0 2 0 5 5 4]
使用MST算法得到的依存关系为：  [0 2 0 5 5 2]
```

11.3.5 高阶方法

11.3.1 节中假设整棵依存句法树的得分是对每条边的得分求和而来的。这种方式被称作基于图的一阶依存句法分析方法，它的缺点是忽略了依存边之间的相关性。 基于图的二阶方法则对 3 个词之中同时存在的两条边一起打分，包含兄弟（sibling）和祖父（grandparent）两种模式，如图 11-10 所示。整棵树的得分定义为树中所有这样的二阶模式的得分之和。

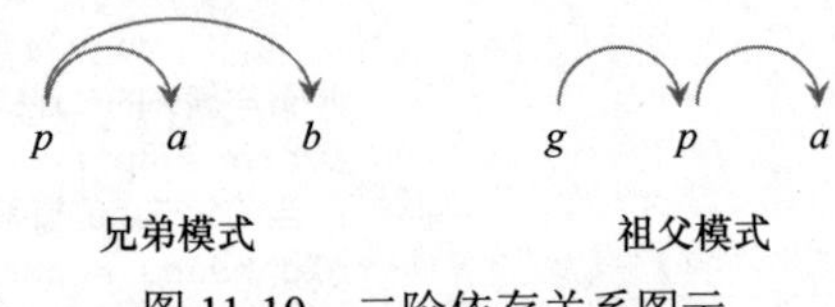

图 11-10　二阶依存关系图示

对于具有投射性的依存句法树来说，二阶依存句法分析可以在 $O(n^4)$ 的时间复杂度内求解，然而对于不具投射性的依存句法树，这个过程是一个 NP 困难问题。一种解决方案是设计特殊的投射性句法树依存标签，从而在使用投射性依存句法分析得到投射性句法树后，再通过规则将其转化为不具投射性句法树。另一种解决方案是使用基于平均场变分推断（mean-field variational inference）或循环置信传播（loopy belief propagation）的近似解码算法。

在二阶依存句法分析之上，还存在更高阶的依存句法分析方法，即对 3 条甚至更多条依存边一起打分。当然，这些更高阶方法的解码复杂度往往也更高，因而很少被实际使用。

对于二阶及更高阶的依存句法分析，有兴趣的读者可阅读相关早期文献 [55,56,57,58] 和近期工作 [59,60]。

11.3.6 监督学习

监督学习的训练语料库中，每个句子都包含人工标注的句法树。假设句子 $\boldsymbol{x}$ 的人工标注句法树为 T^*。监督学习的常用损失函数为负对数条件似然：

$$\mathcal{L} = -\log P(T^* \mid \boldsymbol{x})$$

$$P(T^* \mid \boldsymbol{x}) = \frac{\exp s(T^*)}{\sum_{T' \in \mathbb{T}(x)} \exp s(T')}$$

其中，对于分子部分，可以使用 11.3.1 节介绍的方式将树 T^* 中所有边的得分求和得到。对于分母部分，若有投射性约束，可以使用Eisner算法的内向算法变体（即将求最大值替换为求和，类比于第 10 章的 CKY 算法与内向算法）计算；若没有投射性约束，则可以使用基尔霍夫矩阵树定理（Kirchhoff's matrix tree theorem）进行计算，这里不做详细介绍。

另一种更简单的学习方法是基于中心词选择的损失函数。既然每个词在一棵依存句法树中有且只有一条入边，可以对每个词计算其入边的概率分布：

$$P(y_{i,j,l} \mid \boldsymbol{x}) = \frac{\exp(s(i,j,l))}{\sum_{k \in [0,\cdots,n]} \sum_{\hat{l} \in \mathcal{L}} \exp(s(k,j,\hat{l}))}$$

训练损失函数可定义为正确入边的负对数条件似然：

$$\mathcal{L} = -\sum_j \log[P(y_{i_j^*,j,l_j^*} \mid \boldsymbol{x})]$$

其中，i_j^*, l_j^* 分别表示人工标注句法树中第 j 个词的父节点位置和依存边标签。 这种学习方式的好处是简单，坏处是没有在训练中引入树结构约束。

回顾 11.3.3 节代码中的打分示例，这里我们来简单求一下边的交叉熵损失：

```
score = torch.Tensor([
                    [ -1,  -1,  -1,  -1,  -1, -1],
                    [ -1,  -1,  1,  -1,  -1, -1],
                    [ 1, -1, -1, -1, -1, -1],
                    [ -1, -1, -1, -1, -1, 1],
                    [ -1, -1, -1, -1, -1, 1],
                    [ -1, -1, 1, -1, 1.1, -1]])
# 假设我们的目标
target = torch.Tensor([2,0,5,5,2]).long()
# 计算交叉熵损失
loss_func = torch.nn.NLLLoss()
loss = loss_func(torch.nn.functional.log_softmax(score[1:],-1),target)
print(loss)
```

```
tensor(0.6081)
```

11.4 基于转移的依存句法分析

基于转移的依存句法分析与 10.4 节介绍的基于转移的成分句法分析非常相似，都是通过预测转移序列来生成句法树，具有线性时间复杂度，但是由于基于局部搜索，因而无法找到最优句法树。基于转移的依存句法分析方法同样有很多种，区别在于转移动作的设计。本节介绍的是 arc-standard 方法 [61]，除此之外还有 arc-eager、arc-hybrid 等方法。

11.4.1 状态与转移

基于转移的依存句法分析同样使用一个栈来存储已部分构造的树结构（包含一系列尚未相连的子树），用一个缓存来存储句子中尚未处理的词。在初始状态下，缓存 $\mathcal{B}$ 包含完整的输入句子，栈 $\mathcal{S}$ 只包含 ROOT 节点。我们定义 3 类转移动作。

- **SHIFT**：将缓存 $\mathcal{B}$ 最前面的词（可看作仅包含该词的高度为 1 的子树）移到栈 $\mathcal{S}$ 顶部。
- **LEFT-ARC**：将栈 $\mathcal{S}$ 的前两棵子树移出，从第一棵子树的根节点到第二棵子树的根节点加一条依存边，从而合并为一棵子树，并将其压入栈 $\mathcal{S}$ 顶部。
- **RIGHT-ARC**：与 LEFT-ARC 几乎相同，但所加的依存边方向相反，即从第二棵子树的根节点到第一棵子树的根节点加一条依存边。

我们可以给转移动作 RIGHT-ARC 和 LEFT-ARC 额外指定依存边的标签，例如 RIGHT-ARC-dobj 这个动作所加的依存边的标签是 dobj。

在执行完一系列转移动作之后，最终缓存 $\mathcal{B}$ 为空，栈 $\mathcal{S}$ 中仅包含一棵完整的句法树。

图 11-11 以“Cats love fish”这句话为例，演示了状态转移过程。

序号	栈	缓存	动作	新增依存边
0	ROOT	Cats love fish	SHIFT	
1	ROOT, Cats	love fish	SHIFT	
2	ROOT, Cats, love	fish	LEFT -ARC -nsubj	nsubj Cats love
3	ROOT, nsubj Cats love	fish	SHIFT	
4	ROOT, nsubj Cats love, fish		RIGHT -ARC -dobj	dobj love fish
5	ROOT, nsubj dobj Cats love fish		RIGHT -ARC -root	root <ROOT> love
6	root nsubj dobj <ROOT> Cats love fish			

图 11-11　基于转移的依存句法分析示例

11.4.2 打分、解码与学习

基于转移的依存句法分析的打分方式与 10.4.2 节描述的方式基本一致。对于栈中每棵子树的表示，同样可以使用递归神经网络，只不过网络架构是基于依存句法树的。

基于转移的依存句法分析的解码方法基于贪心搜索和束搜索，与 10.4.3 节的描述完全一样。

对于基于转移的依存句法分析的监督学习，我们需要将一棵人工标注的依存句法树转化为转移序列。对于本节描述的 arc-standard 方法，可以通过在依存句法树上运行以下递归算法得到转移序列。

- 从 ROOT 指向的词开始进行递归，对于每个词：
  - 从左到右遍历左孩子节点，在每个左孩子节点上递归调用本函数；
  - 输出SHIFT；
  - 从右到左遍历左孩子节点，对于每个左孩子节点，输出LEFT-ARC-X，其中X是指向该左孩子节点的依存边的标签；
  - 从左到右遍历右孩子节点，对于每个右孩子节点，首先递归调用本函数，然后输出RIGHT-ARC-X，其中X是指向该右孩子节点的依存边的标签。
- 递归结束后，输出 RIGHT-ARC-ROOT。

给定转化后的转移序列，监督学习需要学习一个动作分类器，根据当前状态计算所有可能动作的概率。具体的训练损失函数和对动态谕示的讨论参见 10.4.4 节。

下面提供一套代码来展示在解码过程中如何根据转移动作的打分对栈和缓存进行操作。如果读者想要运行该代码，需自行定义 model。

```
SHIFT_ID=0
# 假设left_arc有两个标签，nsubj和dobj
LEFT_ARC_ID = {1: 'nsubj',2: 'dobj'}
# 假设right_arc有3个标签，nsubj、dobj和root
RIGHT_ARC_ID = {3:'nsubj',4:'dobj',5:'root'}


def decode(words,model):
    # words：每个元素为(word_idx, word_text)的元组
    # word_idx为句子中的位置，word_text则为文本
    # model：这里不具体构建模型，仅作为一个示例
    # 缓存buffer初始化，将words反转，能够保证pop()操作从前往后进行
    buffer = words[::-1]
    # 栈stack初始化，0表示ROOT节点
    stack = [(0,'ROOT')]
    # 保存生成的边
    deps = []
    # 循环转移迭代
    while 1:
        # 模型通过buffer、stack和history计算下一步操作的得分
        log_probs = model(buffer,stack,history)
        # 得到得分最高的操作id，范围为[0,5]
        action_id = torch.max(log_probs)[1]
        # 当action_id分别为0、1和大于1时，分别为其做SHIFT、REDUCE和push_nt操作
        if action_id == SHIFT_ID:
            buffer,stack = shift(buffer,stack)
        elif action_id in LEFT_ARC_ID:
            stack,deps = left_arc(stack,deps,action_id)
        else:
            stack,deps = right_arc(stack,deps,action_id)

        # 当缓存为空，栈只有一个子树时退出
        if len(buffer) == 0 and len(stack) == 1:
            break
    # 返回生成的树
    return deps

def shift(buffer,stack):
```

```
        # 将buffer中的词移到栈顶
        word=buffer.pop()
        # 这里只需要保留word_idx
        stack.append(word)
        return buffer, stack

    def left_arc(stack,deps,action_id):
        # 因为是向左的弧，所以取出stack最后的两个词，倒数第一个词为中心词
        head_word = stack.pop()
        dep_word = stack.pop()
        # 保存head、dep位置以及它们所对应的边，只需要保存word_idx
        deps.append((head_word[0],dep_word[0],LEFT_ARC_ID[action_id]))
        # 将中心词放回stack中
        stack.append(head_word)
        return stack, deps

    def right_arc(stack,deps,action_id):
        # 因为是向右的弧，所以取出stack最后的两个词，倒数第二个词为中心词
        dep_word = stack.pop()
        head_word = stack.pop()
        # 保存head、dep位置以及它们所对应的边
        deps.append((head_word[0],dep_word[0],LEFT_ARC_ID[action_id]))
        # 将中心词放回stack中
        stack.append(head_word)
        return stack, deps
```

11.5 小结

本章介绍了依存句法分析。本章首先定义了什么是依存结构，介绍了依存结构的投射性以及它与成分结构的关系；然后概述了依存句法分析的打分、解码、学习以及评价指标；最后介绍了两种依存句法分析方法，分别是基于图的方法和基于转移的方法。

习题

（1）判断对错：在依存句法分析树中，词是节点，并且每个词都有且仅有一个依存词。

（2）图 11-12 给出了人工标注的依存句法树和预测的依存句法树。无标签依存得分（UAS）是多少？有标签依存得分（LAS）是多少？

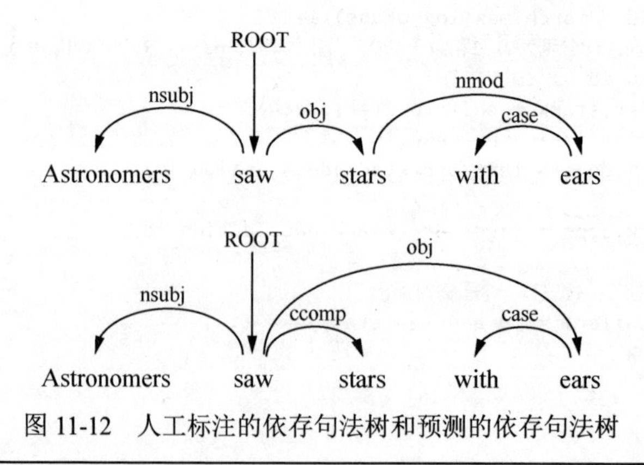

图 11-12　人工标注的依存句法树和预测的依存句法树

（3）输入句子“I love Natural Language Processing”，依存边分数如表 11-2 所示。如果运行 Eisner 算法，那么所得到的最优句法树的根节点是什么？

表 11-2 依存边分数

中心词 \ 依存词	I	love	Natural	Language	Processing
ROOT	15	13	20	10	20
I	—	10	12	1	25
love	10	—	6	19	15
Natural	2	23	—	7	1
Language	13	1	22	—	15
Processing	5	1	7	26	—

（4）与（3）相同，如果运行 Chu-Liu-Edmonds 算法，那么所得到的最优句法树的根节点是什么？

（5）输入句子“I love Natural Language Processing”，在基于转移的依存句法分析中执行以下转移动作：SHIFT、SHIFT、LEFT-ARC、SHIFT、SHIFT、SHIFT、LEFT-ARC、LEFT-ARC、RIGHT-ARC、RIGHT-ARC。最终得到的依存句法树的根节点是什么？

第12章 语义分析

语义是指一段文本所表达的含义，它将语言文字与真实世界连接起来。对语义的研究称为语义学（semantics）。语义的表示目前主要分成两种方式，第一种是隐式表示，即用向量来表示语义，第二种则是显式表示，即使用基于符号的形式化系统表示语义。第 3 章详细介绍了文本的向量表示，其中的大部分向量表示方法往往包含对语义的表示。因此，本章主要介绍显式的语义表示。本章将首先概述显示和隐式的语义表示；接着分别介绍词义表示和句义表示；然后介绍语义分析（semantic analysis，也称 semantic parsing），即给定一个句子，构建其语义表示；最后介绍语义角色标注和信息提取，两种简化的句义表示和分析任务。

扫码观看视频课程

12.1 显式和隐式的语义表示

显示的语义表示是通过基于符号的形式化系统表示语义，例如逻辑表达式和语义图。与之相对，隐式的语义表示是用向量来表示语义。两种方式都有各自的优缺点。

基于向量的语义表示的一个非常直接的优点是，它与神经网络模型完美兼容，既能很方便地利用强大的神经网络从文本中提取出向量化语义表示，又能将向量化语义表示直接输入神经网络用于各类下游任务。这种方式在很多自然语言处理任务上取得了很好的效果。然而，基于向量的语义表示有一个明显的缺点，即缺乏可解释性：我们无法直观和精确地理解向量表示所包含的语义信息。

与之相反，基于符号的显式语义表示的主要优点是具有可解释性，即只需通过少量学习来熟悉某种符号所表示的规范，我们就可以理解符合这种规范的符号表示所包含的语义信息。符号语义表示的另一个重要优点是，它可以与符号知识库和推理引擎无缝集成，从而支持精确的符号逻辑推理，例如数据库查询语言作为一种符号语义表示，可以在数据库上执行复杂的推理和查询。然而，符号语义表示也有不少缺点。其一，符号语义表示有相当多不同的形式和规范，并不存在符合所有需求的统一标准。其二，构建一个精确的语义分析器来自动构建一段文本的符号语义表示是相当困难的。

第 3 章已介绍了文本向量表示，其中绝大部分方法可以用于基于向量的隐式语义表示（稠密向量表示涉及第 8 章介绍的方法）。因此，本章接下来将专注于基于符号的显式语义表示。

12.2 词义表示

本节介绍词的含义的符号表示。词义表示是句义表示的基础。

第 2 章中介绍了词目还原，即找出一个词在词典中的原型词目。很多词目都具有多义性，即有多个不同的含义。例如，mouse 作为名词时，有两个含义：

（1）某种小型啮齿动物；

（2）用手操作的光标控制设备。

以上每一条含义都称为一个词义（word sense）。

一些词义之间存在着语义关系，例如同义关系（synonymy）（如“公交车”和“巴士”）、反义关系（antonymy）（如“小”和“大”）。表 12-1 列举了词义之间的主要语义关系。

表 12-1 常见的词义之间的语义关系

语义关系	解释	中文示例	英文示例
同义关系（synonymy）	含义相同	< 巨大，庞大 >	<big, large>
反义关系（antonymy）	含义相反	< 巨大，微小 >	<big, small>
下位关系（hyponymy）	前者是后者的子集（也常被称为“is-a”关系）	< 狗，哺乳动物 >	<dog,mammal>
上位关系（hypernymy）	前者是后者的超集	< 哺乳动物，狗 >	<mammal, dog>
分体关系（meronymy）	前者是后者的一部分（也常被称为“part-of”关系）	< 肝脏，身体 >	<liver, body>
整体关系（holonymy）	前者是包含后者的整体（也常被称为“has-a”关系）	< 身体，肝脏 >	<body, liver>

12.2.1 WordNet

WordNet 是由普林斯顿大学构建的一个根据语义关系组织的英语词典。WordNet 主要通过同义词集（synset）组织词，一个同义词集包含一组同义的词义。同义词集之间通过语义关系进行相互关联。

接下来以英文名词 dog 为例展示 WordNet。在 WordNet 中查询 dog 可以找到以下同义词集：

（1）（名词）dog, domestic dog, Canis familiaris（狗，家犬）；

（2）（名词）frump, dog（沉闷的人）；

（3）（名词）dog（指代人的非正式用语，例如 you lucky dog）；

（4）（名词）cad, bounder, blackguard, dog, hound, heel（道德上应受谴责的人，可恨的人）；

（5）（名词）frank, frankfurter, hotdog, hot dog, dog, wiener, wienerwurst, weenie（热狗）；

……

其中的第一个同义词集在 WordNet 中的直接下位词（子集）有：

（1）（名词）puppy（小狗）；

（2）（名词）pooch, doggie, doggy, barker, bow wow（狗的非正式称呼）；

（3）（名词）cur, mongrel, mutt（劣质狗或混种狗）；

（4）（名词）lapdog（一只小而温顺、可以抱在膝上的狗）；

（5）（名词）toy dog, toy（纯粹作为宠物饲养的几种非常小的狗中的任何一种）；

（6）（名词）hunting dog（猎犬）；

……

与之相对，第一个同义词集的上位词（超集）有：

（1）（名词）canine, canid（犬科动物，任何有不能收缩的爪子和通常较长的鼻口部的裂趾类哺乳动物）；

（2）（名词）domestic animal, domesticated animal（已被驯服并适应人类环境的动物）。

第一个同义词集的分体词有：

（名词）flag（狗尾巴）。

第一个同义词集的整体词有：

（1）（名词）Canis, genus Canis（犬科的模式属）；

（2）（名词）pack（一类狩猎动物）。

下面展示 WordNet 的使用示例。首先，从 NLTK 中导入 WordNet，并且将其简写成 wn。

```
# 若无法运行，请将下面两行注释取消
# import nltk
# nltk.download('omw-1.4')

from nltk.corpus import wordnet as wn
```

我们来看“cat”的词义（对应不同的同义词集）有哪些：

```
print(wn.synsets('cat'))
```

```
[Synset('cat.n.01'), Synset('guy.n.01'), Synset('cat.n.03'), Synset('kat.n.01'),
 Synset('cat-o'-nine-tails.n.01'), Synset('caterpillar.n.02'),
 Synset('big_cat.n.01'), Synset('computerized_tomography.n.01'),
 Synset('cat.v.01'), Synset('vomit.v.01')]
```

接下来，我们来看“cat.n.01”，即 cat 作为名词的第一个同义词集的定义：

```
print(wn.synset('cat.n.01').definition())
```

```
feline mammal usually having thick soft fur and no ability to roar: domestic cats;
wildcats
```

“cat.n.01”的词目以及在其他语言上的词目：

```
print(wn.synset('cat.n.01').lemmas())
# 暂不支持中文
print(wn.synset('cat.n.01').lemma_names('jpn'))
```

```
[Lemma('cat.n.01.cat'), Lemma('cat.n.01.true_cat')]
['にゃんにゃん', 'キャット', 'ネコ', '猫']
```

最后，我们看一下“cat.n.01”的上位词和下位词：

```
# 上位词
print(wn.synset('cat.n.01').hypernyms())
# 下位词
print(wn.synset('cat.n.01').hyponyms())
```

```
[Synset('feline.n.01')]
[Synset('domestic_cat.n.01'), Synset('wildcat.n.03')]
```

我们可以通过 WordNet 计算两个词义的语义相似度。为了计算语义相似度，首先确定这两个词义分别所属的同义词集，再由上位关系 / 下位关系构成的图计算出连接这两个同义词集的最短路径，然后将该路径长度折算为 0 到 1 之间的得分，常见计算方式为

$$\frac{1}{\text{最短路径长度}}$$

得分为 1 表示两者属于同一个同义词集，得分越低说明两者的语义相似度越低。下面对比“boy.n.01”“girl.n.01”“cat.n.01”的相似度：

```
boy = wn.synset('boy.n.01')
girl = wn.synset('girl.n.01')
cat = wn.synset('cat.n.01')
dog = wn.synset('dog.n.01')

print("boy和girl",boy.path_similarity(girl))
print("boy和cat",boy.path_similarity(cat))
print("girl和cat",girl.path_similarity(cat))
print("boy和dog",boy.path_similarity(dog))
print("girl和dog",girl.path_similarity(dog))
print("cat和dog",cat.path_similarity(dog))
```

```
boy和girl 0.16666666666666666
boy和cat 0.08333333333333333
girl和cat 0.07692307692307693
boy和dog 0.14285714285714285
girl和dog 0.125
cat和dog 0.2
```

从结果来看，“boy.n.01”与“girl.n.01”最相似，而“cat.n.01”与“dog.n.01”最相似，这和我们的直觉一致。

12.2.2 词义消歧

一个词可能会有多个词义，但是在绝大多数具体的上下文中，每个词应该只有一个正确的词义。**词义消歧**（word sense disambiguation，WSD）的目标就是给定每个词可能的词义集合（如 WordNet），为输入句子中的所有多义词找到正确的词义。以“He cashed a check at the bank.”这句话为例。这句话中主要有以下词含有歧义。首先，“cashed”的词义包括：

- （动词）兑换现金；
- （形容词）已兑换的。

在这句话中，“cashed”显然是作为动词的第一个词义。其次，“check”的词义包括：

- （名词）支票；
- （名词）打钩符号；
- （动词）检查（及物动词）；
- （动词）查看（不及物动词）；

……

根据上下文（特别是上文的“cashed”和下文的“bank”），这里的“check”应当是“支票”的含义。最后，“bank”的词义包括：

- （名词）河岸；
- （名词）银行；
- （名词）长长的山脊或斜坡；

……

根据上文，显然这里“bank”是银行的意思。

词义消歧可以看作一个序列标注任务，即给定输入句子，为其中的每个词标出词义。我们可以使用第 9 章介绍的各种序列标注方法来进行词义消歧。目前最好的词义消歧方法都在像 BERT 这样的预训练语言模型基础之上进行序列标注，因为预训练语言模型所输出的一个词的上下文相关词嵌入往往已经反映了这个词在其上下文中最恰当的词义。

12.3　语义表示

本节讨论句子含义的符号表示。句义表示以词义表示为基础。给定一个句子，其句义表示的基本单元往往包括句子中的词（特别是实词）的词义表示；但句义表示还需要将这些基本单元连接起来，形成对句子含义的完整表示。本节讨论的大部分表示方法也可以用于表示一个段落的多句话的含义，因此我们会使用更宽泛的术语*语义表示*（semantic representation，也常被称为 meaning representation）来指代这些表示方法。

语义表示一般需要满足几个要求。首先要满足：

- 无歧义性——一个语义表示应当只有一个含义；
- 形式规范——一个含义应当只有一个语义表示。

这两个要求意味着语义表示和含义之间呈现一一对应的关系。其次要满足：

- 表达能力——语义表示应当能够表达各种主题和内容；
- 推理能力——语义表示应当能够支持推理。

这两个要求实际上是相互制约的，更强的表达能力一般意味着更大的推理难度（表现为更高的计算复杂度甚至是不可计算性），因此实际使用的语义表示方法需要在这两者之间进行折中。

12.3.1　专用和通用的语义表示

语义表示可分为专用和通用两类。专用语义表示针对特定的应用场景，因此其语法往往较为简单，所能表达的含义较为受限。一个著名的专用语义表示的例子是关系数据库的结构化查询语言（structured query language，SQL）。显然，SQL 仅能用于表达关系数据库上的数据定义和操作，而无法用于表达任意的语义。下面是 SQL 的一个例子。

想要查询"what are the top 3 countries with the highest GDP in 2022?"，可以使用如下 SQL 语句"SELECT country.name FROM country, GDP WHERE country.id = GDP.country_id AND GDP.year = 2022 ORDER BY GDP.volume DESC LIMIT 3;"。

通用语义表示则不再针对单一的应用场景，而是可用于表达大部分常见语义。如前所述，表达能力过于强大的语义表示会面临严重的推理困难，因此常用的通用语义表示并不会单纯追求强大的表达能力，而是会在表达能力和推理能力的复杂性之间寻求平衡。12.3.2 节和 12.3.3 节会分别介绍两种通用语义表示：一阶逻辑和语义图。

12.3.2 一阶逻辑

一阶逻辑（first-order logic，FOL）也称作一阶谓词逻辑（first-order predicate logic），定义了如下形式语言。首先，定义项（term）为一个常量或一个变量。然后，递归定义一阶逻辑如下。

- 如果 R 表示一个 n 元关系，$t_1,\cdots, t_n$ 是项，那么 $R(t_1,\cdots,t_n)$ 是一个公式（更确切地说，是一个原子公式）。
- 如果 ϕ 是一个公式，那么它的否定 $\neg\phi$ 也是一个公式。
- 如果 ϕ 和 ψ 都是公式，那么使用二元逻辑连接符将两个公式连接可以形成新的公式，例如 $\phi \wedge \psi$（ϕ 与 ψ）、$\phi \vee \psi$（ϕ 或 ψ）、$\phi \Rightarrow \psi$（可大致理解为由 ϕ 推出 ψ）。
- 如果 ϕ 是一个公式，v 是一个变量，那么可以通过量词创建新的公式。
    - 全称量词：$\forall v, \phi$，表示对于v的任意取值，ϕ都成立；
    - 存在量词：$\exists v, \phi$，表示存在v的某个取值，使得ϕ成立。

表 12-2 展示了一阶逻辑的例子：

表 12-2 一阶逻辑示例

一阶逻辑公式	自然语言句子
$\neg Tall($小明$)$	小明长得不高
$\exists x, Human(x) \wedge Likes(x,$ 花菜 $)$	有人喜欢花菜
$\forall x, (Human(x) \wedge Likes(x,$ 篮球 $)) \Rightarrow \neg Friend(x,$ 小蔡 $)$	如果有人喜欢篮球，那么他就不是小蔡的朋友
$\forall x, Restaurant(x) \Rightarrow (Longwait(x) \vee \neg Likes($ 小明 $, x))$	任何餐厅都需要排长队或者被小明讨厌
$\forall x, Human(x) \Rightarrow (\exists y, \neg Likes(x, y))$	任何人都有不喜欢的事物
$\exists y, \forall x, Human(x) \Rightarrow \neg Likes(x, y)$	有些东西任何人都不喜欢

一阶逻辑能够用于表达大部分常见语义，但仍有一些限制，例如量词无法作用于关系。此外，一阶逻辑的推理是半可判定的，即推理算法可在答案为真时得出答案，但在答案为假时无法做出判断。

12.3.3 语义图

语义图通过图来表示语义，这里主要介绍两种语义图的形式。

1. 语义依存图

语义依存图的节点是所有词，边表示词之间的关系。语义依存图（semantic dependency graph）的代表有 DELPH-IN 最小递归语义（DELPH-IN minimal recursion semantics，DM）和布拉格语义依存（Prague semantic dependency，PSD），如图 12-1 所示。语义依存图与第 11 章介绍的依存句法树很相似，都是以词为节点，有向边表示词之间的关系。两者的区别在于：（1）依存句法树是树结构，而语义依存图一般是有向无环图结构；（2）语义依存图允许节点之间没有边相连；（3）依存句法树表示的是句法结构，不涉及句义，而语义依存图表示的是句义信息。

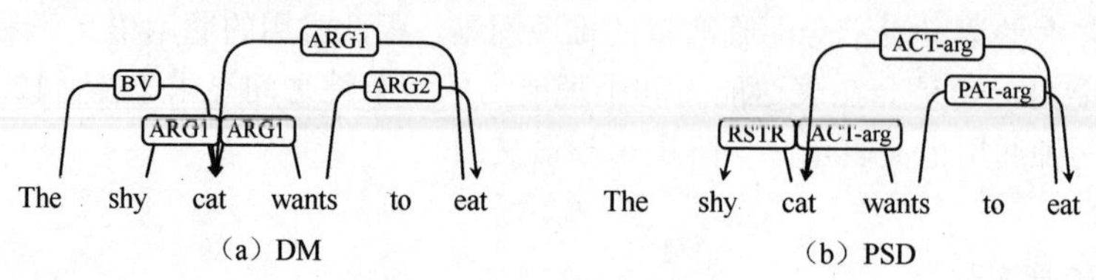

图 12-1　语义依存图示例

2. 抽象语义表示

抽象语义表示的节点无须显式地与句子中的词对应，边则依旧表示节点之间的关系。图 12-2 展示了抽象语义表示（abstract meaning representation，AMR）。实际上 AMR 中的大部分节点仍然会与文本中的词对应（例如节点“like-01”与文本中的“liked”对应），但是这种对应关系不会以显式形式表示出来。

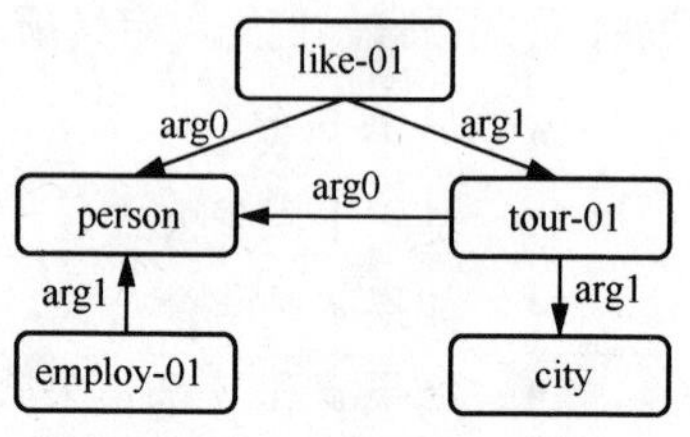

图 12-2 “Employees liked their city tour”的抽象语义表示

12.4　语义分析

语义分析的目标是构建输入句子的语义表示。本节首先简单介绍传统的基于句法的语义分析方法，然后介绍基于神经网络的语义分析方法。

12.4.1　基于句法的语义分析

基于句法的语义分析方法主要针对序列形式的语义表示（例如一阶逻辑），其原理是组合性原则（principle of compositionality），即一个自然语言短语的含义是由组成这个短语的若干子短语的含义决定的。短语和其子短语之间的组合关系恰恰就是第 10 章介绍的成分句法分析所建模的结构。因此，基于句法的语义分析的基本思想是，依照输入句子的成分句法树结构构建语义组合的树结构，从而得到整个句子的语义表示。

下面介绍基于同步上下文无关文法（synchronous context-free grammar，SCFG）的语义分析方法[62]。同步上下文无关文法是 10.5 节介绍的上下文无关文法的扩展。两者的区别在于，每一条产生式规则的箭头右边，在上下文无关文法中是一个终极符和 / 或非终极符的序列，而在同步上下文无关文法中则是一对序列，它们分别对应两种不同的语言，但包含一样的非终极符集合。在语义分析中，这两种语言分别对应自然语言和语义表示。下面是一些同步上下文无关文法的产生式规则的例子：

- RULE → if COND , then DIR . / (COND DIR);
- COND → TEAM player UNUM has the ball / (bowner TEAM {UNUM});
- TEAM → our / our;
- TEAM → opponent / opp;
- UNUM → 1 / 1;
- UNUM → 2 / 2。

其中，粗体字表示非终极符，非粗体字表示终极符，箭头右边的两个序列用斜线分隔，斜线左边对应自然语言，右边对应语义表示。可以看到两个序列中的非终极符是一一对应的。如果箭头右边出现多个相同的非终极符，则需要给非终极符加上标号，以确保两个序列的非终极符之间的对应没有歧义，例如：

ACT → pass the ball to player $UNUM_1$ or $UNUM_2$ / (pass {$UNUM_1$ $UNUM_2$})

上下文无关文法在 10.5 节被用于建模自然语言句子的成分句法树，而这里的同步上下文无关文法则同时建模自然语言与其语义表示的两棵同构的成分句法树，同构意味着这两棵成分句法树的节点是一一对应的。图 12-3 展示了由上面的同步上下文无关文法建模的两棵同构成分句法树。

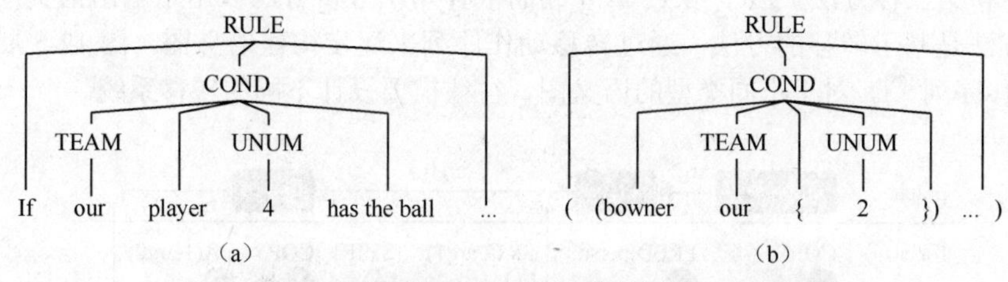

图 12-3 同步上下文无关文法建模的同构成分句法树

给定一个同步上下文无关文法和一个输入句子，我们可以使用产生式规则对应自然语言的部分（即例子中斜线左边的部分）进行成分句法分析，找出输入句子所有可能的成分句法树。然后对于输入句子每一棵的成分句法树，依照其所使用的产生式规则对应语义表示的部分（即例子中斜线右边的部分），构建出同构的语义表示句法树，其叶节点序列就是输入句子的一个可能的语义表示序列。最后，可以通过一些打分方法（例如基于产生式规则概率），从可能的语义表示序列中选取得分最高的作为输出。

上述语义分析方法的一个缺陷在于不能很方便地处理带有变量的语义表示，例如一阶逻辑。弥补这一缺陷的方法是将同步上下文无关文法进行扩展，引入 λ 表达式来处理语义表示中的变量 [63]。此外，上述语义分析方法要求自然语言与其语义表示的成分句法树同构，这一要求在很多场景下过于严格。一个解决方案是使用*准同步上下文无关文法*（quasi-synchronous context-free grammar，QCFG）[64]。

12.4.2 基于神经网络的语义分析

基于句法的语义分析非常依赖句法分析的准确度，而基于神经网络的语义分析一般会绕过句法结构，借助于神经网络的强大能力直接输出语义表示。接下来介绍 3 种基于神经网络的语义分析方法，这些方法均采用或扩展了前面几章介绍的方法，因此我们不再详细描述神经网络架构，仅介绍 3 种方法的基本思想。

第一种方法是第 7 章介绍的序列到序列方法，输入是句子，输出则是序列化的语义表示。像 SQL 和一阶逻辑这样的语义表示本身就是符号序列，可以直接输出。对于语义图，则需要定义序列化方式，使得语义图和序列化表示可以一一对应。一种常见方式是在语义图上进行深度优先遍历，按节点和边的访问顺序得到序列化表示，而根据这种表示也可以重构出语义图。图 12-4 是 AMR 基于深度优先遍历的序列化表示示例，“like-01”是遍历的起点。注意，我们会给每个节点赋一个标记，以便后续的指代，例如“p / person”表示“person”节点的标记为“p”，这样后续“tour-01”节点通过边“arg0”访问“person”时，可以简洁地表示为“:arg0 p”。

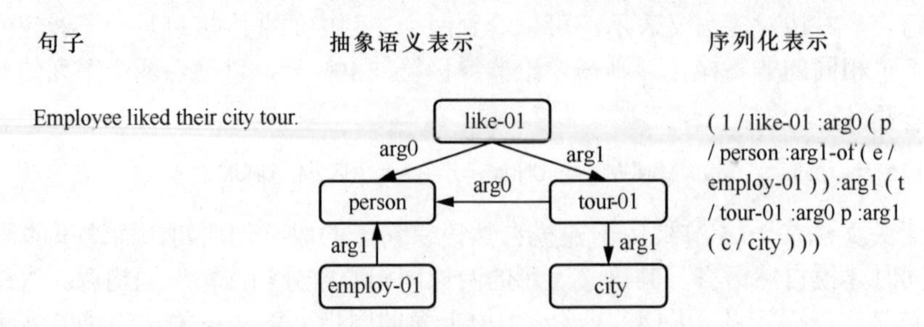

图 12-4　基于序列到序列的 AMR 语义分析演示

第二种和第三种方法扩展了第 11 章介绍的依存句法分析方法以用于输出语义图表示。其中第二种方法是基于转移的方法，通过转移动作序列来逐步构建语义图。图 12-5 展示了构建 AMR 的转移序列 [65]。对于不同类型的语义图，往往需要设计不同的转移系统。

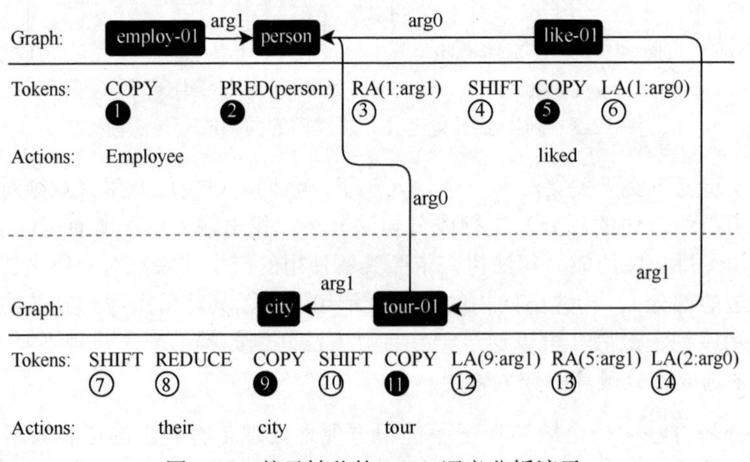

图 12-5　基于转移的 AMR 语义分析演示

第三种方法扩展了第 11 章介绍的基于图的依存句法分析。首先构建语义图中的节点。对于语义依存图这样的语义图，节点就是所有的词；但对于像 AMR 这样的语义图，需要通过第 7 章介绍的序列到序列或者序列到集合的方式生成节点。得到节点之后，再使用第 11 章介绍的基于图的方法预测节点之间的边。由于生成节点的准确度很大程度上决定了模型的准确度，因此也存在同时或交替地预测节点和边的方法，这与上述第二种方法更为相似。

第三种方法与 11.3 节介绍的基于图的方法有一个重要区别，即不再要求语义图是树结构，甚至没有中心词选择的约束（即每个词有且只有一个父节点的约束）。因此，对于一阶方法的解码，即给定节点、最大化边的得分之和，我们不再需要 11.3 节介绍的各种解码方法，而是可以在为每条可能的边选取得分最高的标签之后，将所有得分为正的边保留，得分为负的边删去即可。

12.4.3 弱监督学习

语义分析监督学习的一个很大的挑战是语义图的人工标注需要非常专业的知识，因此构建标注了正确语义图的训练集是非常费时费力的。但是在一些场景中语义表示是可运行的（例如SQL 语句）并且我们知道每一条训练样本对应的正确运行结果，例如输入句子是一个自然语言问题“中国的首都是哪里？”，而我们知道它的正确答案（“北京”）。对于这样的场景，可以在没有正确语义图标注的情况下使用弱监督学习（weakly supervised learning），方法包括带隐变量（即语义图）的监督学习和强化学习，关于具体细节不再展开。

12.5 语义角色标注

12.3 节介绍的语义表示将句子的完整含义表达出来。但是在很多实际场景中，我们不一定需要完整的句义信息，而只关注句义的主干结构，例如发生了什么事、施动者和受动者各是谁、时间地点等信息。本节介绍的语义角色标记[①]（semantic role labeling，SRL）就是这样一种浅层的语义分析，其目标是只将句子中的谓词（predicate）[②] 及其论元（argument）[③] 识别出来。

对语义角色标注任务更严格的定义如下，给定输入句子，语义角色标注的输出：

（1）一个或多个谓词，需要确定每个谓词的跨度（通常仅为一个词）和标签（有时称为框架（frame））；

（2）每个谓词的一个或多个论元，需要确定每个论元的跨度和标签（一般称为角色（role））。

在有些场景中，第一项（谓词）已经给定，因此任务目标仅为预测论元。

以句子“The executives gave the chefs a standing ovation.”为例，语义角色标注的输出如下。

谓词 gave，标签为 give.01。该谓词在输入句子中有 3 个论元（标签含义将在 12.5.1 节介绍）：

- The executives，标签为 Arg0；
- a standing ovation，标签为 Arg1；
- the chefs，标签为 Arg2。

12.5.1 语义角色标注标准

目前有两个广泛使用的语义角色标注的标准，分别是 PropBank 和 FrameNet。两者的主要区别在于 PropBank 定义了较少的、所有谓词通用的语义角色，而 FrameNet 为每一组谓词都分别定义了特有的语义角色。

① “语义角色标记”也常被称为“语义角色标注”。

② 表示动作或事件。

③ 表示动作和事件的参与者和属性。

1. PropBank

PropBank 中的谓词对应动词词义，所定义的角色使用 Arg0、Arg1 等指代。其中 Arg0 是"proto-agent"，表示施动者，即自主自愿地引发和参与事件或状态变化的一方；Arg1 则是"proto-patient"，表示受动者，即被动接受事件影响或状态变化的一方；Arg2 到 Arg5 则根据不同的谓词所表示的角色不尽相同。

- Arg2 通常的含义包括：受益者、器具、属性、最终状态。
- Arg3 通常的含义包括：起点、受益者、器具、属性。
- Arg4 通常的含义包括：终点。

此外，ArgM 表示谓词的各类修饰语。

- ArgM-TMP 表示何时；
- ArgM-LOC 表示何地；
- ArgM-DIR 表示方向；
- ArgM-MNR 表示方式；
- ArgM-CAU 表示缘由；
- ArgM-PRP 表示目的。

12.5 节中的例子就是基于 PropBank 的标准。基于 PropBank 标准的语义角色标注数据集有不少，大都基于句法树库额外标注而成，因此论元一般都对应树库中的成分。

2. FrameNet

FrameNet 中的谓词可以是任意的实词，如动词、名词、形容词和副词，这些谓词分属不同的框架。FrameNet 共定义了上千个框架，每个框架都有其特定的角色集合。此外，FrameNet 中的框架和角色都存在上下位关系，例如"Giving"（给）是"Intentionally_act"（有意行为）的下位和"Commerce_sell"（卖）的上位。基于 FrameNet 标准的语义角色标注数据集也有多个，其标注并不基于句法，因此论元不一定对应成分。

这里以"Giving"这个框架为例。该框架由表示"给予者将某事物从给予者转移给接收者"的词组成。

- 动词：advance、bequeath、contribute、donate、endow、fob off、foist、gift、give out、give、hand in、hand out、hand over、hand、leave、pass out、pass、treat、volunteer、will。
- 名词：charity、contribution、donation、donor、gift。

这个框架有以下角色，其中前 3 个是核心角色。

- Donor：最初拥有某事物并使该事物转为由接收者拥有的人。
- Recipient：最终拥有某事物的实体。
- Theme：被更改所有权的事物。
- Circumstances：给予行为的条件。
- Depictive：独立于给予行为的对给予者、接收者或事物的描述。
- Manner：给予行为的方式。
- Means：给予行为的方法。

- Period of iterations：给予行为开始到终止的时间长度。
- Place：给予行为的地点。
- Purpose：给予者给予行为的目的。
- Purpose of theme：接收者接收行为的目的。
- Reason：给予行为的原因。
- Time：给予行为的时间。

12.5.2　语义角色标注方法

如前所述，语义角色标注任务的目标是预测出句子中的谓词和论元的跨度和标签。一种简单有效的方法是序列标注，这在 9.1.4 节已讨论过。值得一提的是，序列标注方法一次只能预测一个谓词的所有论元。另一种比较直接的方法是序列到序列方法，即在输出序列中标注出句子里的谓词和论元。

12.3.3 节介绍的基于图的方法也可以用于语义角色标注。这个方法分为两步，首先预测所有谓词和论元的跨度，然后在这些谓词和论元之间以依存边的形式预测角色，如图 12-6 所示。

另一种基于图的方法则是将跨度和角色都使用依存边来表示，从而可以同时预测它们，如图 12-7 所示。

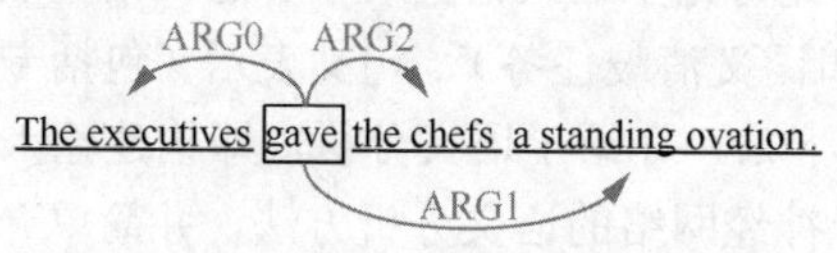

图 12-6　基于图的语义角色标注示例

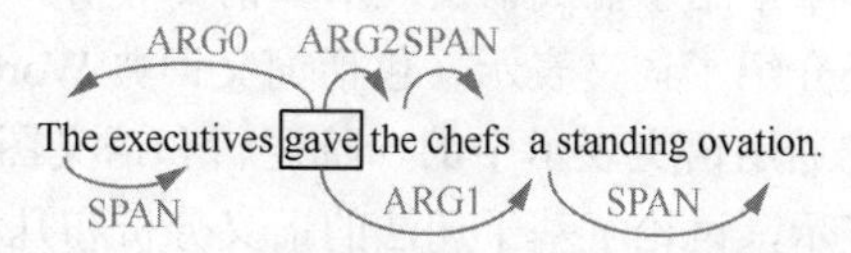

图 12-7　另一种基于图的语义角色标注示例

12.6　信息提取

信息提取（information extraction）也常被称为信息抽取，是指获取文本中特定信息的任务。语义分析关注句子的完整语义表示，语义角色标注关注句子的主干语义结构，信息提取则只关注句子中的某些特定信息所构成的结构，尤其是实体及其之间的关系。尽管信息提取一般不被看作语义分析任务，但实际上信息提取的输出完全可以看作一种实体层面的语义结构，并且信息提取技术与很多语义分析和语义角色标注技术非常相似，因此，我们对信息提取进行简要讨论。信息提取可以分成许多子任务，接下来讨论其中最主要的 3 个子任务。

首先是*命名实体识别*（named entity recognition，NER），目标是识别出文本中的命名实体，如人物、地点、机构、地缘政治实体、艺术作品等。命名实体一般通过专有名词表 示。9.1.3 节曾介绍了基于序列标注的命名实体识别方法。但序列标注无法处理所谓*嵌套命名实体识别*（nested NER），即一个实体在另一个实体之内的情况，例如“中国工商银行”是一个机构，但其中的“中国”是个地缘政治实体。

其次是*关系提取*（relation extraction），也常被称为关系抽取，目标是识别出文本中所描述的实体之间的关系。以下面这句话为例。

《我是猫》是日本作家夏目漱石的小说。

在这句话中，人物“夏目漱石”和艺术作品“《我是猫》”之间存在着“作者”关系。

最后是事件提取（event extraction），也常被称为事件抽取，目标是识别出文本中所描述的事件信息，包括事件类型、触发词（表达事件发生的关键词或短语）、论元（参与事件的事物）、角色（论元在事件中扮演的角色）。以下面这句话为例。

这些装备被军方转移到了一个安全的地点。

这句话描述了“Transport”事件，触发词是“转移”，论元包括“这些装备”（角色是 Artifact，即被转移的事物）、“军方”（角色是 Agent，即转移者）、“一个安全的地点”（角色是 Destination，即目的地）。可以看到，事件提取与语义角色标注非常相似，主要区别在于标签集的不同，以及事件提取可能包含逻辑上成立但文本中没有明说的论元。

信息提取的这些子任务均可以看作从文本中识别和标注特定的跨度（命名实体、事件触发词和论元），并且识别和标注这些跨度之间的关系（关系、角色）。因此，12.4.2 节和 12.5.2 节介绍的很多语义分析和语义角色标注方法均可以用于信息提取，这里不再展开讨论。

12.7 小结

本章介绍了显式语义表示和语义分析。我们首先讨论了显式语义表示和隐式语义表示的区别，还介绍了词义表示（包括词义词典 WordNet 和词义消歧任务）、句义表示（包括专用语义表示和通用语义表示中的一阶逻辑和语义图）。接下来，介绍了语义分析，即构建输入句子的语义表示，讨论了基于句法的语义分析和几种基于神经网络的语义分析方法，并简单介绍了语义分析的弱监督学习。然后，我们介绍了一种浅层语义分析任务，即语义角色标注，讨论了其标准和数据集以及常用方法。最后，我们简要介绍了信息提取。

习题

（1）请使用 WordNet 标注以下句子中下画线单词的词义：Time flies like an arrow。

（2）下列词对之间的语义关系分别是什么？<汽车，轮子>，<汽车，车队>，<汽车，卡车>，<汽车，机械>

（3）词义消歧可以看作什么类型的任务？

A. 序列标注任务　B. 句子分类任务　C. 关系抽取任务　D. 序列到序列任务

（4）请将如下句子翻译为一阶逻辑公式。

1）有些歌曲所有人都喜欢。

2）有些人喜欢所有歌曲。

3）没有歌曲是没人喜欢的。

4）没人会不喜欢所有歌曲。

（5）输入句子“小明很高兴与小红分享一个玩具”，找出句子中谓词“分享”所对应的以下角色。

1）Arg0：分享者。

2）Arg1：被分享的事物。

3）Arg2：与 Arg0 一起分享者。

第13章

篇章分析

之前各章都关注词或句子级的文本。本章介绍*篇章分析*（discourse analysis），关注的是篇章背后的结构，即多个句子如何组合成段落和文章。首先介绍篇章的定义、结构及其分析方法，其次介绍篇章分析中的共指消解任务。

扫码观看视频课程

13.1 篇章

篇章（discourse）是由一个句子序列构成的连贯结构，而所谓连贯性体现在句子或短语之间有意义的关系。下面我们来看一个例子[66]。

Still, analysts don't expect the buy-back to significantly affect per-share earnings in the short term. The impact won't be that great, said Graeme Lidgerwood of First Boston Corp. This is in part because of the effect of having to average the number of shares outstanding, she said. In addition, Mrs. Lidgerwood said, Norfolk is likely to draw down its cash initially to finance the purchases and thus forfeit some interest income.

这显然是一个连贯的段落，但这种连贯性具体体现在文本中的哪些方面呢？首先，我们可以看到在这个段落中有一些词多次出现（如 share），或是同义词和近义词多次出现（如 buy-back 和 purchases）。这些多次出现的词构成了一条条所谓的*词汇链*（lexical chain），将前后文字联系起来使其连贯。其次，我们可以发现“Graeme Lidgerwood”“she”和“Mrs. Lidgerwood”指代同一个人，“Norfolk”和“its”指代同一个实体。这些指代相同的词或短语构成了一条条所谓*共指链*（coreference chain），同样可以将段落中的文字前后联系起来。最后，我们在段落中可以看到像“This is in part because of”“In addition”“and thus”等起着承上启下作用的词或短语，它们被称为*篇章标记*（discourse marker）。通过这些词和短语的承上启下，使得前后的句子或短语得以紧密联系起来。

总结一下，篇章的连贯性和文字之间的关系主要体现在 3 方面：词汇链、共指链、篇章标记。其中词汇链和篇章标记较为容易识别，但是共指链的识别难度相对较高，将在 13.2 节详细讨论。

13.1.1 连贯性关系

我们可以把篇章中文字之间的关系按其逻辑标注为不同的类别。*修辞结构理论*（rhetorical

structure theory，RST）是目前最为常用的连贯性关系标注标准，此外还有宾州篇章树库（Penn discourse treebank，PDTB）、连贯性关系 ISO 提案等标准。下面介绍修辞结构理论 [67] 对连贯性关系的分类。在大多数情况下，修辞结构理论将连贯性关系所联系的两个句子或短语区分为一个核心（nucleus）和一个卫星（satellite）。顾名思义，核心就是作者想表达的核心内容，可以独立存在，而卫星则不是这部分文字的核心内容，它的目标是支撑核心，往往依赖核心而存在。修辞结构理论定义了 16 个大类共 78 种连贯性关系，以下是一些例子 [68]。

- 起因（Cause）
  - [$_{\text{核心}}$This year, a commission appointed by the mayor to revise New York's system of government completed a new charter,] [$_{\text{卫星}}$expanding the City Council to 51 from 35 members.]
  - 说明：核心是卫星的起因。
- 比较（Comparison）
  - [$_{\text{核心}}$It said it expects full-year net of 16 billion yen,][$_{\text{卫星}}$compared with 15 billion yen in the latest year.]
  - 说明：两者是相互比较的关系。
- 条件（Condition）
  - A company spokesman said [$_{\text{核心}}$the gain on the sale couldn't be estimated][$_{\text{卫星}}$until the tax treatment has been determined.]
  - 说明：卫星是核心的尚未达成的条件。
- 对比（Contrast）
  - [$_{\text{核心}}$But from early on, Tiger's workers unionized,][$_{\text{核心}}$while Federal's never have.]
  - 说明：两者相互对比。两者都是核心，没有卫星。
- 证据（Evidence）
  - [$_{\text{核心}}$That system has worked.][$_{\text{卫星}}$The standard of living has increased steadily over the past 40 years.]
  - 说明：卫星为核心提供了证据。
- 举例（Example）
  - [$_{\text{核心}}$The offer is based on several conditions,][$_{\text{卫星}}$including obtaining financing.]
  - 说明：卫星为核心提供了例子。

13.1.2　篇章结构

通过文字之间的连贯性关系，可以得到一个段落或文章的篇章结构。图 13-1 是 13.1 节所举例子的基于修辞结构理论的篇章结构 [66]。

从图中可以看出，整个篇章结构是一个非常类似于成分句法树的树结构，只是其叶节点表示一个句子或短语，非叶节点表示多个句子或短语的组合。修辞结构理论将构成叶节点的句子或短语称作基本篇章单元（elementary discourse unit，EDU）。如何定义基本篇章单元在语言学界并无定论，但没有争议的是这些单元必须是互不相交且覆盖整个篇章的一组跨度。

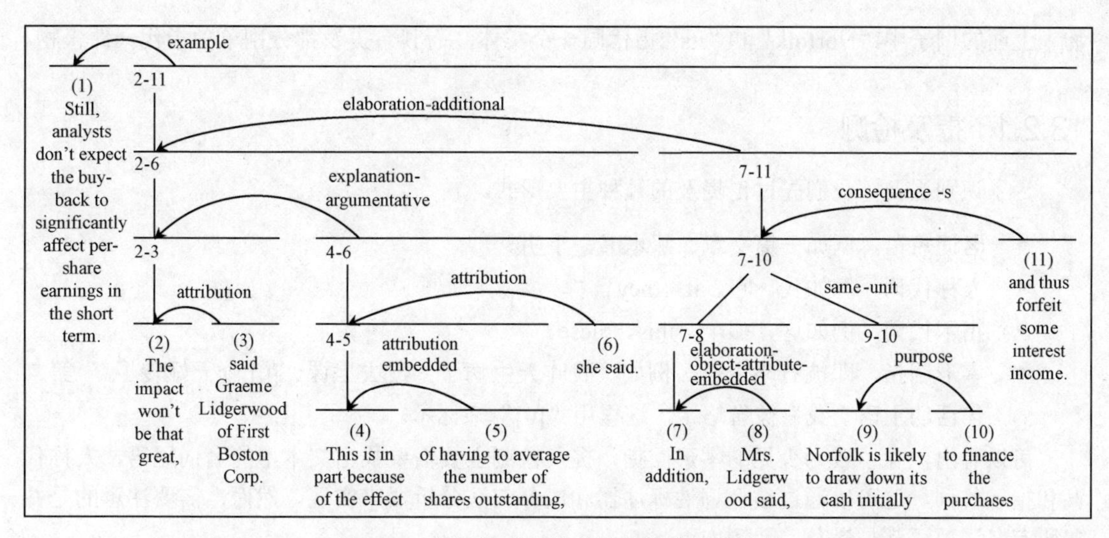

图 13-1 基于修辞结构理论的篇章结构示例

此外，大部分连贯性关系定义了核心和卫星，我们可以在篇章结构中用有向边来标示核心和卫星（图 13-1 中是从卫星指向核心）。这与 11.1.2 节描述的带中心节点的成分句法树类似，因此也可以根据 11.1.2 节描述的方法将篇章结构用依存树的形式表示。

13.1.3 篇章分析

篇章分析的目标是给定一个段落或文章，找出其篇章结构。篇章分析一般分为以下两步。

（1）基本篇章单元分割。将输入文本分割成一个基本篇章单元的序列。这一步可以看作一个序列标注问题，标注目标是基本篇章单元的边界。这与 9.1.2 节描述的用于中文分词的序列标注十分类似。

（2）篇章结构分析。在基本篇章单元序列之上，构建出成分树或依存树形式的篇章结构。这一步可以使用第 10 章介绍的成分句法分析方法或者第 11 章介绍的依存句法分析方法。

13.2 共指消解

13.1 节介绍了共指链，即多个词或短语指代同一个事物。共指消解（coreference resolution）任务旨在识别出文本中的所有共指链，它包含以下两个子任务。

首先是提及检测（mention detection），即找出文本中指代事物的词或短语。这种词或短语称为提及（mention）。例如下面这句话中，我们用方括号标出了所有提及。

In addition, [Mrs. Lidgerwood] said, [Norfolk] is likely to draw down [[its] cash] initially to finance [the purchases].

注意，这个例子里存在着嵌套的提及：“its cash”包含“its”。

其次是提及聚类（mention clustering），即识别哪些提及是共指的，也就是指代同一个事物。上面的例子中,“Norfolk”和“its”指代同一个实体，而其余提及都分别单独指代一件事物。

13.2.1 提及检测

为了识别提及，我们先讨论提及的几种主要形式。

- 名词短语，例如一篇文章、那本书、小明。
- 人称代词，例如我、它、it、they。
- 指示代词，例如这、那个、this、these。
- 零形回指，即被省略主语。例如“我昨天生病了，没去上课。[0] 今天好转了。”第二句话的主语“我”被省略了，这里用“[0]”来标示。

可以看出，除了较为少见的零形回指，提及检测主要需要找出文本中的名词短语、人称代词和指示代词。这可以通过结合词性标注器和成分句法分析器来实现。然而，需要注意的是并非所有名词短语都是提及，示例如下。

- “小明没电脑。”虽然“电脑”是一个名词短语，但由于这句话是否定句，所以这个名词短语并没有指代一台实际的电脑。因此，后文即使出现代词，也不可能指代“电脑”。
- “南河二是全天最亮的恒星之一。”这句话中“全天最亮的恒星之一”是一个名词短语，但并不指代一个具体的事物。

此外，有些情况下的代词也并非提及，这在英文中较为常见，示例如下。

- It is sunny.
- It is said that ...
- It would be appreciated for them to ...

这 3 句话中，代词“It”都不指代任何事物，因此都不是提及。

我们可以基于规则的方法（如正则表达式）枚举这些特殊情况，以便去除这些非提及。或者直接使用机器学习方法来识别提及，例如训练序列标注模型来识别提及（参考 9.1.3 节命名实体识别的序列标注方式以及第 9 章的代码）。

13.2.2 提及聚类

在识别出文本中所有的提及之后，提及聚类将这些提及分为若干共指簇，使得每个簇内的提及都是共指的，而不同簇的提及不共指。

13.2 节所举的例子中，提及聚类会输出 4 个共指簇。

- 共指簇 1：Mrs. Lidgerwood。
- 共指簇 2：Norfolk、its。
- 共指簇 3：its cash。
- 共指簇 4：the purchases。

为了完成提及聚类，一个简单且直接的想法是训练一个二分类器，预测每一对提及是否共指。这个方法的缺点在于，对于两个距离很远（例如相隔多个段落）的提及，预测它们是否共指往往是非常困难的。例如下面这段话。

[Norfolk Inc.] announced that ……【数个段落后】……[Norfolk] is likely to draw down [its] cash ……

在这段话中，预测“its”指代同一句话内的“Norfolk”是很简单的，但是预测它指代几个段落之前的“Norfolk Inc.”却很难实现。为了解决这个问题，我们可以不再要求将每个提及的所有共指提及都预测出来，而只要求预测出每个提及的某一个前置共指提及。这种方式被称为提及排序。具体而言，给定一个提及，我们需要给所有前置提及打分，找出其中最有可能是共指的一个提及。为了处理所有前置提及都不是共指的特殊情况（即当前提及是所指代事物的首次提及），我们需要添加一个空提及（标示为NA），用预测空提及为最可能共指来表示这种特殊情况。

在预测出所有提及的前置共指提及（包括空提及）之后，可以通过计算传递闭包来将所有共指提及聚类。这样做的原理是，提及之间的共指关系具有传递性，例如如果我们知道“他”与“小明”是共指的，同时“小明”与“王小明”是共指的，那么显然“他”与“王小明”也是共指的。通过这种方式可以迭代地发现新的共指关系直到收敛，从而计算出传递闭包，最终将所有提及按共指关系聚类。注意，计算传递闭包时需忽略空提及。

1. 打分

给定一个提及，如何给前置提及打分，评估可能的共指关系呢？传统的方式是根据两个提及的语言学特征来计算得分，下面列举了一些相关的语言学特征。

- 语义相容性，即两个提及的语义不矛盾，示例如下。
  - 门口出现了一只[猫]。这只[小动物]很快引起了大家的注意。
- 人称 / 单复数 / 性别一致性，示例如下。
  - 小明送给[小红]一束花，[她]很高兴。
- 近距离偏好，即离得更近的提及更有可能是共指，示例如下。
  - 小江去打篮球了，[小明]也去了，因为[他]正好有空。
- 反身代词，示例如下。
  - 老张给[他]买了台新电脑。（“他”不可能是“老张”，否则应该说“老张给自己买了台新电脑”。）

当然，我们也可以直接使用神经网络进行打分，例如基于上下文相关词嵌入计算得分。这里给出两种计算得分的方式。首先我们可以想到，计算两个提及之间的得分与依存句法分析中计算边的得分是类似的，因此可以使用双仿射函数计算得分：

$$s(m_i, m_j) = [\boldsymbol{r}_{m_j}; \boldsymbol{1}]^\top \boldsymbol{W} [\boldsymbol{r}_{m_i}; \boldsymbol{1}]$$

其中，$\boldsymbol{r}_{m_j}$ 和 $\boldsymbol{r}_{m_i}$ 分别是提及 m_j 和 m_i 的短语向量表示（可通过对短语内的词嵌入进行池化得到，或者简单地使用短语内第一个词的词嵌入）。

另一种方式是通过点积计算得分：

$$s(m_i, m_j) = [\boldsymbol{r}_{m_j}; \boldsymbol{1}]^\top [\boldsymbol{r}_{m_i}; \boldsymbol{1}]$$

这种方式的好处是不涉及额外的参数，因此即使没有额外训练也可以利用预训练好的词嵌入进行计算。

2. 学习

给定一个提及 m_i，可能存在一个或多个正确的前置共指提及，我们希望模型能学会预测其中任何一个即可。因此，我们的学习目标是最大化所有正确提及的概率之和：

$$\sum_{j=1}^{i-1} y_{ij} \frac{\exp(s(m_i, m_j))}{\sum_{j'=1}^{i-1} \exp(s(m_i, m_{j'}))}$$

其中，$\sum_{j=1}^{i-1}$ 表示遍历 m_i 的前置提及，y_{ij} 表示 m_i 与 m_j 是否为共指（是共指则为 1，否则为 0）。完整的损失函数是训练数据中所有提及的上述概率值的负对数之和。可以使用梯度下降方法来优化这个损失函数。

3. 代码实现

这里以中文 BERT 为例：

```
import torch
from transformers import AutoTokenizer, AutoModel
tokenizer = AutoTokenizer.from_pretrained("bert-base-chinese")
model = AutoModel.from_pretrained("bert-base-chinese")

# 进行分词
sentence="小明给小红一束花，她很高兴。"
subtokenized_sentence=tokenizer.tokenize(sentence)
subtokenized_sentence = [tokenizer._cls_token] + subtokenized_sentence +
    [tokenizer._sep_token]
subtoken_ids_sentence = tokenizer.convert_tokens_to_ids(subtokenized_sentence)
print(subtokenized_sentence)
print(subtoken_ids_sentence)

# 计算对应的特征
outputs = model(torch.Tensor(subtoken_ids_sentence). unsqueeze(0).long())
hidden_states = outputs[0]
print(hidden_states.shape)
```

```
['[CLS]', '小', '明', '给', '小', '红', '一', '束', '花', '，', '她', '很', '高', '兴',
 '。', '[SEP]']
[101, 2207, 3209, 5314, 2207, 5273, 671, 3338, 5709, 8024, 1961, 2523, 7770, 1069,
 511, 102]
torch.Size([1, 16, 768])
```

假设已经通过提及检测模型找到了句子中的提及，这里用每个提及的第一个子词（在中文中就是第一个字）作为词特征：

```
# 提及的跨度，假设(-1,0)表示[CLS]的跨度，用于表示空提及[NA]
# 在实际训练中也可以额外定义空提及符号
mention_spans = [(-1,0),(0,2),(3,5),(10,11)]
word_features = torch.concat([hidden_states[0,x+1].unsqueeze(0)
        for (x,y) in mention_spans],0)
print(word_features.shape)
```

```
torch.Size([4, 768])
```

首先，通过双仿射函数计算得分。

```
import sys
sys.path.append('../code')
from utils import Biaffine
biaffine = Biaffine(word_features.shape[1])

# 对word_features进行打分
scores = biaffine(word_features.unsqueeze(0), word_features.unsqueeze(0))
# 由于只关注当前提及之前的提及是否与其共指
# 因此将它转换为下三角函数，并且将上三角部分置为负无穷
scores = scores.tril(diagonal=-1)
inf_mask = torch.zeros_like(scores)-torch.inf
inf_mask = inf_mask.triu()
scores += inf_mask
print(scores)
print(scores.argmax(-1)[:,1:])
```

```
tensor([[[      -inf,       -inf,       -inf,       -inf],
         [   58.9533,       -inf,       -inf,       -inf],
         [  571.2849,  -515.9794,       -inf,       -inf],
         [ -341.3851,  -697.8577, -1196.0930,       -inf]]],
       grad_fn=<AddBackward0>)
tensor([[0, 0, 0]])
```

由于模型未经过训练，因此仅通过双仿射函数初始化获得结构显然是错误的。我们可以训练模型，损失函数的计算方式如下。

```
# 只计算除了[NA]以外的提及的损失
target = torch.Tensor([0,0,1]).long()
loss_func = torch.nn.NLLLoss()
loss = loss_func(torch.nn.functional.log_softmax(scores[:,1:]. squeeze(0),-1),target)
print(loss)
```

```
tensor(118.8242, grad_fn=<NllLossBackward0>)
```

接下来通过点积计算得分。

```
scores2 = torch.matmul(word_features,word_features.T)
scores2 = scores2.tril(diagonal=-1)
inf_mask = torch.zeros_like(scores2)-torch.inf
inf_mask = inf_mask.triu()
scores2 += inf_mask
print(scores2)
print(scores2.argmax(-1)[1:])
```

```
tensor([[    -inf,     -inf,     -inf,     -inf],
        [235.2013,     -inf,     -inf,     -inf],
        [188.3145, 267.1166,     -inf,     -inf],
        [221.3709, 101.3911, 292.7802,     -inf]], grad_fn=<AddBackward0>)
tensor([0, 1, 2])
```

和前面基于双仿射函数方法相比，可以看到即使没有经过训练，基于点积的方法也能够预测出句子中“她”和“小红”是共指关系，但是错误地将“小红”和“小明”进行了共指。我

们可以看出基于点积的方式在无监督进行打分时有一定的优势，但是仍然需要通过学习才能有较好的效果。

13.3 小结

本章介绍了篇章分析。篇章是由一个句子序列构成的连贯性结构，其连贯性体现在词汇链、共指链、篇章标记 3 方面。我们介绍了修辞结构理论中对于文字之间连贯性关系的分类以及由这些连贯性关系所构成的篇章结构，简要讨论了篇章分析，即找出一段文本的篇章结构。接着，我们详细介绍了共指消解，即识别出文本中的所有共指链。共指消解一般分为两步：提及检测（找出文本中指代事物的词或短语）和提及聚类（识别哪些提及是共指的）。

习题

（1）给定如下句子，请问有哪些提及？有哪些共指簇？

“我室友把她的计算机借给我了！”小红辩解道。

（2）选择以下所有正确的叙述。

A. 篇章分析可以分成两个阶段：基本篇章单元分割和篇章结构分析

B. 在“Her income is over one million”和“It is rainy”中，所有的名词短语和代词都应被识别为提及

C. 在共指消解中，提及检测可以被转化为序列标注任务

D. 给定两个句子“A：【小红乘高铁从上海到北京】”和“B：【她必须去参加一个会议】”，B 是核心，A 是卫星

（3）判断对错：可以使用序列标注方法解决基本篇章单元分割，并用依存句法分析方法解决篇章结构分析。

（4）选择以下所有正确的叙述。

A. 所有提及都是名词短语

B. 修辞结构理论中，卫星的作用是表达文字的核心内容

C. 一个基本篇章单元可以只是一个包含 3 个字的短语

D. 以上都不正确

总结与展望

总结

亲爱的读者，至此你已经完成了本书全部章节的学习，祝贺你！

回顾本书内容，除去第 1 章“初探自然语言处理”之外，其余 12 章分为 3 个部分。

- 第一部分“基础”，讲解最基础的自然语言处理技术，包括文本规范化、文本表示、文本分类、文本聚类。
- 第二部分“序列”，讲解将自然语言视为文字序列的建模和处理方法，包括语言模型、序列到序列模型、预训练语言模型、序列标注。
- 第三部分“结构”，讲解自然语言背后复杂结构的建模和处理方法，包括成分句法分析、依存句法分析、语义分析、篇章分析。

全书共 13 章，每章都以模型原理讲解和对应可运行的代码块相互穿插来呈现，希望这样的编排方式能够帮助你更加高效地入门和深入了解自然语言处理的基础知识，并紧密联系模型原理和代码实践，获得第一手的自然语言处理实现和调试经验。

自然语言处理博大精深。本书包含的内容是自然语言处理中最基础的知识，因此还有一些自然语言处理的子方向是本书未能涵盖的，例如信息检索、多语言和跨语言自然语言处理、多模态自然语言处理、自然语言处理的可解释性、自然语言处理的稳健性和对抗学习等。同时，受篇幅所限，本书对部分自然语言处理子方向的介绍较为简略，例如情感分析、信息提取、机器翻译、文本摘要、问答和对话等。此外，作为人工智能领域近几年发展最快的方向，自然语言处理每年都有很多新理论、新模型、新算法涌现。因此，如果你对自然语言处理很感兴趣，请持续学习和实践，或者更进一步，参与自然语言处理的科研和创新，为自然语言处理领域做出你的贡献！

展望

在海量数据上训练的大规模预训练语言模型（通常简称为大语言模型）毫无疑问是当前自然语言处理的主流方法和研发焦点。可以预见，在接下来的几年时间里，自然语言处理的大部分进展仍将围绕大语言模型，可能的方向包括大语言模型在自然语言处理各个子方向的应用和扩展、大语言模型的基础模型（如 Transformer）的改进和更替、基于大语言模型的新技术（如上下文内学习、思维链）的探索、大语言模型的效率提升、多模态大语言模型等。

当前的大语言模型对自然语言以序列建模为主。本书的第三部分介绍了自然语言文字序列背后的各类复杂结构，而这些语言结构在当前的大语言模型中并没有被充分建模和利用。然而，语言结构是自然语言的固有特性，与其忽略，不如将其利用起来。已有的一些研究表明基于语言结构的神经网络方法显现出了组合泛化性等优点。因此，我们相信结合语言结构的大语言模型将成为自然语言处理非常重要的一个研究方向。

本书的 1.4 节介绍了符号主义、统计方法、联结主义三大流派。尽管当前以大语言模型为代表的联结主义方法如日中天，但是传统的符号主义和统计方法（如第 4 章介绍的正则表达式和朴素贝叶斯分类方法）仍然具有联结主义方法所不具备的一些优点，例如，符号主义方法无须训练、计算资源需求小、支持复杂的知识表示和推理，符号主义和统计方法有较强的可解释性和理论基础等。因此，联结主义方法与传统的符号主义和统计方法具有良好的互补性。长远来看，三者的相互融合将是自然语言处理的一个发展趋势，甚至有可能带来颠覆性的技术革新，为自然语言处理带来更高的性能、更高效的学习和推理、更扎实的理论基础、更好的可解释性和可操控性。

自然语言是人类相互交流的主要手段，也是人类文明传承的主要载体。因此，我们相信自然语言处理的飞速发展必将带来人工智能的革新，推动人类社会的发展和人类文明的进步。

参考文献

[1] BIRD S, KLEIN E, LOPER E. Natural language processing with Python: analyzing text with the natural language toolkit[M]. O'Reilly Media, Inc., 2009.

[2] SENNRICH R, HADDOW B, BIRCH A. Neural machine translation of rare words with subword units[C]// In Proceedings of the 54th Annual Meeting of the Association for Computational Linguistics (Volume 1: Long Papers), Berlin, Germany, August 2016. Association for Computational Linguistics., 1715–1725.

[3] KUDO T. Subword regularization: improving neural network translation models with multiple subword candidates[C]// In Proceedings of the 56th Annual Meeting of the Association for Computational Linguistics (Volume 1: Long Papers), Melbourne, Australia, July 2018. Association for Computational Linguistics., 66–75.

[4] SCHUSTER M, NAKAJIMA K. Japanese and Korean voice search[C]// In 2012 IEEE international Conference on Acoustics, Speech and Signal Processing (ICASSP), IEEE, 2012., 5149–5152.

[5] PORTER M F. An algorithm for suffix stripping[J]. Program, 1980, 14(3):130–137.

[6] LANDAUER T K, FOLTZ P W, LAHAM D. An introduction to latent semantic analysis[J]. Discourse processes, 1998, 25(2-3):259–284.

[7] MIKOLOV T, CHEN K, CORRADO G, et al. Efficient estimation of word representations in vector space[C]// In 1st International Conference on Learning Representations, ICLR 2013, Scottsdale, Arizona, USA, May 2-4, 2013, Workshop Track Proceedings, 2013.

[8] PENNINGTON J, SOCHER R, MANNING C D. Glove: global vectors for word representation[C]// In Proceedings of the 2014 Conference on Empirical Methods in Natural Language Processing (EMNLP), 2014., 1532–1543.

[9] HOFMANN T. Probabilistic latent semantic analysis[C]// In KATHRYN B L and HENRI P, editors, UAI '99: Proceedings of the 15th Conference on Uncertainty in Artificial Intelligence, Stockholm, Sweden, July 30 - August 1, 1999, Morgan Kaufmann, 1999., 289–296.

[10] BLEI D M, NG A Y, JORDAN M I. Latent dirichlet allocation[J]. Journal of Machine Learning Research, 2003, 3(Jan):993–1022.

[11] HEAFIELD K, POUZYREVSKEY I, CLARK J H, et al. Scalable modified Kneser-Ney language model estimation[J]. Proceedings of the 51st Annual Meeting of the Association for Computational Linguistics (Volume 2: Short Papers), 2013.

[12] BAHDANAU D, CHO K, BENGIO Y. Neural machine translation by jointly learning to align

and translate[C]// In 3rd International Conference on Learning Representations, ICLR 2015, San Diego, CA, USA, May 7-9, 2015, Conference Track Proceedings, 2015.

[13] VASWANI A, SHAZEER N, PARMAR N, et al. Attention is all you need[J]. Advances in Neural Information Processing Systems, 2017.

[14] SHAW P, USZKOREIT J, VASWANI A. Self-attention with relative position representations[C]// In Proceedings of the 2018 Conference of the North American Chapter of the Association for Computational Linguistics: Human Language Technologies, Volume 2 (Short Papers), New Orleans, Louisiana, June 2018. Association for Computational Linguistics., 464–468.

[15] HE K, ZHANG X, REN S, et al. Deep residual learning for image recognition[C]// In Proceedings of the IEEE Conference on Computer Vision and Pattern Recognition, 2016., 770–778.

[16] BA J L, KIROS J R, HINTON G E. Layer normalization[J]. arXiv preprint arXiv:1607.06450, 2016.

[17] SUTSKEVER I, VINYALS O, LE Q V. Sequence to sequence learning with neural networks[J]. Advances in Neural Information Processing Systems, 2014.

[18] SEE A, LIU P J, MANNING C D. Get to the point: summarization with pointer-generator networks[C]// In Proceedings of the 55th Annual Meeting of the Association for Computational Linguistics (Volume 1: Long Papers), Vancouver, Canada, July 2017. Association for Computational Linguistics., 1073–1083.

[19] GU J, LU Z, LI H, et al. Incorporating copying mechanism in sequence-to-sequence learning[C]// In Proceedings of the 54th Annual Meeting of the Association for Computational Linguistics (Volume 1: Long Papers), Berlin, Germany, August 2016. Association for Computational Linguistics., 1631–1640.

[20] PETERS M E, NEUMANN M, IYYER M, et al. Deep contextualized word representations[C]// In Proceedings of the 2018 Conference of the North American Chapter of the Association for Computational Linguistics: Human Language Technologies, Volume 1 (Long Papers), New Orleans, Louisiana, June 2018. Association for Computational Linguistics., 2227–2237.

[21] DEVLIN J, CHANG M W, LEE K, et al. BERT: pre-training of deep bidirectional Transformers for language understanding[C]// In Proceedings of the 2019 Conference of the North American Chapter of the Association for Computational Linguistics: Human Language Technologies, Volume 1 (Long and Short Papers), Minneapolis, Minnesota, June 2019. Association for Computational Linguistics., 4171– 4186.

[22] HOULSBY N, GIURGIU A, JASTRZEBSKI S, et al. Parameter-efficient transfer learning for NLP[C]// In International Conference on Machine Learning, PMLR, 2019., 2790–2799.

[23] HU E J, SHEN Y, WALLIS P, et al. Lora: low-rank adaptation of large language models[C]// In The 10th International Conference on Learning Representations, ICLR 2022, Virtual Event, April 25- 29, 2022, OpenReview.net, 2022.

[24] SUN Y, WANG S, LI Y, et al. ERNIE: enhanced representation through knowledge integration[J]. arXiv preprint arXiv:1904.09223, 2019.

[25] ZHANG Z, HAN X, LIU Z, et al. ERNIE: enhanced language representation with informative entities[C]// In Proceedings of the 57th Annual Meeting of the Association for Computational Linguistics, Florence, Italy, July 2019. Association for Computational Linguistics., 1441–1451.

[26] LIU Y, OTT M, GOYAL N, et al. RoBERTa: a robustly optimized bert pretraining approach[J].

arXiv preprint arXiv:1907.11692, 2019.

[27] LAN Z, CHEN M, GOODMAN S, et al. ALBERT: A lite BERT for self-supervised learning of language representations[C]// In 8th International Conference on Learning Representations, ICLR 2020, Addis Ababa, Ethiopia, April 26-30, 2020, OpenReview.net, 2020.

[28] CONNEAU A, KHANDELWAL K, GOYAL N, et al. Unsupervised cross-lingual representation learning at scale[C]// In Proceedings of the 58th Annual Meeting of the Association for Computational Linguistics, Online, July 2020. Association for Computational Linguistics., 8440–8451.

[29] JOSHI M, CHEN D, LIU Y, et al. SpanBERT: improving pre-training by representing and predicting spans[J]. Transactions of the Association for Computational Linguistics, 2020, 8:64–77.

[30] RADFORD A, NARASIMHAN K, SALIMANS T, et al. Improving language understanding by generative pre-training[R]. Technical Report, OpenAI, 2018.

[31] RADFORD A, WU J, CHILD R, et al. Language models are unsupervised multitask learners[J]. OpenAI Blog, 2019, 1(8):9.

[32] BROWN T B, MANN B, RYDER N, et al. Language models are few-shot learners[J]. Advances in Neural Information Processing Systems, 2020, 33:1877–1901.

[33] WEI J, WANG X, SCHUURMANS D, et al. Chain of thought prompting elicits reasoning in large language models[C]// In Alice H. Oh, Alekh Agarwal, Danielle Belgrave, and Kyunghyun Cho, editors, Advances in Neural Information Processing Systems, 2022.

[34] LEWIS M, LIU Y, GOYAL N, et al. BART: denoising sequence-to-sequence pre-training for natural language generation, translation, and comprehension[C]// In Proceedings of the 58th Annual Meeting of the Association for Computational Linguistics, Association for Computational Linguistics, July 2020., 7871–7880.

[35] RAFFEL C, SHAZEER N, ROBERTS A, et al. Exploring the limits of transfer learning with a unified text-to-text Transformer[J]. The Journal of Machine Learning Research, 2020, 21(1):5485–5551.

[36] EISNER J. Inside-outside and forward-backward algorithms are just backprop (tutorial paper) [C]// In Proceedings of the Workshop on Structured Prediction for NLP, Austin, TX, November 2016. Association for Computational Linguistics., 1–17.

[37] AMMAR W, DYER C, SMITH N A. Conditional random field autoencoders for unsupervised structured prediction[J]. Advances in Neural Information Processing Systems, 2014.

[38] VINYALS O, KAISER L, KOO T, et al. Grammar as a foreign language[J]. Advances in Neural Information Processing Systems, 2015.

[39] GÓMEZ-RODRÍGUEZ C, VILARES D. Constituent parsing as sequence labeling[C]// In Proceedings of the 2018 Conference on Empirical Methods in Natural Language Processing, Brussels, Belgium, October-November 2018. Association for Computational Linguistics., 1314–1324.

[40] YANG S, TU K W. Bottom-up constituency parsing and nested named entity recognition with pointer networks[C]// In Proceedings of the 60th Annual Meeting of the Association for Computational Linguistics (Volume 1: Long Papers), Dublin, Ireland, May 2022. Association for Computational Linguistics., 2403–2416.

[41] DYER C, KUNCORO A, BALLESTEROS M, et al. Recurrent neural network grammars[C]// In Proceedings of the 2016 Conference of the North American Chapter of the Association for Computational Linguistics: Human Language Technologies, San Diego, California, June 2016. Association for Computational Linguistics., 199–209.

[42] NIVRE J, ZEMAN D, GINTER F, et al. Universal Dependencies[C]// In Proceedings of the 15th Conference of the European Chapter of the Association for Computational Linguistics: Tutorial Abstracts, Valencia, Spain, April 2017. Association for Computational Linguistics.

[43] MARNEFFE M, MACCARTNEY B, MANNING C D. Generating typed dependency parses from phrase structure parses[C]// In Proceedings of the 5th International Conference on Language Resources and Evaluation (LREC'06), Genoa, Italy, May 2006. European Language Resources Association (ELRA).

[44] STRZYZ M, VILARES D, GÓMEZ-RODRÍGUEZ C. Viable dependency parsing as sequence labeling[C]// In Proceedings of the 2019 Conference of the North American Chapter of the Association for Computational Linguistics: Human Language Technologies, Volume 1 (Long and Short Papers), Minneapolis, Minnesota, June 2019. Association for Computational Linguistics., 717–723.

[45] YANG S, TU K W. Headed-span-based projective dependency parsing[C]// In Proceedings of the 60th Annual Meeting of the Association for Computational Linguistics (Volume 1: Long Papers), Dublin, Ireland, May 2022. Association for Computational Linguistics., 2188–2200.

[46] KLEIN D, MANNING C. Corpus-based induction of syntactic structure: models of dependency and constituency[C]// In Proceedings of the 42nd Annual Meeting of the Association for Computational Linguistics (ACL-04), 2004., 478–485.

[47] JIANG Y, HAN W, TU K W. Unsupervised neural dependency parsing[C]// In Proceedings of the 2016 Conference on Empirical Methods in Natural Language Processing, 2016., 763–771.

[48] CAI J, JIANG Y, TU K W. CRF autoencoder for unsupervised dependency parsing[C]// In Proceedings of the 2017 Conference on Empirical Methods in Natural Language Processing, Copenhagen, Denmark, September 2017. Association for Computational Linguistics., 1638–1643.

[49] DOZAT T, MANNING C D. Deep biaffine attention for neural dependency parsing[J]. ICLR, 2017.

[50] EISNER J. Three new probabilistic models for dependency parsing: an exploration[C]// In COLING 1996 Volume 1: The 16th International Conference on Computational Linguistics, 1996.

[51] CHU Y J，LIU T H. On the shortest arborescence of a directed graph[J]. Scientia Sinica, 1965, 14:1396–1400.

[52] EDMONDS J. Optimum branchings[J]. Journal of Research of the national Bureau of Standards B, 1967, 71(4):233–240.

[53] MCDONALD R, PEREIRA F, RIBAROV K, et al. Non-projective dependency parsing using spanning tree algorithms[C]// In Proceedings of Human Language Technology Conference and Conference on Empirical Methods in Natural Language Processing, Vancouver, British Columbia, Canada, October 2005. Association for Computational Linguistics., 523–530.

[54] STANOJEVIĆ M, COHEN S B. A root of a problem: optimizing single-root dependency parsing[C]// In Proceedings of the 2021 Conference on Empirical Methods in Natural Language Processing, 2021., 10540–10557.

[55] MCDONALD R, PEREIRA F. Online learning of approximate dependency parsing algorithms[C]// In 11th Conference of the European Chapter of the Association for Computational Linguistics, 2006., 81–88.

[56] CARRERAS X. Experiments with a higher-order projective dependency parser[C]// In Proceedings of the 2007 Joint Conference on Empirical Methods in Natural Language Processing and Computational Natural Language Learning (EMNLP-CoNLL), 2007., 957– 961.

[57] KOO T, COLLINS M. Efficient third-order dependency parsers[C]// In Proceedings of the 48th Annual Meeting of the Association for Computational Linguistics, 2010., 1–11.

[58] MA X, ZHAO H. Fourth-order dependency parsing[C]// In Proceedings of COLING 2012: posters, 2012., 785–796.

[59] ZHANG Y, LI Z, ZHANG M. Efficient second-order TreeCRF for neural dependency parsing[C]// In Proceedings of the 58th Annual Meeting of the Association for Computational Linguistics, Online, July 2020. Association for Computational Linguistics., 3295–3305.

[60] WANG X Y, TU K W. Second-order neural dependency parsing with message passing and end-to-end training[C]// In Proceedings of the 1st Conference of the Asia-Pacific Chapter of the Association for Computational Linguistics and the 10th International Joint Conference on Natural Language Processing, Suzhou, China, December 2020. Association for Computational Linguistics., 93–99.

[61] NIVRE J. Incrementality in deterministic dependency parsing[C]// In Proceedings of the Workshop on Incremental Parsing: Bringing Engineering and Cognition Together, 2004., 50–57.

[62] WONG Y W, MOONEY R. Learning for semantic parsing with statistical machine translation[C]// In Proceedings of the Human Language Technology Conference of the NAACL, Main Conference, New York City, USA, June 2006. Association for Computational Linguistics., 439–446.

[63] WONG Y W, MOONEY R. Learning synchronous grammars for semantic parsing with lambda calculus[C]// In Proceedings of the 45th Annual Meeting of the Association of Computational Linguistics, Prague, Czech Republic, June 2007. Association for Computational Linguistics., 960–967.

[64] SMITH D, EISNER J. Quasi-synchronous grammars: alignment by soft projection of syntactic dependencies[C]// In Proceedings on the Workshop on Statistical Machine Translation, New York City, June 2006. Association for Computational Linguistics., 23–30.

[65] ZHOU J, NASEEM T, ASTUDILLO R F, et al. AMR parsing with action-pointer Transformer[C]// In Proceedings of the 2021 Conference of the North American Chapter of the Association for Computational Linguistics: Human Language Technologies, Online, June 2021. Association for Computational Linguistics., 5585–5598.

[66] CARLSON L, MARCU D, OKUROVSKY M E. Building a discourse-tagged corpus in the framework of Rhetorical Structure Theory[C]// In Proceedings of the 2nd SIGdial Workshop on Discourse and Dialogue, 2001.

[67] MANN W C, THOMPSON S A. Rhetorical structure theory: A theory of text organization[M]. University of Southern California, Information Sciences Institute Los Angeles, 1987.

[68] CARLSON L, MARCU D. Discourse tagging reference manual[J]. ISI Technical Report ISI- TR-545, 2001, 54(2001):56.

中英文术语对照表

中文术语	英文术语	主要章节
Bahdanau 注意力	Bahdanau attention	7.1.2
DELPH-IN 最小递归语义图	DELPH-IN minimal recursion semantics，DM	12.3.3
k 均值聚类	*k*-means clustering	5
n 元语法	*n*-gram	6.1
曝光偏差	exposure bias	7.2
本地化表示	localist representation	3.1
边际	margin	9.3.3
标签偏差问题	label bias problem	9.3.1
不连续成分树	discontinuous constituency parse	11.1.2
不完整跨度	incomplete span	11.3.3
布拉格语义依存图	Prague semantic dependency，PSD	12.3.3
参数有效微调	parameter-efficient fine-tuning	8.2.4
残差连接	residual connection	6.5
层归一化	layer normalization	6.5
查询	query	6.4
产生式规则	production rule	10.5.1
成分	constituent	10.1
成分句法分析	constituency parsing	10
成分结构	constituency structure	10
池化	pooling	3.4.3
重置门	reset gate	6.3.2
抽象语义表示	abstract meaning representation，AMR	12.3.3
词	word	2.1
词干	stem	2.2.2
词干还原	stemming	2.2.3
词规范化	word normalization	2.2
词化	lexicalization	11.1.2
词汇链	lexical chain	13.1
词目还原	lemmatization	2.2.2
词片	WordPiece	2.1.4
词频	term frequency	3.4.2
词嵌入	word embedding	3.1
词性标注	part of speech tagging，POS tagging	9.1.1

续表

中文术语	英文术语	主要章节
词义	word sense	12.2
词义消歧	word sense disambiguation	12.2.2
词元	token	2.1
词缀	affix	2.2.2
次梯度	subgradient	9.3.3
簇	cluster	5
大小写折叠	case folding	2.2.1
带中心词跨度	headed span	11.2.1
单试学习	one-shot learning	8.3.3
单元状态	cell state	6.3.2
低秩适配	low-rank adaptation，LoRA	8.2.4
狄利克雷先验	Dirichlet prior	4.2.1
递归神经网络	recurisve neural network	10.4.2
点乘注意力	dot-product attention	6.4
动词短语	verb phrase，VP	10.1
动态谕示	dynamic oracle	10.4.4
独热编码	one-hot encoding	3.1
队列	queue	10.4.1
对比学习	contrastive learning	3.3.1
对话	dialog	7
对齐模型	alignment model	7.1.2
多层感知机	multi-layer perceptron，MLP	6.5
多头注意力	multi-head attention	6.4.1
二次规划	quadratic programming	9.3.3
二元语法	bigram	6.2
发射	emission	9.2.1
反义关系	antonymy	12.2
非终极符	nonterminal	10.5.1
分词	tokenization	2.1
分布式表示	distributed representation	3.1
分体关系	meronymy	12.2
风格迁移	style transfer	7
负采样	negative sampling	3.3.1
改写	paraphrase	7
概率潜在语义分析	probabilistic latent semantic analysis，pLSA	5.4
概率上下文无关文法	probabilistic context-free grammar，PCFG	10.5.1
高斯混合	mixture of gaussian	5
更新门	update gate	6.3.2
共指链	coreference chain	13.1
共指消解	coreference resolution	13.2
关系提取	relation extraction	12.6
核心	nucleus	13.1.1
宏平均	macro-averaging	4.3
后向算法	backward algorithm	9.2.4

续表

中文术语	英文术语	主要章节
后验概率	posterior probability	4.2
缓存	buffer	10.4.1
幻觉	hallucination	7.3.3
机器翻译	machine translation	7
基本篇章单元	elementary discourse unit，EDU	13.1.2
基尔霍夫矩阵树定理	Kirchhoff's matrix tree theorem	11.3.6
基于人类反馈的强化学习	reinforcement learning with human feedback，RLHF	8.3.1
监督学习	supervised learning	4.2
键	key	6.4
交叉熵	cross entropy	6.3.1
角色	role	12.5
教师强制	teacher forcing	7.2
结构化查询语言	structured query language，SQL	12.3.1
结构化数据转文字	structured data to text	7.5
结构化支持向量机	structured support vector machine，SSVM	9.3.3
介词短语	prepositional phrase，PP	10.1
近端策略优化	proximal policy optimization，PPO	8.3.1
精度	precision	4.3
句法	syntax	10
句法分析	parsing	10
拷贝机制	copy mechanism	7.4
跨度	span	10.3
框架	frame	12.5.1
困惑度	perplexity	6.1
拉普拉斯平滑	Laplace smoothing	4.2.1
零试分类	zero-shot classification	8.5.1
论元	argument	12.5
逻辑斯谛回归	logistic regression	4.2.2
马尔可夫随机场	Markov random field	9.3.1
马尔可夫网络	Markov network	9.3.1
门控	gate	6.3.2
门控循环单元	gated recurrent unit，GRU	6.3.2
名词短语	noun phrase，NP	10.1
命名实体识别	named entity recognition，NER	12.6
模	norm	6.3.1
模式	pattern	2.1.2
内向算法	inside algorithm	10.3.3
逆向文档频率	inverse document frequency	3.4.2
盘式记法	plate notation	5.3
配分函数	partition function	9.3.1
篇章	discourse	13.1
篇章标记	discourse marker	13.1
篇章分析	discourse analysis	13
平均场变分推断	mean-field variational inference	11.3.5

续表

中文术语	英文术语	主要章节
朴素贝叶斯	Naive Bayes	4.2.1
奇异值分解	singular value decomposition，SVD	3.3
前馈神经网络	feed-forward neural network, FNN	6.5
前向 - 后向算法	forward-backward algorithm	9.2.4
前向算法	forward algorithm	9.2.3
潜在狄利克雷分配	latent Dirichlet allocation, LDA	5.4
潜在语义分析	latent semantic analysis	3.3
嵌套命名实体识别	nested named entity recognition，nested NER	12.6
乔姆斯基范式	Chomsky normal form, CNF	10.5.2
软提示	soft prompt	8.2.4
弱监督学习	weakly supervised learning	12.4.3
上位关系	hypernymy	12.2
上下文内学习	in-context learning	8.3.1
上下文无关文法	context-free grammar，CFG	10.5.1
上下文向量	context vector	7.1.1
少试学习	few-shot learning	8.3.3
神经条件随机场	neural conditional random field	9.4.2
似然	likelihood	4.2
事件提取	event extraction	12.6
视觉 / 视频问答	visual/video question answering	7.5
适配器	adapter	8.2.4
输出门	output gate	6.3.2
输入门	input gate	6.3.2
树库	treebank	10.2.3
双仿射	biaffine	10.3.1
双向与自回归 Transformer 模型	bidirectional and auto-regressive Transformer，BART	8.4
思维链	chain of thought	8.3.3
缩放点乘注意力	scaled dot-product attention	6.4
梯度裁剪	gradient clipping	6.3.1
提及	mention	13.2
提及检测	mention detection	13.2
提及聚类	mention clustering	13.2
提示学习	prompt learning	8.2.4
填充	padding	6.3.1
条件随机场	conditional random field，CRF	9.3
条件随机场自编码器	conditional random field autoencoder，CRF-AE	9.3.4
同步上下文无关文法	synchronous context-free grammar，SCFG	12.4.1
同义词集	synset	12.2.1
同义关系	synonymy	12.2
投射性	projectivity	11.1.1
图片文字说明	image captioning	7.5
完整跨度	complete span	11.3.3
微平均	micro-averaging	4.3
维特比算法	Viterbi algorithm	9.2.2

续表

中文术语	英文术语	主要章节
卫星	satellite	13.1.1
未登录	out-of-vocabulary，OOV	6.1
谓词	predicate	12.5
文本到文本迁移 Transformer 模型	text-to-text transfer Transformer，T5	8.4
文本分类	text classification	4
文本聚类	text clustering	5
文本摘要	summarization	7
文档频率	document frequency	3.4.2
文法归纳	grammar induction	10.2.3
问答	question answering	7
无标签依存得分	unlabeled attachment score，UAS	11.2.2
下句预测	next sentence prediction	8.2.3
下位关系	hyponymy	12.2
先验概率	prior probability	4.2
线性链条件随机场	linear-chain conditional random field	9.3
项	term	12.3.2
信息提取	information extraction	12.6
兄弟	sibling	11.3.5
修辞结构理论	rhetorical structure theory，RST	13.1.1
序列标注	sequence labeling	9
序列到序列	sequence to sequence，seq2seq	7
循环神经网络	recurrent neural network，RNN	6.3
循环置信传播	loopy belief propagation	11.3.5
掩码语言模型	masked language model，MLM	8.2
一阶逻辑	first-order logic，FOL	12.3.2
一阶谓词逻辑	first-order predicate logic	12.3.2
一元语法	unigram	6.2
一元语言建模分词	unigram language modeling tokenization	2.1.4
依存边	dependency edge	11.1
依存词	dependent	11.1
依存句法分析	dependency parsing	11
依存结构	dependency structure	11
遗忘门	forget gate	6.3.2
因子图	factor graph	9.3.1
隐马尔可夫模型	hidden Markov model，HMM	9.2
隐状态	hidden state	6.3.1
有标签依存得分	labeled attachment score，LAS	11.2.2
语素	morpheme	2.2.2
语素分析	morphological parsing	2.2.2
语言模型	language model	6
语义表示	semantic representation	12.3
语义分析	semantic analysis	12
语义角色标注	semantic role labeling，SRL	12.5

续表

中文术语	英文术语	主要章节
语义学	semantics	12
语义依存图	semantic dependency graph	12.3.3
语音 - 文本转换	speech to text	7.5
预训练	pretraining	8
预训练语言模型	pretrained language model	8
栈	stack	10.4.1
长短期记忆	long short term memory，LSTM	6.3.2
召回	recall	4.3
整体关系	holonymy	12.2
正点间互信息	positive pointwise mutual information	3.2
正则表达式	regular expression	2.1.2
值	value	6.4
指针网络	pointer network	7.4
中文分词	chinese word segmentation	9.1.2
中心词	head	11.1
中心词选择	head selection	11.3.2
终极符	terminal	10.5.1
逐元素相乘	element-wise product	6.3.2
注意力分数	attention score	6.4
注意力机制	attention mechanism	6.4
注意力掩码	attention mask	6.4
转移	transition	9.2.1
准确度	accuracy	4.3
准同步上下文无关文法	quasi-synchronous context-free grammar，QCFG	12.4.1
字符	character	2.1
字节对编码	byte-pair encoding，BPE	2.1.4
自编码	autoencoding	8
自回归	auto-regressive	6.1
自然语言处理	natural language processing，NLP	1
自注意力	self attention	6.4
子词	subword	2.1
组合泛化性	compositional generalization	10
组合性原则	principle of compositionality	12.4.1
祖父	grandparent	11.3.5
最大后验	maximum a posterior	4.2.1
最大期望值法	expectation-maximization，EM	5
最大熵	max entropy	9.4.1
最大生成树形图	maximum spanning arborescence	11.3.2
最大似然估计	maximum likelihood estimation	4.2.1

附　　录

本书部分代码使用、改编或参考了外部代码。这些外部代码的版权声明均已在正文中相关代码的开头予以说明，所涉及的软件许可如下。

Apache License

Version 2.0, January 2004

<*http://www.apache.org/licenses/*>

Terms and Conditions for use, reproduction, and distribution

1. Definitions

“License” shall mean the terms and conditions for use, reproduction, and distribution as defined by Sections 1 through 9 of this document.

“Licensor” shall mean the copyright owner or entity authorized by the copyright owner that is granting the License.

“Legal Entity” shall mean the union of the acting entity and all other entities that control, are controlled by, or are under common control with that entity. For the purposes of this definition, “control” means **(i)** the power, direct or indirect, to cause the direction or management of such entity, whether by contract or otherwise, or **(ii)** ownership of fifty percent (50%) or more of the outstanding shares, or **(iii)** beneficial ownership of such entity.

“You” (or “Your”) shall mean an individual or Legal Entity exercising permissions granted by this License.

“Source” form shall mean the preferred form for making modifications, including but not limited to software source code, documentation source, and configuration files.

“Object” form shall mean any form resulting from mechanical transformation or translation of a Source form, including but not limited to compiled object code, generated documentation, and conversions to other media types.

“Work” shall mean the work of authorship, whether in Source or Object form, made available under the License, as indicated by a copyright notice that is included in or attached to the work (an example is provided in the Appendix below).

“Derivative Works” shall mean any work, whether in Source or Object form, that is based on (or derived from) the Work and for which the editorial revisions, annotations, elaborations, or other modifications represent, as a whole, an original work of authorship. For the purposes of this License, Derivative Works shall not include works that remain separable from, or merely link (or bind by name) to the interfaces of, the Work and Derivative Works thereof.

“Contribution” shall mean any work of authorship, including the original version of the Work and any modifications or additions to that Work or Derivative Works thereof, that is intentionally submitted to Licensor for inclusion in the Work by the copyright owner or by an individual or Legal Entity authorized to submit on behalf of the copyright owner. For the purposes of this definition, “submitted” means any form of electronic, verbal, or written communication sent to the Licensor or its representatives, including but not limited to communication on electronic mailing lists, source code control systems, and issue tracking systems that are managed by, or on behalf of, the Licensor for the purpose of discussing and improving the Work, but excluding communication that is conspicuously marked or otherwise designated in writing by the copyright owner as “Not a Contribution.”

“Contributor” shall mean Licensor and any individual or Legal Entity on behalf of whom a Contribution has been received by Licensor and subsequently incorporated within the Work.

2. Grant of Copyright License

Subject to the terms and conditions of this License, each Contributor hereby grants to You a perpetual, worldwide, non-exclusive, no-charge, royalty-free, irrevocable copyright license to reproduce, prepare Derivative Works of, publicly display, publicly perform, sublicense, and distribute the Work and such Derivative Works in Source or Object form.

3. Grant of Patent License

Subject to the terms and conditions of this License, each Contributor hereby grants to You a perpetual, worldwide, non-exclusive, no-charge, royalty-free, irrevocable (except as stated in this section) patent license to make, have made, use, offer to sell, sell, import, and otherwise transfer the Work, where such license applies only to those patent claims licensable by such Contributor that are necessarily infringed by their Contribution(s) alone or by combination of their Contribution(s) with the Work to which such Contribution(s) was submitted. If You institute patent litigation against any entity (including a cross-claim or counterclaim in a lawsuit) alleging that the Work or a Contribution incorporated within the Work constitutes direct or contributory patent infringement, then any patent licenses granted to You under this License for that Work shall terminate as of the date such litigation is filed.

4. Redistribution

You may reproduce and distribute copies of the Work or Derivative Works thereof in any medium, with or without modifications, and in Source or Object form, provided that You meet the following conditions:

- **(a)**You must give any other recipients of the Work or Derivative Works a copy of this License; and
- **(b)**You must cause any modified files to carry prominent notices stating that You changed the files; and
- **(c)**You must retain, in the Source form of any Derivative Works that You distribute, all copyright, patent, trademark, and attribution notices from the Source form of the Work, excluding those notices that do not pertain to any part of the Derivative Works; and
- **(d)**If the Work includes a "NOTICE" text file as part of its distribution, then any Derivative Works that You distribute must include a readable copy of the attribution notices contained within such NOTICE file, excluding those notices that do not pertain to any part of the Derivative Works, in at least one of the following places: within a NOTICE text file distributed as part of the Derivative Works; within the Source form or documentation, if provided along with the Derivative Works; or, within a display generated by the Derivative Works, if and wherever such third-party notices normally appear. The contents of the NOTICE file are for informational purposes only and do not modify the License. You may add Your own attribution notices within Derivative Works that You distribute, alongside or as an addendum to the NOTICE text from the Work, provided that such additional attribution notices cannot be construed as modifying the License.

You may add Your own copyright statement to Your modifications and may provide additional or different license terms and conditions for use, reproduction, or distribution of Your modifications, or for any such Derivative Works as a whole, provided Your use, reproduction, and distribution of the Work otherwise complies with the conditions stated in this License.

5. Submission of Contributions

Unless You explicitly state otherwise, any Contribution intentionally submitted for inclusion in the Work by You to the Licensor shall be under the terms and conditions of this License, without any additional terms or conditions. Notwithstanding the above, nothing herein shall supersede or modify the terms of any separate license agreement you may have executed with Licensor regarding such Contributions.

6. Trademarks

This License does not grant permission to use the trade names, trademarks, service marks, or product names of the Licensor, except as required for reasonable and customary use in describing the origin of the Work and reproducing the content of the NOTICE file.

7. Disclaimer of Warranty

Unless required by applicable law or agreed to in writing, Licensor provides the Work (and each Contributor provides its Contributions) on an "AS IS" BASIS, WITHOUT WARRANTIES

OR CONDITIONS OF ANY KIND, either express or implied, including, without limitation, any warranties or conditions of TITLE, NON-INFRINGEMENT, MERCHANTABILITY, or FITNESS FOR A PARTICULAR PURPOSE. You are solely responsible for determining the appropriateness of using or redistributing the Work and assume any risks associated with Your exercise of permissions under this License.

8. Limitation of Liability

In no event and under no legal theory, whether in tort (including negligence), contract, or otherwise, unless required by applicable law (such as deliberate and grossly negligent acts) or agreed to in writing, shall any Contributor be liable to You for damages, including any direct, indirect, special, incidental, or consequential damages of any character arising as a result of this License or out of the use or inability to use the Work (including but not limited to damages for loss of goodwill, work stoppage, computer failure or malfunction, or any and all other commercial damages or losses), even if such Contributor has been advised of the possibility of such damages.

9. Accepting Warranty or Additional Liability

While redistributing the Work or Derivative Works thereof, You may choose to offer, and charge a fee for, acceptance of support, warranty, indemnity, or other liability obligations and/or rights consistent with this License. However, in accepting such obligations, You may act only on Your own behalf and on Your sole responsibility, not on behalf of any other Contributor, and only if You agree to indemnify, defend, and hold each Contributor harmless for any liability incurred by, or claims asserted against, such Contributor by reason of your accepting any such warranty or additional liability.

END OF TERMS AND CONDITIONS

APPENDIX: How to apply the Apache License to your work

To apply the Apache License to your work, attach the following boilerplate notice, with the fields enclosed by brackets "[]" replaced with your own identifying information. (Don't include the brackets!) The text should be enclosed in the appropriate comment syntax for the file format. We also recommend that a file or class name and description of purpose be included on the same "printed page" as the copyright notice for easier identification within third-party archives.

```
Copyright [yyyy] [name of copyright owner]

Licensed under the Apache License, Version 2.0 (the "License");
you may not use this file except in compliance with the License.
You may obtain a copy of the License at

  http://www.apache.org/licenses/LICENSE-2.0

Unless required by applicable law or agreed to in writing, software distributed under
the License is distributed on an "AS IS" BASIS, WITHOUT WARRANTIES OR CONDITIONS
OF ANY KIND, either express or implied. See the License for the specific language
governing permissions and limitations under the License.
```

BSD 3-Clause License

Redistribution and use in source and binary forms, with or without modification, are permitted provided that the following conditions are met:

- Redistributions of source code must retain the above copyright notice, this list of conditions and the following disclaimer.
- Redistributions in binary form must reproduce the above copyright notice, this list of conditions and the following disclaimer in the documentation and/or other materials provided with the distribution.
- Neither the name of the copyright holder nor the names of its contributors may be used to endorse or promote products derived from this software without specific prior written permission.

THIS SOFTWARE IS PROVIDED BY THE COPYRIGHT HOLDERS AND CONTRIBUTORS "AS IS" AND ANY EXPRESS OR IMPLIED WARRANTIES, INCLUDING, BUT NOT LIMITED TO, THE IMPLIED WARRANTIES OF MERCHANTABILITY AND FITNESS FOR A PARTICULAR PURPOSE ARE DISCLAIMED. IN NO EVENT SHALL THE COPYRIGHT HOLDER OR CONTRIBUTORS BE LIABLE FOR ANY DIRECT, INDIRECT, INCIDENTAL, SPECIAL, EXEMPLARY, OR CONSEQUENTIAL DAMAGES (INCLUDING, BUT NOT LIMITED TO, PROCUREMENT OF SUBSTITUTE GOODS OR SERVICES; LOSS OF USE, DATA, OR PROFITS; OR BUSINESS INTERRUPTION) HOWEVER CAUSED AND ON ANY THEORY OF LIABILITY, WHETHER IN CONTRACT, STRICT LIABILITY, OR TORT (INCLUDING NEGLIGENCE OR OTHERWISE) ARISING IN ANY WAY OUT OF THE USE OF THIS SOFTWARE, EVEN IF ADVISED OF THE POSSIBILITY OF SUCH DAMAGE.

MIT License

Permission is hereby granted, free of charge, to any person obtaining a copy of this software and associated documentation files (the "Software"), to deal in the Software without restriction, including without limitation the rights to use, copy, modify, merge, publish, distribute, sublicense, and/or sell copies of the Software, and to permit persons to whom the Software is furnished to do so, subject to the following conditions:

The above copyright notice and this permission notice shall be included in all copies or substantial portions of the Software.

THE SOFTWARE IS PROVIDED "AS IS", WITHOUT WARRANTY OF ANY KIND, EXPRESS OR IMPLIED, INCLUDING BUT NOT LIMITED TO THE WARRANTIES OF MERCHANTABILITY, FITNESS FOR A PARTICULAR PURPOSE AND NONINFRINGEMENT. IN NO EVENT SHALL THE AUTHORS OR COPYRIGHT HOLDERS BE LIABLE FOR ANY CLAIM, DAMAGES OR OTHER LIABILITY, WHETHER IN AN ACTION OF CONTRACT, TORT OR OTHERWISE, ARISING FROM, OUT OF OR IN CONNECTION WITH THE SOFTWARE OR THE USE OR OTHER DEALINGS IN THE SOFTWARE.